U0118982

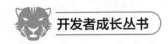
开发者成长丛书

前端三剑客

HTML5+CSS3+JavaScript从入门到实战 微课视频版

贾志杰 ◎ 编著

清华大学出版社

北京

内 容 简 介

本书采用"核心技术→实战训练营→企业级项目实践"的结构和"由浅入深，由深到精"的模式进行讲解。

全书科学地设置为 7 个阶段并由浅入深、循序渐进地讲解，为解决实际问题而生。第 1 阶段、第 3 阶段、第 5 阶段分别讲解了 HTML5、CSS3、JavaScript 核心技术；第 2 阶段、第 4 阶段、第 6 阶段分别是与之对应的 HTML5 实战训练营、CSS3 实战训练营和 JavaScript 实战训练营，通过大量源于实际生活的趣味案例，强化上机实践，提高读者在软件开发中对实际问题的分析与解决能力；第 7 阶段为企业级项目：小米商城，紧跟企业实际技术选型，追求技术的实用性与前瞻性，帮助读者快速理解企业级布局思维。

本书具有很强的实用性，重视实践，各章均有实例，并以一个完整、翔实的实例为主线，在各章中解析知识点，既可作为高等院校计算机及相关专业学习网页设计或网站开发课程的教材，又可作为 Web 开发人员及自学者的参考书。

图书在版编目（CIP）数据

前端三剑客：HTML5＋CSS3＋JavaScript 从入门到实战：微课视频版/贾志杰编著.—北京：清华大学出版社，2023.11
（开发者成长丛书）
ISBN 978-7-302-64452-1

Ⅰ．①前…　Ⅱ．①贾…　Ⅲ．①超文本标记语言－程序设计 ②网页制作工具 ③JAVA 语言－程序设计　Ⅳ．①TP312.8 ②TP393.092.2

中国国家版本馆 CIP 数据核字（2023）第 153857 号

责任编辑：赵佳霓
封面设计：刘　键
责任校对：郝美丽
责任印制：曹婉颖

出版发行：清华大学出版社
　　　　网　　　址：https://www.tup.com.cn，https://www.wqxuetang.com
　　　　地　　　址：北京清华大学学研大厦 A 座　　　　　　邮　　编：100084
　　　　社 总 机：010-83470000　　　　　　　　　　　　邮　　购：010-62786544
　　　　投稿与读者服务：010-62776969，c-service@tup.tsinghua.edu.cn
　　　　质量反馈：010-62772015，zhiliang@tup.tsinghua.edu.cn
　　　　课件下载：https://www.tup.com.cn，010-83470236
印 装 者：三河市天利华印刷装订有限公司
经　　销：全国新华书店
开　　本：186mm×240mm　　　印　　张：33.75　　　字　　数：761 千字
版　　次：2023 年 12 月第 1 版　　　　　　　　　　印　　次：2023 年 12 月第 1 次印刷
印　　数：1～2000
定　　价：129.00 元

产品编号：098979-01

前 言
PREFACE

党的二十大报告中指出：教育、科技、人才是全面建设社会主义现代化国家的基础性、战略性支撑。必须坚持科技是第一生产力、人才是第一资源、创新是第一动力，深入实施科教兴国战略、人才强国战略、创新驱动发展战略，这三大战略共同服务于创新型国家的建设。高等教育与经济社会发展紧密相连，对促进就业创业、助力经济社会发展、增进人民福祉具有重要意义。

通过网站获取信息及进行学习、娱乐、消费已经成为人们生活和工作不可或缺的一部分。"互联网＋"、移动互联网已经深入到人们日常生活的方方面面，人们已经离不开互联网。HTML5＋CSS3＋JavaScript 前端三剑客能让用户有更好的网站体验，网页页面越来越美观，页面与用户的交互性也越来越强。

全书分为 7 个阶段，共 14 章。

第 1 阶段（第 1～5 章）HTML5 核心技术篇，介绍了 HTML5 基本结构、HTML5 语法、标签、HTML5 新特性、HTML5 媒体等内容，通过对这些标签的使用，熟悉页面布局的结构及如何搭建。

第 2 阶段（第 6 章）HTML5 实战训练营，通过高强度 HTML5 案例的训练，将技术内容融入真实实战中，拒绝死记硬背。

第 3 阶段（第 7～9 章）CSS3 核心技术篇，介绍了 CSS3 基础、CSS3 选择器、CSS3 布局、各种美化元素、CSS3 动画等内容，通过该阶段的学习，使前端设计从外观上变得更炫。

第 4 阶段（第 10 章）CSS3 实战训练营，通过 CSS3 案例的训练，引领读者步入 Web 前端开发的极乐世界。

第 5 阶段（第 11 章和第 12 章）JavaScript 核心技术篇，介绍了 JavaScript 基础、操作 DOM、事件处理、操作 BOM 等内容，学好该阶段能极大地提升 JavaScript 编程能力。

第 6 阶段（第 13 章）JavaScript 实战训练营，读者可以对 JavaScript 在 Web 前端开发中的应用有详尽的了解，能在自己的职业生涯中应对各类 JavaScript 开发需求。

第 7 阶段（第 14 章）企业级项目篇，介绍企业级项目：小米商城，紧跟企业实际技术选型，追求技术的实用性与前瞻性，帮助读者快速理解企业级布局思维。

互联网上不缺学习资料，但是这些资料不全面、不系统、实战性不强，往往对初学者不友好，而本书刚好就解决了这些问题，相信读者能从书中收获良多。

本书特色

(1) 结构科学,易于自学。科学地设置为 7 个阶段并由浅入深、循序渐进地讲解,为解决实际问题而生。

(2) 实例典型,轻松易学。"一个知识点→一个例子→一个结果",便于读者理解知识,快速学习编程技能。

(3) 微课视频,细致透彻。直观感受编程之美及编程之乐。

(4) 强化训练,实战提升。对于软件开发,实战才是硬道理。

本书附赠资源

1. 配套资源

(1) 本书配套同步视频。

(2) 本书的案例源代码(共计 270 个)。

(3) 本书教学课件(PPT)。

2. 拓展学习资料

(1) 习题库及面试题库(共计 1000 题)。

(2) 工具库(HTML 参考手册 11 部、CSS 参考手册 9 部、JavaScript 参考手册 27 部、Photoshop 参考手册 4 部)。

(3) 案例库(各类案例 600 个)。

资源下载提示

素材(源码)等资源:扫描目录上方的二维码下载。

视频等资源:扫描封底的文泉云盘防盗码,再扫描书中相应章节的二维码,可以在线学习。

致谢

本书的顺利出版,得益于晋中信息学院领导的信任和鼎力支持,感谢赵佳霓编辑对本书的高水平编辑工作。在本书的编写中难免出现疏漏和瑕疵,诚望各位专家、学者、读者不吝批评指正,以利再版时进一步完善。

贾志杰

2023 年 7 月

目 录
CONTENTS

教学课件(PPT)

本书源码

拓展学习资料

第1阶段　HTML5核心技术篇

第3阶段　CSS3核心技术篇

第 4 阶段　CSS3 实战训练营

第 5 阶段　JavaScript 核心技术篇

第 6 阶段　JavaScript 实战训练营

第 7 阶段　企业级项目篇

第1阶段　HTML5核心技术篇

第 1 章

Web 绪论

本章是全书的绪论部分,主要介绍 Web 前端开发技术、前景和开发工具。HTML、CSS 和 JavaScript 是 Web 前端开发的三大核心技术,俗称"前端三剑客"。HTML5 和 CSS3 技术带来了新的变革,从 ES2015 开始 JavaScript 的发展宛如坐上了火箭,笔者有幸见证了一场又一场繁荣。由此可见,前端发展之迅猛。我们既然站在风口浪尖上,那就赶紧乘风而起吧!

16min

本章学习重点:

- 了解 Web 前端行业现状及前端开发技术
- 熟练掌握前端学习攻略
- 熟练使用前端开发工具
- 认识网页

1.1 Web 前端行业现状

前端开发工程师缺口非常大,因为它正式成为一个岗位才几年,国内最早出现前端招聘岗位是在 2012 年左右,在此之前,前端工作基本上由服务器端工程师包办,或者由设计师来产出前端页面。随着现代互联网应用的火爆,前端开发难度加大,用户对前端页面显示效果的要求也越来越高,导致服务器端工程师不能完全胜任此项工作,所以企业急切需要真正懂前端技术的"前端人员",做到专业的人做专业的事。

前端行业在真正受到重视的时间还未超过五年,所以目前仍是 Web 前端发展的"大潮"时期,我们现在应该做的是抓住时代的机遇,走在时代的前端。

1.1.1 前端工程师的岗位职责、岗位要求

14min

Web 前端开发工程师的主要职责是利用 HTML、CSS、JavaScript 等各种 Web 技术进行客户端产品的开发。编写标准、规范、优化的代码,并增加交互动态功能,同时结合后台模拟整体效果,进行丰富互联网应用的 Web 开发,致力于通过技术改善用户的体验。

大多数企业的基本要求差不多,不同的企业因为业务的不同,对前端工程师的技术要求

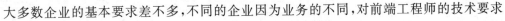

可能有差别,所以作为一名 Web 前端工程师我们既要"横"向发展又要"纵"向发展,不仅要有广度,还要有深度。以下是企业对前端工程师具体的岗位职责和岗位要求。

1. 前端工程师岗位职责

(1)负责网站前端开发,实现产品的页面交互及功能实现。

(2)负责公司现有项目和新项目的前端修改调试和开发工作。

(3)与设计团队紧密配合,能够实现设计师的设计想法。

(4)与后端开发团队紧密配合,确保代码有效对接,优化网站前端性能。

(5)页面通过标准校验,兼容各主流浏览器。

2. 前端工程师岗位要求

(1)熟练掌握各种 Web 前端技术,熟练进行跨浏览器、跨终端开发。

(2)深刻理解 Web 标准,对前端性能、可访问性、可维护性等相关知识有实际了解和实践经验。

(3)熟练掌握 JavaScript、HTML5 和 CSS3。

(4)对后端合作开发有一定认知。

(5)了解前端依赖注入技术,有相关经验,熟悉前端工程化和相关构建打包工具。

(6)逻辑思维能力强、有团队意识,对技术有强烈的兴趣,具有良好的自学能力和沟通能力。

5min

1.1.2 前端工程师的需求

近几年,随着移动互联网行业的迅猛发展,市场上的主流互联网网站更加注重用户交互体验,而用户交互体验和网站前端性能优化这些都得靠 Web 前端工程师去完成,加之前几年微信小程序的对外开通,Web 前端开发工程师一度上升为非常抢手的技术人才。根据大的招聘门户网站智联招聘的数据统计,每个月企业在智联上公布的 Web 前端的岗位量在4.2 万个左右,由此可以看出当前企业对 Web 前端工程师的需求十分旺盛,而且 Web 前端工程师薪资待遇也相当可观,以北京为例,如图 1-1 所示。

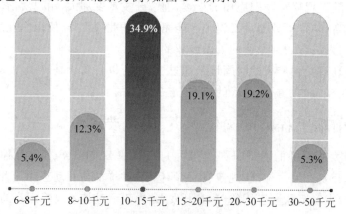

图 1-1 前端工程师工资收入

前端是通用技术,我们在 PC 端或移动端看到的界面大都涉及前端技术,而且目前高校内几乎没有与前端完全对口的专业,人才缺口很大,所以如果你刚刚毕业还不知从事哪个行业,则强烈建议你考虑前端。互联网世界离不开前端开发,我们的生活将被 HTML5 等充斥着。前端就业方向是非常广泛的,就业口径宽,如图 1-2 所示。

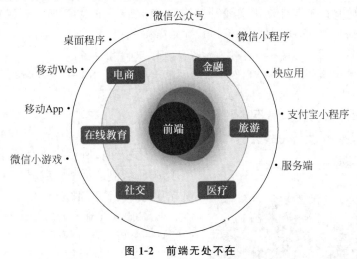

图 1-2　前端无处不在

1.2　学习攻略

▶ 12min

Web 前端因为入行的门槛比其他互联网技术要低一些,而且就业前景不错,因此成为近几年比较热门的一个岗位,也是不少人转行的首选。对于完全没有经验的新手来讲,在学习 Web 前端时找到正确的学习方法是非常重要的。

1.2.1　学会学习

虽然我们天天都在学习,但是 80% 的人在接触新领域时事实上并不会学习,所以我们要"先学会如何学习,再开始学习",这样才能达到事半功倍的效果。学习的客观规律就三个字:守、破、离。

1. 守

学习期间,照老师的要求做,不急功近利,不做创新,以模仿为主,守住招式、反复练习。这才是最基本、最重要的阶段。

2. 破

一招一式"守"好了,自然就到了"破"的阶段。开始突破,自己开始构建自己的知识体系,在试错过程中发挥自己的独创。开始"突破"老师的教诲,开始有自己的思考。

3. 离

"离"就是通过不断思考和反复练习,一点点"破",有了自己的认知和理解,最后形成自己的风格,彻底脱离老师,自成一家。

1.2.2 如何成为前端高手

1. 动手实战

无论如何,应坚持不懈地动手实战。学编程,只是看一看视频、听一听讲解,是不足以学好编程的,所以动手实战,跟着做,一行一行地跟着敲代码,一个案例学完了,再试着加一些自己的功能,按照自己的思路敲一些代码,收获远比只听大得多。

温馨提示:要理解代码的实现思路之后再跟着敲,千万不要左边摆着老师的程序,右边自己一个个照着写,这就不再是程序员了,成了打字员了。

2. 建立体系为先,不纠结,不事事求完美

盖房子,要先建骨架,再谈装修。

画山水,要先画结构,再谈润色。

图 1-3 抓大放小,要事为先

对于一个以前从来没有接触过编程的人,开发无疑是庞大的,似乎每个领域都可以拓展出一片开阔天地,但是每个领域要想深入接触到每个细节所耗费的精力都是巨大的。这时大家都胸怀壮志,两眼发光地盯着每个崭新的知识点,遇见了任何一个知识点都恨不得抠得清清楚楚,明明白白。这样的学习效率太低。笔者推荐的学习方式是:"抓大放小,要事为先",如图 1-3 所示。

任何事情都要追求完美才敢继续往后进行是一种性格缺陷。要大胆地放弃一些东西,有失才有得,把自己有限的、宝贵的精力用在与就业直接相关的知识体系上,这才是最有效率的学习方式!等参加工作后,有了可持续发展的事业动力和经济基础,有时间有精力后再去深度研究细节知识。

3. 项目经验

有经验的程序员都知道,学习编程的最有效率的方式就是把你扔到一个项目组,连滚带爬地做一两个项目,你马上会发现所有的知识点全都连到一起了,不再是分散的,而是形成了一个整体。那种感觉是仅仅深入钻研知识点而不完成真实项目的人所不能体会的。一个项目就是一根绳子,可以把大片的知识串到一起。

在本书中提供了丰富的案例和高强度实战训练营及企业级项目,让你提前踏上前端的"高速列车",体验编程之美和编程之乐。

1.3 前端开发技术

▶ 11min

HTML(结构层)、CSS(表示层)、JavaScript(行为层)俗称前端"三剑客"。

(1) HTML(超文本标记语言):是用来描述网页的一种语言,用于定义网页的结构。可以包含图片、音乐等非文字元素。

(2) CSS(层叠样式表):定义如何显示 HTML 元素,以及如何描述网页的样子。

（3）JavaScript（脚本语言）：是用来实现网页上的动态功能、特效效果，如动画、交互等。

HTML、CSS 和 JavaScript 之间的关系如下：

HTML 用于构建网页的框架和基础；CSS 用于设置页面元素的样式，以及美化网页；JavaScript 用于实现网页的动态功能，使之可进行交互。

举个例子：HTML 可以看作一栋房子的骨架和结构；CSS 可以理解成房子的装修、粉刷等外观；JavaScript 可理解为安装门窗、空调、电视等，一些功能性质的工作就得交给 JavaScript 实现。

1.4　开发工具

用于开发 Web 前端应用的工具有很多，如 VS Code、WebStorm、Sublime Text、HBuilder、Dreamweaver 等，如图 1-4 所示，可以根据使用习惯进行选择。

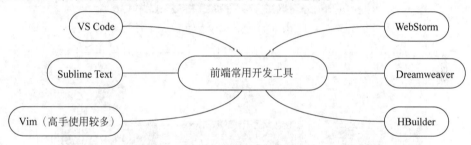

图 1-4　Web 前端常用开发工具

书中使用的开发工具是 VS Code，它是一款免费开源的现代化轻量级代码编辑器，使用方便快捷，功能强大，支持各种的文件格式，跨平台支持 Windows、macOS 及 Linux。

接下来介绍 VS Code 的安装方法。

1. 下载 VS Code 工具

VS Code 官网网址为 https://code.visualstudio.com/。

VS Code 官方文档网址为 https://code.visualstudio.com/docs。

可以在 VS Code 官网首页下载对应系统（支持 Windows、Linux、macOS）的软件，如图 1-5 所示。

也可以打开下载页面 https://code.visualstudio.com/download，下载想要的格式包，如图 1-6 所示。

2. VS Code 安装

本书以 Windows 为例，找到下载完成的 VS Code 安装文件，双击运行，如图 1-7 所示。

VS Code 安装很简单，一路单击"下一步"按钮即可。

3. 安装汉化包

VS Code 安装汉化包很简单。打开 VS Code 软件，单击安装扩展，在搜索框输入 chinese，然后单击 Install 按钮，如图 1-8 所示。

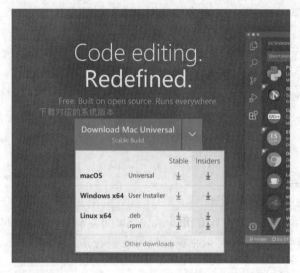

图 1-5　VS Code 官网

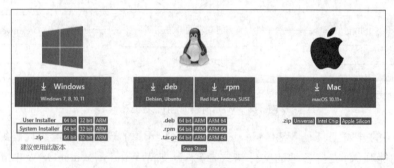

图 1-6　VS Code 版本页

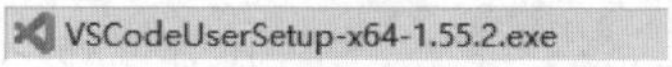

VSCodeUserSetup-x64-1.55.2.exe

图 1-7　VS Code 安装文件

图 1-8　汉化 VS Code 软件

VS Code 的扩展功能非常强大,可以找到绝大多数开发所需要的工具,当然也可以自己开发。

4．界面说明

以下是 VS Code 启动后的界面,简单的说明如图 1-9 所示。

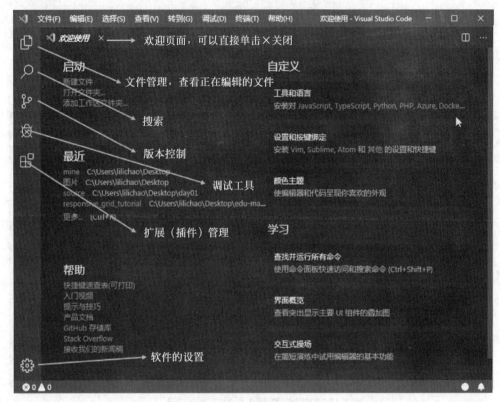

图 1-9 VS Code 界面介绍

1.5 浏览器工具

浏览器是网页运行的平台,常用的浏览器有 IE、火狐(Firefox)、谷歌(Chrome)、Safari 和 Opera 等,称为五大浏览器,如图 1-10 所示。

在本书中,为了避免歧义,建议大家统一使用谷歌作为前端浏览器。谷歌有一个非常强大的开发者工具栏,可以利用它实时修改 HTML 结构、更改 CSS 属性、断点调试 JavaScript 代码、监控网页 HTTP 请求等。

1．开发者工具栏

以百度网页为例,按 F12 键(或快捷键 Ctrl+Shift+I),可直接访问谷歌浏览器搭载的开发者工具栏,如图 1-11 所示。

图 1-10　五大浏览器

图 1-11　谷歌浏览器搭载的开发者工具栏

（1）选择图标 ：可使用鼠标选择网页上的元素。

（2）移动设备图标 ：表示当前界面是否切换为移动设备模式。

（3）功能面板菜单：包含 9 个功能面板项，分别是元素（Elements）、控制台（Console）、Recorder、源代码（Sources）、网络（Network）、性能（Performance）、内存（Memory）、应用（Application）、安全（Security）、Lighthouse。

2．元素功能面板

元素功能面板主要用于验证标签元素及其样式，是 Web 开发者使用最多的功能选项，如图 1-12 所示。

在元素功能面板中，左侧为 DOM 树信息区，可用树形图的形式显示当前的 HTML 元素信息；右侧为样式信息区，当前选择的 HTML 元素的 CSS 样式等信息将显示在这里；底部为标签层次信息栏，当前选择的 HTML 层次内容将显示在这里。

图 1-12 元素功能面板

1.6 认识网页

3min

现在的网络时代网页对大家来讲是很常见的,网页给人们带来了许多便捷与信息,随着时间的推移网络也越来越强大,正所谓网络就像黑洞、宇宙一样无止境。

网页是由图片、文字、链接、视频等网页元素所组成的,通过前端编码的方式进行编码,再通过浏览器的渲染功能来渲染,最终形成我们所看到的网页,如图 1-13 所示。

图 1-13 网页

网页的形成过程,如图 1-14 所示。

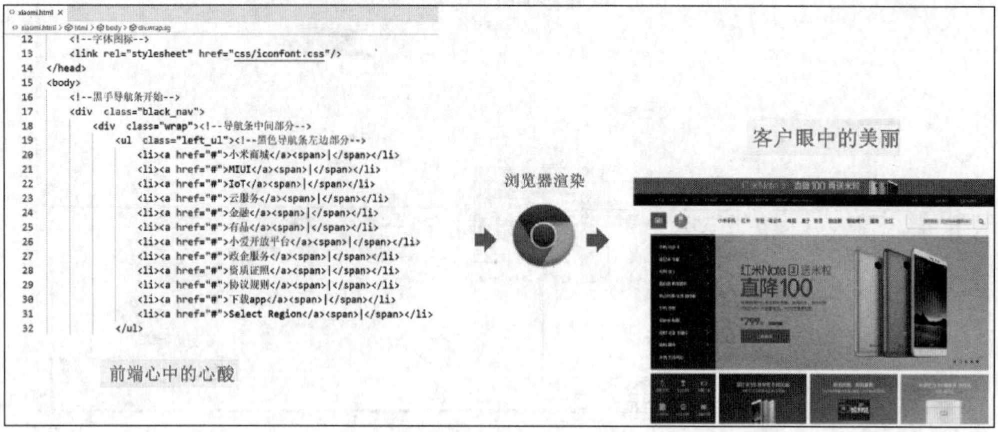

图 1-14　网页的形成过程

第 2 章

HTML5 基础

如今已经进入互联网时代,人们的生活和工作都离不开网站,网页页面也随着技术的发展越来越丰富,越来越美观,网页上不仅有文字、图片,还有影像、动画等。HTML5 是最新的 HTML 标准,它是构成网页文档的主要语言。本章主要介绍 HTML5 的概述、基本结构、元素标签的用法、文档注释、规范格式等,让读者利用所学标签构建网页。

本章学习重点:

- 了解 HTML5 基本语法结构
- 掌握常用标签的语法和用法
- 熟练使用图像、超链接、列表、表格等标签
- 掌握容器标签和框架标签

2.1 HTML5 概述

▶ 20min

2.1.1 什么是 HTML

超文本标记语言(Hyper Text Markup Language,HTML)是用来描述网页的一种语言。HTML 不是一种编程语言,而是一种标记语言。标记语言是一套标记标签(Markup Tag)。HTML 使用标记标签来描述网页,HTML 文档包含 HTML 标签及文本内容,HTML 文档也叫作 Web 页面。用该语言编写的文件以 .html 或 .htm 为后缀。

HTML 标记标签通常被称为 HTML 标签(HTML Tag)。

(1) HTML 标签是由尖括号包围的关键词,如< html >。

(2) 封闭类型标记(也叫双标记),必须成对出现,如< p ></ p >。

(3) 标签对中的第 1 个标签是开始标签,第 2 个标签是结束标签。

(4) 非封闭类型标记,也叫作空标记,或者单标记,如< br/>。

(5) 大多数标签是可以嵌套的。

2.1.2 HTML 的发展史

1993 年 HTML 首次以因特网草案的形式发布。1995 年,W3C(万维网联盟)组织成

立,规范了 HTML 的标准,从而奠定了 Web 标准化开发的基础。

20 世纪 90 年代的人见证了 HTML 的大幅发展,从 2.0 版到 3.2 版和 4.0 版,再到 1999 年的 4.1 版,一直到现在正逐步普及的 HTML5,如表 2-1 所示。

表 2-1 HTML 语言的发展过程

版 本	发布日期	说 明
超文本标记语言	1993 年 6 月	首次以因特网草案的形式发布
HTML2.0	1995 年 11 月	作为 RFC1866 发布,在 2000 年 6 月 RFC2854 发布之后被宣布过时
HTML3.2	1996 年 1 月 14 日	W3C 推荐标准
HTML4.0	1997 年 12 月 18 日	W3C 推荐标准
HTML4.1	1999 年 12 月 24 日	微小改进,W3C 推荐标准
HTML5 草案	2008 年 1 月	HTML5 规范先是以草案发布,经历了漫长的过程
HTML5	2014 年 10 月 28 日	W3C 推荐标准

2.1.3 HTML5 的优势

HTML5 是现在非常流行的一种页面,不管是在各行各业,还是各种场景中,我们都能看到 HTML5 的身影。HTML5 的优点又有哪些呢?

1. 跨平台使用

HTML5 具有灵活的跨平台性能,开发无须太多的适配工作,节省成本,同时 HTML5 有着很强的浏览器兼容能力。

2. 推广成本低

HTML5 在页面推广时,只是一个 URL 链接或二维码,流量占比很小,几百兆字节的安装包就可以去推广了。

3. 传播效果好

HTML5 页面的传播性较强,能起到良好的宣传推广作用,是商家、企业提升曝光率及流量的绝佳方法。

4. 营销能力强

HTML5 可有效聚焦目标用户,支持用户在线购物,而且能平滑对接移动电商平台,可以提升移动交易销量。

5. 有利于提升用户体验

真正被大多数人分享转发的 HTML5 具有功能性和互动性,并且操作简单,能让用户主动去了解内容。在轻松抓住客户眼球的同时,也能收获更多流量和关注度。

6. 满足用户需求

定制 HTML5 能够结合用户的需求实现相应的功能,例如,奶粉品牌定制母婴周边功能;户外品牌定制运动攻略和户外技巧等个性化精准需求只有定制 HTML5 才能满足要求。

2.1.4 标签和元素

前端最先接触都是 HTML,在 HTML 中首先应该理解标签和元素这两个概念的区别。

(1) 标签:就是< head >、< body >、< table >等被尖括号"<"和">"包起来的对象,绝大部分标签是成对出现的,如< table ></table >、< form ></form >。当然还有少部分不是成对出现的,如< br >、< hr >等。

(2) 元素:HTML 网页实际上就是由许许多多各种各样的 HTML 元素构成的文本文件,并且任何网页浏览器都可以直接运行 HTML 文件,所以可以这样说,HTML 元素就是构成 HTML 文件的基本对象,HTML 元素可以说是一个统称而已。HTML 元素就是通过 HTML 标签进行定义的。

(3) 总结:

"< p >"是一个标签。

"< p >这里是内容</ p >"整个是一个元素。

2.1.5 第 1 个 HTML5 页面

本书中使用的开发工具是 VS Code,安装完成后,在任意盘符创建一个文件夹,用于存放源代码,假设在桌面创建个文件夹,命名为"前端三剑客",如图 2-1 所示。

在 VS Code 编辑器中打开刚才创建的文件夹"前端三剑客",选择"文件"→"打开文件夹",在弹出的窗口中选择"前端三剑客"文件夹,如图 2-2 所示。

图 2-1 存放源代码的文件夹

图 2-2 选择"前端三剑客"文件夹

完成以上步骤,接下来就可以创建 test. html 文件了,如图 2-3 所示。

注意:要加后缀. html。

图 2-3 创建 test. html 文件

然后在页面里输入一个感叹号(英文状态),按 Enter 键,此时 VS Code 会自动生成 HTML 模板文件,如图 2-4 所示。

单击"拓展"按钮,搜索 open in browser,安装插件,这样网页就可以在浏览器中显示了,如图 2-5 所示。

右击 HTML 文件,在浏览器中运行,如图 2-6 所示。

在谷歌浏览器中运行的效果如图 2-7 所示。

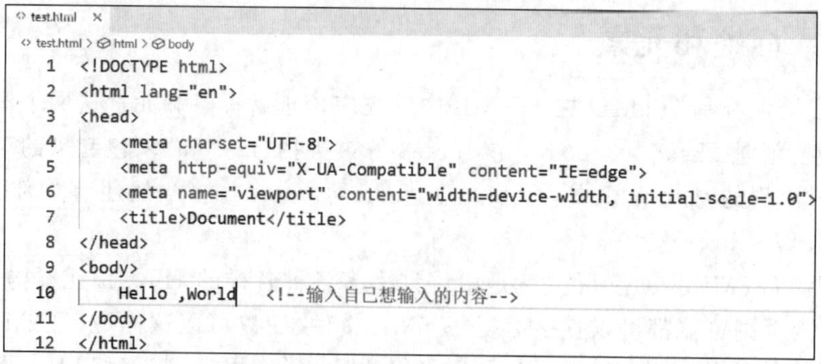

图 2-4　新创建的文件

图 2-5　安装 open in browser 插件

图 2-6　右击 HTML 文件

图 2-7　test. html 文件运行效果

28min

2.2 HTML5 基本结构

HTML5 的文档结构包括头部（Head）、主体（Body）两大部分。头部用于描述浏览器所需的信息，主体用于展示具体内容。HTML 的基本结构，代码如下：

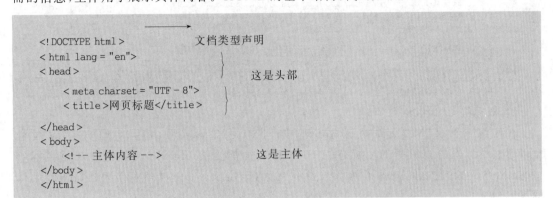

```
<!DOCTYPE html>                    文档类型声明
<html lang = "en">
<head>                              这是头部
    <meta charset = "UTF-8">
    <title>网页标题</title>

</head>
<body>
    <!-- 主体内容 -->                这是主体
</body>
</html>
```

为了方便记忆，我们请出二师兄来帮忙，称为猪八戒记忆法，如图 2-8 所示。

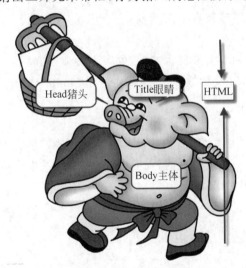

图 2-8 猪八戒记忆法

HTML5 文件是由一系列成对出现的元素标签嵌套组合而成的，一般以起始标签<元素名>开始，以结束标签</元素名>终止，如< title >网页标题</title >，用于标记文本内容的含义。浏览器解析标签中的内容后会在网页上呈现给用户，而元素标签本身并不会被浏览器显示出来。

1. 文档类型声明<! DOCTYPE >

DOCTYPE 文档声明，它是 Document Type Definition 的英文缩写，意思是文档类型定义，在 HTML 文档中，用来指定页面所使用的 HTML（或者 XHTML）的版本。要想制作符合标准的页面,一个必不可少的关键组成部分就是 DOCTYPE 声明。只有确定了一个正确的 DOCTYPE,HTML 里的标识和 CSS 才能正常生效。它一般被定义在页面的第 1 行,在 <html>标签之前。

在 HTML4 中,文档类型的声明方法如下:

```
<!DOCTYPE HTML PUBLIC " - //W3C//DTD HTML 4.01//EN"
    "http://www.w3.org/TR/html4/strict.dtd">
```

在 HTML5 中对文档类型声明进行了简化,声明方法如下:

```
<!DOCTYPE html>
```

2. 根标签< html >

在任何一个 HTML 文件中,最先出现的 HTML 标签就是<html>,它用于表示该文件是以超文本标识语言编写的。所有的 HTML 文件都要被<html>开始标签和结束标签</html>包裹,在它之间包含了两个重要的元素标签:< head >头部标签和< body >主体标签。

<html>标签不带任何属性,虽然在 HTML5 中是可以省略的,但是为了符合 Web 标准和体现文档的完整性,不建议省略该标签。

3. 头标签< head >

< head >是一个表示网页头部的标签,其内容不会显示在网页的页面中,用来说明关于 HTML 文件的信息。< head >标签中包含< title >和< meta >标签,用于声明页面标题、字符集和关键字等。

1) 标题标签< title >

< title >用于定义文档的标题,其内容显示在浏览器窗口的标题栏或状态栏上。< title >标签是< head >标签中唯一必须包含的,而且在< title >标签内容中书写和网页相关的关键词有利于 SEO 优化,示例代码如下:

```
< head >
    < title >百度一下</title>
</ head >
< body >
    …
</ body >
```

2) 元数据标签< meta >

< meta >标签可提供有关页面的元信息(meta-information),例如针对搜索引擎和更新频度的描述和关键词。通常< meta >标签用于定义网页的字符集、关键词、描述、作者等信息。

(1) 字符集声明。

charset 属性为 HTML5 新增的属性,用于声明字符编码。在理论上,可以使用任何字符编码,但并不是所有浏览器都能够理解它们。某种字符编码使用的范围越广,浏览器就越有可能理解它,目前使用最广的字符集是 UTF-8,因为 UTF-8 是国际通用字库。以后我们统统使用 UTF-8 字符集,这样就会避免出现字符集不统一而引起乱码的情况了。

以 UTF-8 字符集为例,下面两种字符集声明写法的效果是一样的。

```
< meta charset = "utf - 8"> //HTML5
```

或

```
< meta http - equiv = "content - Type" content = "text/html;charset = utf - 8"> //HTML4
```

(2) 关键词声明。

keywords 用来告诉搜索引擎网页的关键词是什么,用法如下:

```
< meta name = "keywords" content = "Web 前端,HTML5">
```

(3) 页面描述。

description 用来告诉搜索引擎网站主要内容描述是什么,用法如下:

```
< meta name = "description" content = "Free Web tutorials on HTML and CSS">
```

(4) 页面作者。

标注网页的作者,用法如下:

```
< meta name = "author" content = "root">
```

(5) 刷新页面。

以每 30s 刷新一次页面为例,用法如下:

```
< meta http - equiv = "refresh" content = "30">
```

4. 主体标签< body >

主体< body >标签是定义文档的主体部分,网页所显示的内容都放在该标签内。在主体< body >标签中可以放置网页中所有的内容,例如文本、超链接、图像、表格、列表等。

设置< body >标签属性可以改变页面的显示效果,< body >标签的属性设置如表 2-2 所示。

表 2-2　< body >标签的属性设置

属　　性	值	描　　述
bgcolor	rgb(x,x,x) ♯xxxxxx colorname	背景颜色
text	同上	所有文本的颜色

续表

属　性	值	描　述
alink	同上	文档中活动链接的颜色
link	同上	文档中未访问链接的默认颜色
vlink	同上	文档中已被访问链接的颜色
background	URL	文档的背景图像
topmargin	px(像素)	规定文档上边距的大小
leftmargin	px(像素)	规定文档左边距的大小

body 属性的基本用法,示例代码如下:

```
< body bgcolor = "背景颜色" background = "背景图片" text = "文本颜色"
    link = "连接文件颜色" vling = "访问过的文本颜色" alink = "激活的链接文本"
    leftmargin = "左边距" topmargin = "上边距">
  页面的主体部分
</body>
```

▶ 23min

2.3　HTML5 的语法

与 HTML4 相比,HTML5 在语法上有一部分变化。为了确保兼容性,HTML5 根据 Web 标准,重新定义了一套在现有 HTML 基础上修改而来的语法,以便各个浏览器在运行 HTML 时能够符合通用标准。

1. 内容类型

HTML5 文档的扩展名为 .html 或 .htm,内容类型为 text/html。

2. 标签不再区分大小写

HTML 标签不区分大小写,< HTML >、< Html >和< html >是一样的,但建议小写,因为大部分程序员以小写为准。

3. 标签类型

在 HTML 页面中,带有"<>"符号的元素被称为 HTML 标签,如上面提到的< html >、< head >、< body >都是 HTML 标签。

1) 单标签

单标签也称空标签,是指用一个标签符号即可完整地描述某个功能的标签。

基本语法格式如下:

```
<元素>
```

或

```
<元素/>
```

常用的单标签有< br >、< hr >、< link >、< img/>、< input/>等。

2）双（成对）标签

"<元素名>"表示该标签的作用开始，一般称为"开始标签（Start Tag）"，"</元素名>"表示该标签的作用结束，一般称为"结束标签（End Tag）"。和开始标签相比，结束标签只是在前面加了一个关闭符"/"，如图 2-9 所示。

图 2-9　双标签

常用的双标签有< html ></html >、< body ></body >、< strong ></strong >、< div ></div >等。

4．标签省略

在 HTML5 中，元素的标签分为 3 种类型：可以省略全部标签的元素、可以省略结束标签的元素、不允许写结束标签的元素。下面介绍这 3 种类型各包括哪些标签。

（1）可以省略全部标签的元素：html、head、body、colgroup、tbody，示例代码如下：

```
<!DOCTYPE html >
< meta charset = "UTF - 8">
< title > Hello World </title>
< h1 > H5 </h1 >
< p > HTML5 的目标是书写出更简洁的 HTML 代码。
</br>总体来讲，为一代 Web 平台提供了许许多多新的功能。
```

注意：即使标记被省略了，该元素还是以隐式的方式存在的。在浏览器查看源码时，发现被省略的标签会被补上。

（2）可以省略结束标签的元素：li、dt、dd、p、rt、rp、optgroup、option、colgroup、thead、tbody、tfoot、tr、td、th，示例代码如下：

```
< ol >
    < li > China
    < li > UK
</ol >
< ul >
    < li > a
    < li > b
</ul >
< select >
    < option value = "GuangZhou"> GuangZhou
    < option value = "BeiJing"> BeiJing
</select >
```

（3）不允许写结束标签的元素：area、base、br、col、embed、hr、img、input、keygen、link、meta、wbr、source。

不允许写结束标记的元素是指不允许使用开始标签与结束标签将元素括起来的形式，只允许使用<元素/>的形式进行书写，示例代码如下：

错误的书写方式如下：

```
< br > </br >
```

正确的书写方式如下：

```
< br/> 或 < br >
```

5. 标签属性

属性为 HTML 元素提供附加信息。属性就是特性，例如手机的颜色、手机的尺寸都用来修饰手机。

使用 HTML 制作网页时，如果想让 HTML 标签提供更多的信息，则可以使用 HTML 标签的属性加以设置，其基本语法格式如下：

```
<标签名 属性 1 = "属性值 1" 属性 2 = "属性值 2" … > 内容 </标签名>
```

书写 HTML 属性的注意事项：

(1) 属性必须在开始标签里定义，并且与首标签名称之间至少留一个空格。

(2) 属性总是以键-值对的形式出现，例如 align = "center"。

(3) 一个元素的属性可能不止一个，多个属性之间用空格隔开。

(4) 多个属性之间不区分先后顺序。

(5) 属性和属性值对大小写不敏感。

属性值两边既可以使用双引号，也可以使用单引号，当属性值不包括空字符串、<、>、=、单引号、双引号等字符时，属性值两边的引号可以省略。

下面的写法都是合法的：

```
< input type = "text">
< input type = 'text'>
< input type = text >
```

6. 支持 boolean 布尔值

在 HTML 中有一些元素的属性，当只写属性名称而不指定属性值时，表示属性值为 true，如果将该属性值设置为 false，则表示不使用该属性，代码如下：

```
< input type = "checkbox" checked >
< input type = "checkbox" checked = "true">
< input type = "checkbox" checked = "checked">
```

以上 3 种写法的效果是一样的。

7. 标签嵌套

在 HTML 中有大量的标签，大部分标签是可以互相嵌套的。标签需要成对嵌套，但不能交叉嵌套，如图 2-10 所示。

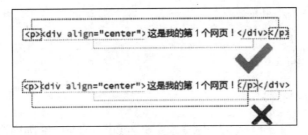

图 2-10　标签嵌套

2.4　注释

▶ 7min

　　如果需要在 HTML 文档中添加一些便于阅读和理解但又不需要显示在页面中的文字,就需要使用注释,其基本语法格式如下:

```
<!-- 注释语句 -->
```

注释只在编辑文本情况下可见,不会显示在浏览器窗口中,如例 2-1 所示。

【例 2-1】　页面注释

```
<!DOCTYPE html>
<html lang = "en">
<head>
    <meta charset = "UTF - 8">
    <title>页面注释</title>
</head>
<body>
    <!-- 注释1:这是标题 -->
    <h2>静夜思</h2>
    <!-- 注释2:这是列表 -->
    <ul>
        <li>床前明月光,疑是地上霜。</li>
        <li>举头望明月,低头思故乡。</li>
    </ul>
</body>
</html>
```

在浏览器中的显示效果如图 2-11 所示。

图 2-11　页面注释

注意：注释不可以互相嵌套。

2.5 基础标签

▶ 18min

2.5.1 标题标签

HTML 中标题由<h1>~<h6>标签来定义,其中<h1>标签所标记的字号最大,级别最高,其他标签依次递减,<h6>标签所标记的字号最小,如例 2-2 所示。标题标签的默认状态为左对齐显示的黑体字。

【例 2-2】 标题标签

```
<!DOCTYPE html>
<html lang = "en">
<head>
    <meta charset = "UTF-8">
    <title>标题标签</title>
</head>
<body>
    <h1>这是标题 1</h1>
    <h2>这是标题 2</h2>
    <h3>这是标题 3</h3>
    <h4>这是标题 4</h4>
    <h5>这是标题 5</h5>
    <h6>这是标题 6</h6>
</body>
</html>
```

在浏览器中的显示效果如图 2-12 所示。

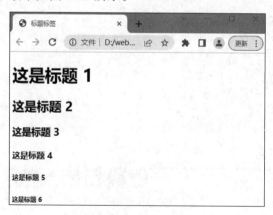

图 2-12 标题标签

标题标签的 align 属性用来定义标题字的对齐方式,其属性值如表 2-3 所示。

表 2-3   align 的属性值

属 性 值	描　　述
left	文字左对齐
center	文字居中对齐
right	文字右对齐

【例 2-3】 标题文字对齐

```
<!DOCTYPE html>
<html lang = "en">
<head>
    <meta charset = "UTF-8">
    <title>标题文字对齐</title>
</head>
<body>
    <h1 align = "center">前端三剑客</h1>    <!-- 居中 -->
    <h2 align = "left">前端三剑客</h2>      <!-- 居左 -->
    <h3 align = "right">前端三剑客</h3>     <!-- 居右 -->
</body>
</html>
```

在浏览器中的显示效果如图 2-13 所示。

图 2-13   标题文字对齐

2.5.2   段落标签

在网页中要把文字有条理地显示出来离不开段落标签，就如同我们平常写文章一样，整个网页也可以分为若干段落，而段落的标签就是<p></p>，如例 2-4 所示。

<p>标签也有 align 属性，其属性值为 left(居左)、center(居中)、right(居右)。

【例 2-4】 段落标签

```
<!DOCTYPE html>
<html lang = "en">
<head>
    <title>段落标签</title>
</head>
<body>
```

```
< p align = "center" > =========《Vue + Spring Boot 前后端分离开发实战》========= </p>
< p >|| 系统论述 Vue + Spring Boot 核心知识与案例</p>
< p >|| 书中引入了两个项目,让读者体验"编程之美""编程之乐"。</p>
< p >|| 本书以实战项目为主线,以理论基础为核心,引导读者渐进式学习 Vue + Spring
Boot </p>
< p align = "center" > ========= 购买地址:京东、当当 ======== </p>
</body>
</html>
```

在浏览器中的显示效果如图 2-14 所示。

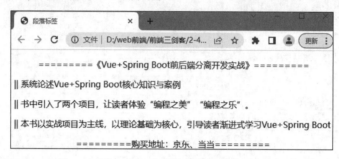

图 2-14 段落标签应用效果

2.5.3 换行标签

▶ 17min

在 HTML 中,一个段落中的文字会从左到右依次排列,直到浏览器窗口的右端,然后自动换行。如果希望某段文本强制换行显示,就需要使用换行标签< br >,如同 Word 中的 Enter 键。

< br >标签是空标签(单标签),一个< br >标签代表依次换行,连续的多个< br >标签表示多次换行。使用时,只需在换行的位置添加,如例 2-5 所示。

【例 2-5】 换行标签

```
<! DOCTYPE html >
< html lang = "en">
< head >
    < meta charset = "UTF - 8">
    < title >换行标签</title>
</head>
< body >
    < h1 >北京欢迎你</h1 >
    < p >
        北京欢迎你,有梦想谁都了不起!< br >
        有勇气就会有奇迹。< br >
        北京欢迎你,为你开天辟地。< br/>
        流动中的魅力充满朝气。< br >< br >
        北京欢迎你,在太阳下分享呼吸!< br >
        在黄土地刷新成绩。< br >
        北京欢迎你,像音乐感动你。< br >
```

```
        让我们都加油去超越自己。<br>
    </p>
</body>
</html>
```

在浏览器中的显示效果如图 2-15 所示。

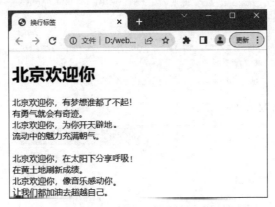

图 2-15　换行标签应用效果

注意:
标签只是简单地开始新的一行,而当浏览器遇到<p>标签时,通常会在相邻的段落之间插入一些垂直的间距。

2.5.4　水平线标签

在 HTML 页面中使用<hr>标签可创建一条水平线。水平线可以在视觉上将文档分隔成几部分,如例 2-6 所示。

水平线标签<hr>的常用属性如表 2-4 所示。

表 2-4　水平线标签<hr>的常用属性

属　　性	值	描　　述
align	left、center、right	水平对齐方式
width	像素(px)和百分比(%)	水平线的长度
size	整数,单位 px	水平线的高度
color	rgb(x,x,x)、十六进制数、颜色英文单词	水平线的颜色

【例 2-6】 水平线标签

```
<!DOCTYPE html>
<html lang = "en">
<head>
    <meta charset = "UTF-8">
    <title>水平线标签</title>
</head>
<body>
```

```
<h3>清平调</h3>
<!-- 在 hr 标签中 color 的属性值有 3 种 如
color="#330099"属性值为十六进制数（百度下载:屏幕颜色拾取工具 -- 取值）
color="red" 属性值为英文单词
  color="rgb(189,45,55)" 属性值为 rgb 函数
  -->
<hr align="left" size="3" width="60%" color="#330099">
一枝秾艳露凝香,云雨巫山枉断肠。<br>
借问汉宫谁得似,可怜飞燕倚新妆。
<hr size="5" width="300px" color="rgb(189,45,55)" align="center">
</body>
</html>
```

在浏览器中的显示效果如图 2-16 所示。

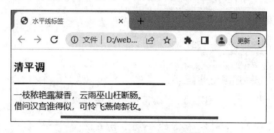

图 2-16 水平线标签应用效果

温馨提示：获取颜色的属性值时可以下载"屏幕颜色拾取工具",获取十六进制数和 rgb 函数值。

2.5.5 预格式化标签

<pre>标签可定义预格式化的文本,可以控制文本中原有样式的展示。浏览器会完整保留设计者在源文件中所定义的格式,包括空格、缩进及其他特殊格式,如例 2-7 所示。

【例 2-7】 预格式化标签

```
<!DOCTYPE html>
<html lang="en">
<head>
    <meta charset="UTF-8">
    <title>预格式化标签</title>
</head>
<body>
    <pre>
        离离原上草,一岁一枯荣。
        野火烧不尽,春风吹又生。
    </pre>
    <p>pre 标签很适合显示计算机代码:</p>
    <pre>
        for i = 1 to 10
            print i
```

```
        next i
    </pre>
</body>
</html>
```

在浏览器中的显示效果如图 2-17 所示。

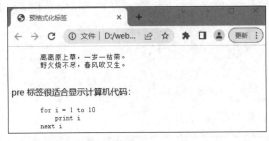

图 2-17　预格式化标签应用效果

18min

2.6　其他标签

2.6.1　常用文本格式化标签

在网页上添加文本后,可以通过特定的文本格式化标签对文本设置各种文本效果。通过这些标签可以为文本设置增大、缩小、加粗、添加下画线等效果,使文字以特殊的方式显示,常用的文本格式标签如表 2-5 所示。

表 2-5　常用的文本格式标签

标　签	显 示 效 果
< b ></ b >< strong ></ strong >	文字以粗体方式显示
< i ></ i >< em ></ em >	文字以斜体方式显示
< s ></ s >< del ></ del >	文字以加删除线方式显示
< u ></ u >< ins ></ ins >	文字以加下画线的方式显示
< small ></ small >	定义小号字体,使文本比周围字体小一号,下限为 1 号
< big ></ big >	定义大号字体,使文本比周围字体大一号,上限为 7 号
< sub ></ sub >	定义下标文本
< sup ></ sup >	定义上标文本

下面通过简单的代码示例,为大家介绍文本格式化标签的用法,如例 2-8 所示。

【例 2-8】　文本格式化标签应用

```
<! DOCTYPE html >
< html lang = "en">
< head >
    < meta charset = "UTF - 8">
```

```
        <title>文本格式化标签应用</title>
</head>
<body>
    粗体:<b>加粗</b><strong>加重语气</strong><br>
    斜体:<i>斜体</i><em>着重字</em><br>
    删除字:<s>删除字</s><del>错误内容删除</del><br>
    下画线:<u>下画线</u><ins>插入字</ins><br>
    小号字体:<small>小号字体</small><br>
    大号字体:<big>大号字体</big><br>
    上标标签:2<sup>10</sup>=1024<br/>
    下标标签:CO<sub>2</sub>
</body>
</html>
```

在浏览器中的显示效果如图 2-18 所示。

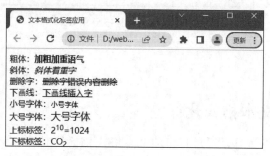

图 2-18　文本格式化标签应用效果

注意:

(1) b、i、s、u 标签只有使用而没有强调的意思,一般在设计一些小部件时会用到。

(2) strong、em、del、ins 标签的语义则更强烈,一般在对文本格式化时会优先使用。

(3) sub、sup 标签在数学公式、科学符号和化学公式中非常有用。

2.6.2　特殊符号

浏览网页时常常会看到一些包含特殊字符的文本,如数学公式、版权信息等。在 HTML 中为这些特殊字符准备了专门的替代代码,一般情况下,特殊符号的代码由前缀 "&"、字符名称及后缀";"组成,如表 2-6 所示。

表 2-6　常用特殊字符标签

特 殊 字 符	描 述	字符的代码
	空格符	
<	小于号	&lt;
>	大于号	&gt;
&	和号	&amp;
￥	人民币	&yen;

续表

特 殊 字 符	描　述	字符的代码
©	版权	&copy;
®	注册商标	&reg;
°	摄氏度	&deg;
"	引号	&quot;

特殊字符标签的应用如例 2-9 所示。

【例 2-9】　特殊字符标签应用

```
<!DOCTYPE html>
<html lang = "en">
<head>
    <meta charset = "UTF - 8">
    <title>特殊字符标签应用</title>
</head>
<body>
    <p>&nhsp;&nhsp;&nhsp;我有空格</p>
    <p>&lt;小于号 大于号 &gt;</p>
    <p>&amp;&amp;</p>
    <p>赐我 &yen;100000000 吧!</p>
    <p>版权所有 &copy;Web 进阶乐园</p>
    <p>注册商标:Web 进阶乐园 &reg;</p>
    <p>直角是 90&deg;</p>
    <p>"我有引号"</p>
</body>
</html>
```

在浏览器中的显示效果如图 2-19 所示。

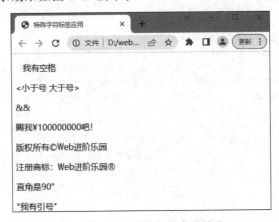

图 2-19　特殊字符标签应用效果

注意:一个" "仅代表一个半角空格,多个空格则可以多次使用该字符标签。

2.7　图像标签

图片是网页中必不可少的元素,它在网页上可呈现丰富的色彩。用户可以在网页中放入自己的照片,也可以在网页中放入公司的商标,还可以把图像作为按钮来链接到另一个网页,灵活地应用会给网页增添不少色彩。

2.7.1　添加图像

HTML网页中任何元素的实现都要依靠HTML标签,要想在网页中显示图像就需要使用图像标签,从而达到美化页面的效果,其语法格式如下:

```
< img src = "URL" alt = "替换文本">
```

<img>是单标签,图片样式由img标签的属性决定。img标签有两个常用属性:src、alt。src是source的简写,用于指明图片的存储路径。路径可以是相对路径和绝对路径,如src="D:\web\logo.jpg"使用的是绝对路径,src="images/logo.jpg"则使用的是相对路径。alt是alternative的简写,用于无法找到图像时显示替代文本,该属性可省略不写。

在HTML页面中,添加文本和图片如例2-10所示。

【例2-10】　五子棋游戏简介

```
<!DOCTYPE html >
< html lang = "en">
< head >
    < meta charset = "UTF - 8">
    < title>五子棋游戏简介</title>
</head >
< body >
    <!-- 插入五子棋游戏的文字简介 -->
    < h2 align = "center">五子棋游戏简介</h2>
    < p >   《五子棋》是一款老少皆宜的休闲类棋牌游戏。
        其起源于中国古代传统的黑白棋,玩起来妙趣横生,引人入胜,
        不仅能增强思维能力,而且可以富含哲理,有助于修身养性。</p>
    <!-- 插入五子棋的游戏图片 -->
    < img src = "images/wuzi.png">
    <!-- 插入图片未能正常显示时,替换文本 -->
    < img src = "images/wuzi2.png" alt = "加载失败">
</body >
</html >
```

在浏览器中的显示效果如图2-20所示。

2.7.2　图像属性

要想在网页中灵活地使用图像,仅仅依靠src属性是远远不够的。为此HTML还为

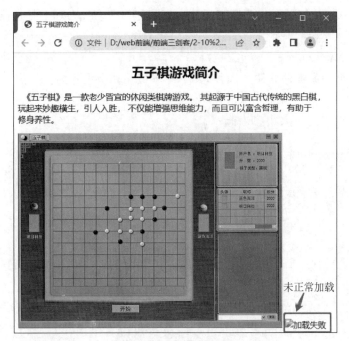

图2-20　插入图片效果

<img/>标签准备了其他的属性,具体如表2-7所示。

表2-7　<img/>标签其他的属性

属　性	属 性 值	描　　述
src	URL	图像的路径
alt	text	图像的替代文本
border	px	图像的边框
title	text	鼠标悬停提示文字
width	px、%	图像的宽度
height	px、%	定义图像的高度
hspace	px	定义图像左侧和右侧的空白(水平边距)
vspace	px	定义图像顶部和底部的空白(垂直边距)
align	left	图像对齐到左边
	right	图像对齐到右边
	top	将图像的顶端和文本的第1行文字对齐,其他文字居图像下方
	middle	将图像的水平中线和文本的第1行文字对齐,其他文字居图像下方
	bottom	将图像的底部和文本的第1行文字对齐,其他文字居图像下方

1. 图像大小与边框

通常情况下,如果不给<img/>标签设置宽和高属性,图片就会按照它的原始尺寸显示,此外,也可以通过 width 和 height 属性来定义图片的宽度和高度。在默认情况下图像是没

有边框的,通过 border 属性可以为图像添加边框、设置边框的宽度,其语法格式如下:

```
< img src = "URL" alt = "text" width = "x" height = "y" border = "x" />
```

在商品详情页面添加两张图书图片,其中一张将宽和高设置为 350 像素,另一张将宽和高设置为 50 像素,并为其添加边框,如例 2-11 所示。

【例 2-11】 设置图像大小与边框

```
<!DOCTYPE html>
< html lang = "en">
< head >
    < meta charset = "UTF-8">
    < title>设置图像大小与边框</title>
</head>
< body >
    <!-- 添加第 1 张图片,并且将图片设置为没有边框 -->
    < img src = "images/vue1.png" alt = "" height = "350" width = "350" border = "0"><br/>
    <!-- 添加第 2 张图片,并且将图片边框大小设置为 2 像素 -->
    < img src = "images/Vue 2.png" alt = "" height = "50" width = "50" border = "2">
</body>
</html>
```

在浏览器中的显示效果如图 2-21 所示。

图 2-21　设置图像的大小与边框

注意:通常我们只设置其中的一个属性,另一个属性则会依据前一个设置的属性将原图等比例显示。如果同时设置两个属性,并且其比例和原图大小的比例不一致,则显示的图像就会变形或失真。

2．图像间距与对齐方式

<img>标签的 hspace 和 vspace 属性可以设置图像周围的空间。通过 hspace 属性,可以以像素为单位,指定图像左边和右边的文字与图像之间的间距,而 vspace 属性则可以指定上面的和下面的文字与图像之间的距离的像素数。

图文混排是网页中很常见的应用,在默认情况下图像的底部会与文本的第 1 行文字对齐,但是在制作网页时经常需要对图像和文字实现环绕效果,例如左图右文,这就需要使用图像的对齐属性 align,如例 2-12 所示。

【例 2-12】　设置图像间距与对齐方式

```
<!DOCTYPE html>
<html lang = "en">
<head>
    <meta charset = "UTF-8">
    <title>设置图像间距与对齐方式</title>
</head>
<body>
    <img src = "images/nv.png" alt = "">
    《挪威的森林》是日本作家村上春树创作的长篇小说,首次出版丁 1987 年。
    这本书表达了青少年面对青春期的孤独困惑及面对成长的无奈,
    以及年轻人在社会压力下无法摆脱的生存痛苦,这种生命的悲哀与无力感也成为村上
    春树作品中重要的主题之一。<br>
    <!-- 设置图像左右空白间距为 50px,对齐方式实现左图右文 -->
    <img src = "images/nv.png" hspace = "50" align = "left">
    《挪威的森林》是日本作家村上春树创作的长篇小说,首次出版于 1987 年。
    这本书表达了青少年面对青春期的孤独困惑及面对成长的无奈,
    以及年轻人在社会压力下无法摆脱的生存痛苦,这种生命的悲哀与无力感也成为村上
    春树作品中重要的主题之一。
</body>
</html>
```

在浏览器中的显示效果如图 2-22 所示。

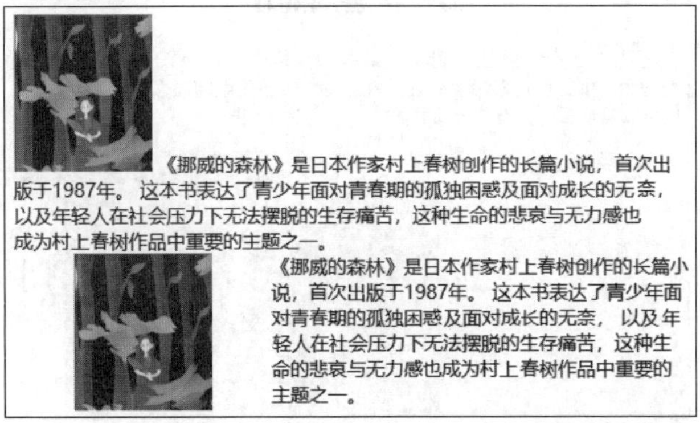

图 2-22　设置图像间距与对齐方式

注意:在实际应用中很少直接使用图像的对齐属性,一般采用 CSS 替代。

3. 替换文本与提示文本

在 HTML 中,可以为图像设置替换文本和提示文字信息,其中,title 属性可以为图像设置提示信息,当鼠标悬停图片时显示属性值内容,用于说明或描述图像。如果图片由于下载或者路径等问题而无法显示时,则可以通过 alt 属性在图片的位置显示定义的替换文字,用以告知用户这是一张什么图片,如例 2-13 所示。

【例 2-13】 设置图像替换文本与提示文本

```html
<!DOCTYPE html>
<html lang = "en">
<head>
    <meta charset = "UTF-8">
    <title>设置图像替换文本与提示文本</title>
</head>
<body>
    <h2 align = "center">五子棋游戏简介</h2>
    <p>  《五子棋》是一款老少皆宜的休闲类棋牌游戏。
        其起源于中国古代传统的黑白棋,玩起来妙趣横生,引人入胜,
        不仅能增强思维能力,而且可以富含哲理,有助于修身养性。</p>
    <!-- 插入五子棋的游戏图片,并且分别设置其提示文字和替换文本 -->
    <img src = "images/game.png" alt = "游戏大厅" title = "欢迎进入五子棋游戏大厅"
    hspace = "50" align = "top">
    <img src = "images/wuziwelcome.png" alt = "五子棋欢迎界面" title = "欢迎体验五子
    棋游戏" height = "200">
</body>
</html>
```

在浏览器中的显示效果如图 2-23 所示。

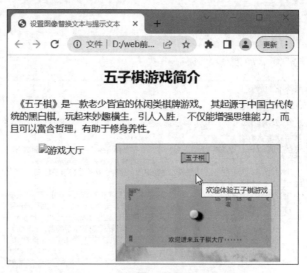

图 2-23 设置图像替换文本与提示文本

11min

2.7.3　相对路径和绝对路径

网页中的路径通常分为绝对路径和相对路径两种，以当前文档为参照点表示文件位置的路径是相对路径；以根目录为参照点表示文件位置的路径是绝对路径。

如去一个地方，首先要明确到达此地的路径。编程也是如此，要加载图片或者引入其他代码文件，也需要设置正确的路径。

路径分为绝对路径与相对路径：

（1）山西省太原市南内环街 967 号×××小区 17 号楼 2 单元 502，这是一个绝对路径。

（2）15 号楼左手边那栋楼 2 单元 502，这是一个相对路径。

由此得出，绝对路径是对一个位置的路径的完整描述，相对路径则是以某个事物为参考描述位置。

1. 绝对路径

绝对路径就是网页上的文件或目录在硬盘上的真正路径，例如 D:\web\images\banner1.jpg，或完整的网络地址如 https://z3.ax1x.com/2021/07/28/WIzidA.jpg。

2. 相对路径

相对路径就是相对于当前文件的路径，相对路径没有盘符，通常是以 HTML 网页文件为起点，通过层级关系描述目标图像的位置。总体来讲，相对路径的设置分为以下 3 种。

（1）图像文件和 HTML 文件位于同一文件夹：只需输入图像文件的名称，如< mg src="logo. gif"/>。

（2）图像文件位于 HTML 文件的下一级文件夹：需要输入文件夹名和文件名，之间用"/"隔开，如< img src="img/img01/logo. gif"/>。

（3）图像文件位于 HTML 文件的上一级文件夹：在文件名之前加入"../"，如果是上两级，则需要使用"../../"，以此类推，如< img src="../logo. gif"/>。

注意：网页中并不推荐使用绝对路径，因为网页制作完成之后需要将所有的文件上传到服务器，此时图像文件可能在服务器的 C 盘，也有可能在 D 盘、E 盘，并且可能在 A 文件夹中，也有可能在 B 文件夹中。当文件上传到服务器后，会造成图片路径错误，网页不能正常显示设置的图片。

2.8　超链接标签

21min

2.8.1　创建超链接

超链接< a>标签在网页中占有不可替代的地位，因为网站的各种页面都由超链接串接而成，超链接完成了页面之间的跳转，从而实现浏览空间的跨越。超链接是浏览者和服务器进行交互的主要手段，其语法格式如下：

```
< a href = "URL" target = "目标窗口的弹出方式" title = "提示信息">超链接内容</a>
```

超链接标签属性介绍如下。

(1) href：链接地址(URL)，必需的属性。

(2) title 属性：定义了鼠标经过时的提示文字。

(3) target 属性：打开目标窗口的方式，主要有以下 4 个属性值。

_self：在当前窗口打开链接，此值为默认值。

_blank：在新窗口中打开链接。

_top：在顶层框架中打开链接，即在根窗口中打开链接。

_parent：在上一级窗口打开，常在分帧的框架页面中使用。

说明：在该语法中，链接地址 href 可以是绝对地址，也可以是相对地址。

在页面中添加文字导航和图像，并且通过<a>标签为每个导航栏添加超链接，如例 2-14 所示。

【例 2-14】 图书导航栏

```html
<!DOCTYPE html>
<html lang = "en">
<head>
    <meta charset = "UTF - 8">
    <title>图书导航栏</title>
</head>
<body>
    <img src = "images/logo.png" alt = "图书商城">    
    <a href = "#">首页</a>    
    <a href = "https://item.jd.com/13198498.html"
    target = "_blank">Vue + Spring Boot </a>    
    <a href = "http://www.baidu.com" title = "这是百度">百度</a>    
    <a href = "2 - 13 设置图像替换文本与提示文本.html"target = "_blank">本地跳转</a><br>
    <img src = "images/banner.png" width = 500 >
</body>
</html>
```

在浏览器中的显示效果如图 2-24 所示。

图 2-24　图书导航栏页面

通过以上示例知道,被超链接标签<a></a>环绕的文本颜色特殊且带有下画线效果,这是因为超链接标签本身有默认的显示样式。当鼠标移到链接文本上时,光标会变为"👆"的形状,同时页面的左下角会显示链接页面的网址。

注意:

(1) 当暂时没有确定链接目标时,通常将<a>标签的 href 属性值定义为"♯"(href="♯"),表示该链接暂时为一个空链接。

(2) 不仅可以创建文本超链接,在网页中各种网页元素,如图像、表格、声频、视频等都可以添加超链接。

2.8.2　锚点链接

如果网页内容较多,页面较长,浏览网页时就需要不断地拖动滚动条来查看所需要的内容,这样不仅效率较低,而且不方便操作。为了提高信息的检索速度,HTML 语言提供了一种特殊的链接——锚点链接。通过创建锚点链接,用户能够直接跳到指定位置的内容,常用于书签链接。

创建书签链接分为以下两步:

(1) 使用<a href="♯锚点名">链接文本</a>创建链接文本。

(2) 使用相应<a　name="锚点名"></a>标注跳转目标的位置。

在网页中添加书签链接,单击文字时,页面会跳转到相应的位置,如例 2-15 所示。

【例 2-15】　书签链接

```
<! DOCTYPE html >
< html lang = "en">
< head >
    < meta charset = "UTF-8">
    < title >书签链接</title>
</head>
< body >
    < a name = "top">美国历任总统:</a>< br />
  < a href = "♯1">乔治·华盛顿</a>< br />
  < a href = "♯2">约翰·亚当斯</a>< br />
  < a href = "♯3">托马斯·杰斐逊</a>< br />
  < a href = "♯4">詹姆斯·麦迪逊</a>< br />
  < a href = "♯5">詹姆斯·门罗</a>< br />
  < a href = "♯6">约翰·昆西·亚当斯</a>< br />
    < h2 >美国历任总统</h2>
    • 第 1 任(1789—1797)< a name = "1">这里是第 1 任的锚</a>< br />
姓名:乔治·华盛顿< br />
George Washington < br />
生卒:1732—1799 < br />
政党:联邦< br />
    • 第 2 任(1797—1801)< a name = "2">这里是第 2 任的锚</a>< br />
姓名:约翰·亚当斯< br />
John Adams < br />
```

```
        生卒:1735—1826 < br />
        政党:联邦< br />
         • 第 3 任(1801—1809)< a name = "3">这里是第 3 任的锚</a>< br />
        姓名:托马斯·杰斐逊< br />
        Thomas Jefferson < br />
        生卒:1743—1826 < br />
        政党:民共   < a href = " # top">回到顶部</a>< br />
         • 第 4 任(1809—1817)< a name = "4">这里是第 4 任的锚</a>< br />
        姓名:詹姆斯·麦迪逊< br />
        James Madison < br />
        生卒:1751—1836 < br />
        政党:民共< br />
         • 第 5 任(1817—1825)< a name = "5">这里是第 5 任的锚</a>< br />
        姓名:詹姆斯·门罗< br />
        James Monroe < br />
        生卒:1758—1831 < br />
        政党:民共< br />
         • 第 6 任(1825—1829)< a name = "6">这里是第 6 任的锚</a>< br />
        姓名:约翰·昆西·亚当斯< br />
        John Quincy Adams < br />
        生卒:1767—1848 < br />
        政党:民共< br />< a href = " # top">回到顶部</a>
</body >
</html >
```

在浏览器中的显示效果如图 2-25 所示。

图 2-25　书签链接

通过图 2-25 可以看出,网页页面内容比较长而且出现了滚动条。当鼠标单击"詹姆斯·麦迪逊"的链接时,页面会自动定位到相应的内容介绍部分。

HTML5 新增了 download 属性,链接中加入 download 属性可以使用户将文件下载下来而不是直接用浏览器打开,截至目前,对 HTML5 提供支持的浏览器已经对这个属性支持得比较好了。HTML5 的 download 属性用来强制浏览器下载对应文件,而不是打开。该属性也可以设置一个值来规定下载文件的名称。所允许的文件类型有.img、.pdf、.txt、.html 等,浏览器将自动检测正确的文件扩展名,对文件大小没有限制。

语法格式如下:

```
< a href = "下载的文件" download = "download.pdf">单击直接下载并保存成 download.pdf 文件</a>
```

2.9 列表标签

25min

列表能对网页中的相关信息进行合理布局,将项目有序或无序地整理在一起,如图 2-26 所示,便于用户进行浏览和操作。HTML 中共有 3 种列表,分别是无序列表、有序列表和定义列表。

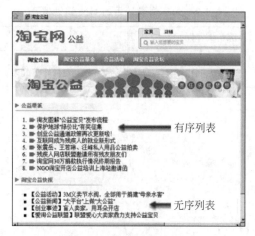

图 2-26 网页中列表的应用

列表最大的特点是整齐、整洁、有序。关于列表的主要标签如表 2-8 所示。

表 2-8 列表的主要标签

标 签	描 述	标 签	描 述
< ul >	无序列表	< dt >、< dd >	定义列表的标签
< ol >	有序列表	< li >	列表项目的标签
< dl >	定义列表		

2.9.1 无序列表

无序列表是一种不分排序的列表,各个列表项之间没有顺序级别之分。无序列表使用

<ul>标签定义,内部可以嵌套多个<li>标签(<li>是列表项)。定义无序列表的基本语法格式如下:

```
<ul>
    <li>列表项1</li>
    <li>列表项2</li>
    <li>列表项3</li>
    ...
</ul>
```

在上面的语法中,<ul></ul>标签用于定义无序列表,<li></li>标签嵌套在<ul></ul>标签中,用于描述具体的列表项,每对<ul></ul>中至少应包含一对<li></li>。

在默认情况下,无序列表的项目符号是•,<ul>和<li>都拥有type属性,用于指定列表项目符号,不同type属性值可以呈现不同的项目符号。设置ul标签的type属性会使所有的列表项按统一风格显示,设置其中一个li列表项的type属性值只会影响它自身的显示风格,表2-9列举了无序列表常用的type属性值。

表2-9 无序列表常用的type属性值

属 性 值	列表项目的符号	属 性 值	列表项目的符号
disc(默认值)	•	square	▪
circle	○	none	不显示任何符号

【例2-16】 无序列表应用

```
<!DOCTYPE html>
<html lang="en">
<head>
    <meta charset="UTF-8">
    <meta http-equiv="X-UA-Compatible" content="IE=edge">
    <meta name="viewport" content="width=device-width, initial-scale=1.0">
    <title>无序列表应用</title>
</head>
<body>
    <h5>中国四大银行</h5>
    <ul>
        <li>中国建设银行</li>
        <li>中国工商银行</li>
        <li>中国银行</li>
        <li>中国农业银行</li>
    </ul>
    <h5>中国四大美女</h5>
    <ul type="circle">
        <li>西施</li>
        <li>王昭君</li>
        <li>貂蝉</li>
        <li>杨玉环</li>
```

```
    </ul>
    <h5>中国四大名著</h5>
    <ul type = "square">
        <li>水浒传</li>
        <li type = "circle">西游记</li>
        <li>三国演义</li>
        <li>红楼梦 </li>
    </ul>
</body>
</html>
```

在浏览器中的显示效果如图 2-27 所示。

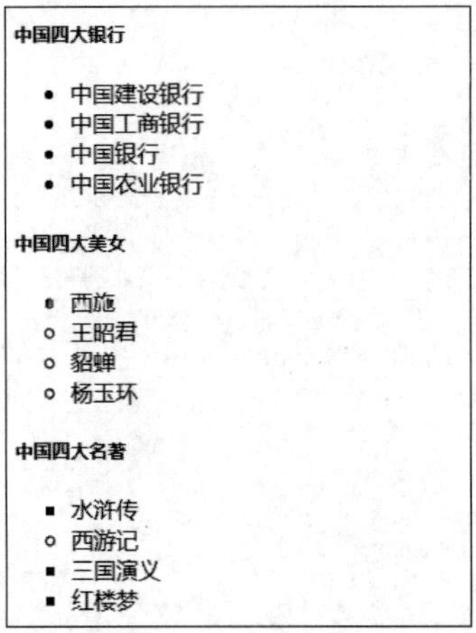

图 2-27　无序列表设置不同的项目符号

注意:

(1) <ul></ul>中只能嵌套<li></li>,直接在<ul></ul>标签中输入其他标签或者文字的做法是不被允许的。

(2) <li>与</li>之间相当于一个容器,可以容纳所有元素。

(3) 无序列表会带有自己的样式属性,放下那个样式,一会让 CSS 来。

2.9.2　有序列表

有序列表是一种强调排列顺序的列表,使用< ol >标签定义,内部可以嵌套多个< li >标签。例如网页中常见的歌曲排行榜、游戏排行榜、奥运金牌榜等都可以通过有序列表来定义。定义有序列表的基本语法格式如下:

```
< ol >
  <li>列表项 1</li>
  <li>列表项 2</li>
  <li>列表项 3</li>
...
</ol>
```

在上面的语法中,<ol></ol>标签用于定义有序列表,<li></li>为具体的列表项,和无序列表类似,每对<ol></ol>中也至少应包含一对<li></li>。

在默认情况下,有序列表的序号是数字,通过type属性可以调整序号的类型,如表2-10所示。

表 2-10　有序列表的序号类型

属 性 值	列表项目的序号类型
1(默认值)	项目符号显示为数字1、2、3…
a 或 A	项目符号显示为英文字母a、b、c、d…或A、B、C…
i 或 I	项目符号显示为罗马数字 i、ii、iii…或 I、II、III…

【例2-17】　有序列表应用

```
<! DOCTYPE html >
< html lang = "en">
< head >
    < meta charset = "UTF - 8">
    < meta http - equiv = "X - UA - Compatible" content = "IE = edge">
    < meta name = "viewport" content = "width = device - width, initial - scale = 1.0">
    < title >有序列表应用</title >
</head >
< body >
    < h5 >奥运会的奖牌榜</h5 >
    < ol type = "1">
        < li >中国</li >
        < li >美国</li >
        < li >俄罗斯</li >
        < li >澳大利亚</li >
    </ol >
    < h5 >乡间小诗</h5 >
    < ol type = "A">
        < li >< font color = "♯0000ff">树上的鸟儿是喧闹的</font ></li >
        < li >< font color = "♯0000ff">水里的鱼儿是沉默的</font ></li >
        < li >< font color = "♯0000ff">天上的云儿是漂泊的</font ></li >
        < li type = "i">< font color = "♯0000ff">地上的人儿是孤独的</font ></li >
    </ol >
</body >
</html >
```

在浏览器中的显示效果如图2-28所示。

2.9.3　定义列表

定义列表与有序列表、无序列表中的父子搭配有所不同,它包含了3个标签,即dl、dt、dd。定义列表常用于对术语或名词进行解释和描述,定义列表的列表项前没有任何项目符号。定义列表的基本语法格式如下:

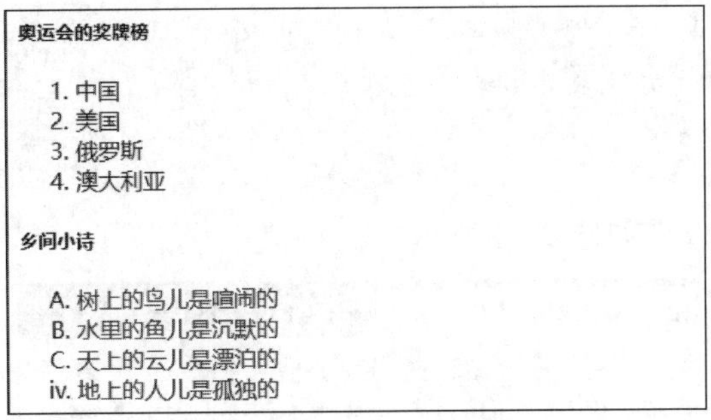

```
奥运会的奖牌榜

    1. 中国
    2. 美国
    3. 俄罗斯
    4. 澳大利亚

乡间小诗

    A. 树上的鸟儿是喧闹的
    B. 水里的鱼儿是沉默的
    C. 天上的云儿是漂泊的
    iv. 地上的人儿是孤独的
```

图 2-28　有序列表应用效果

```
< dl >
  < dt >名词 1 </dt >
      < dd >名词 1 解释 1 </dd >
      < dd >名词 1 解释 2 </dd >
      …
  < dt >名词 2 </dt >
      < dd >名词 2 解释 1 </dd >
      < dd >名词 2 解释 2 </dd >
      …
</dl >
```

　　在定义列表中,一个<dt>标签下可以有多个<dd>标签作为名词的解释和说明,以实现定义列表的嵌套,如例 2-18 所示。

【例 2-18】　定义列表应用

```
<! DOCTYPE html >
< html lang = "en">
< head >
    < meta charset = "UTF - 8">
    < title >定义列表应用</title>
</head >
< body >
    < h3 >计算机网络的分类</h3>
    < dl >
        < dt >局域网</dt >
        < dd > LAN(Local Area Network)</dd >
        < dd >小区域内使用,成本低易管理</dd >
    </dl >
    < dl >
        < dt >广域网</dt >
        < dd > WAN(Wide Area Network)</dd >
        < dd > Internet 就是典型的广域网</dd >
    </dl >
    < dl >
        < dt >城域网</dt >
        < dd > MAN(Metropolitan Area Network)</dd >
```

```
        <dd>覆盖地理范围介于局域网和广域网之间</dd>
    </dl>
</body>
</html>
```

在浏览器中的显示效果如图 2-29 所示。

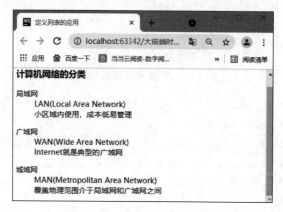

图 2-29 定义列表的应用效果

注意:

(1) <dl>、<dt>、<dd>这 3 个标签之间不允许出现其他标签。

(2) <dl>标签必须与<dt>标签相邻。

2.9.4 列表的嵌套

最常见的列表嵌套就是无序列表和有序列表的嵌套,列表嵌套可以增强网页页面的层次性,例如图书的目录。有序列表和无序列表不仅能自身嵌套也能互相嵌套。

列表嵌套的方法十分简单,我们只需将子列表嵌套在上一级列表的列表项中,如例 2-19 所示。

【例 2-19】 列表嵌套

```
<!DOCTYPE html>
<html lang = "en">
<head>
    <meta charset = "UTF - 8">
    <title>列表嵌套</title>
</head>
<body>
    <ul>
        <li><a href = "#">商品分类</a>
            <ol>
                <li><a href = "#">女装/内衣</a></li>
                <li><a href = "#">男装/运动鞋</a></li>
            </ol>
```

```
        </li>
        <li><a href = "#">春节特卖</a>
            <ul>
                <li><a href = "#">酒类</a></li>
                <li><a href = "#">母婴会场</a></li>
            </ul>
        </li>
        <li><a href = "#">图书</a></li>
        <li><a href = "#">家具</a></li>
        <li><a href = "#">电器类</a></li>
    </ul>
</body>
</html>
```

在浏览器中的显示效果如图 2-30 所示。

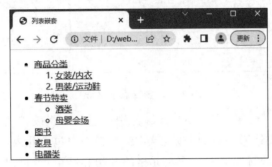

图 2-30　列表嵌套

2.10　表格标签

　　HTML 中表格不但可以展示数据信息，还可以用于页面布局。HTML 中的表格和 Excel 中的表格是类似的，即都包括行、列、单元格等元素。表格在文本和图像的位置控制方面都有很强的功能。在制作网页时，使用表格可以更清晰地排列数据，如图 2-31 所示。

排名		战队	胜/负	积分	净胜分
1		DYG	13/1	13	26
2		成都AG超玩会	12/2	12	26
3		WB.TS	10/3	10	21
4		南京Hero久竞	9/4	9	13
5		杭州LGD大鹅	8/5	8	3
6		RNG.M	8/6	8	-1

博客等级		
图标	等级	所需积分
	L1	0
	L2	100
	L3	400
	L4	800
	L5	1600
	L6	4500
	L7	9000
	L8	23000
	L9	50000
	L10	100000
	L11	200000
	L12	300000
	L13	000000

图 2-31　网页中表格应用场景

12min

2.10.1 创建表格

在 HTML 网页中,如果要想创建表格,就需要使用表格相关的标签。创建表格的基本语法如图 2-32 所示。

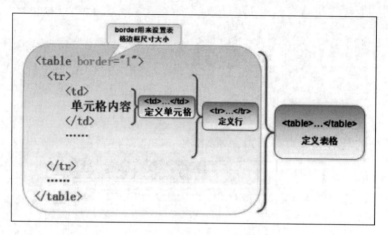

图 2-32 创建表格语法

在上面的语法中,<table></table>标签分别标志着一张表格的开始和结束,而<tr></tr>标签则分别表示表格中一行的开始和结束,在表格中包含几组<tr></tr>,就表示该表格为几行;<td></td>标签表示一个单元格的开始和结束,也可以说表示一行中包含了几列。用于制作表格的主要标签如表 2-11 所示。

表 2-11 常用表格标签

标　　签	描　　述	标　　签	描　　述
<table>	定义表格	<th>	定义表头
<tr>	定义行	<caption>	定义表格标题
<td>	定义单元格		

表格中还有一种特殊的单元格称为表头。表头一般位于表格的第 1 行,用来表明该列的内容类别,用<th></th>标签来表示。与<td>标签的使用方法相同,但<th>标签中的内容是加粗显示的。

通过表格标签创建一个带表头的简单课程表,如例 2-20 所示。

【例 2-20】 简单课程表

```
<!DOCTYPE html>
<html lang = "en">
<head>
    <meta charset = "UTF-8">
    <title>简单课程表</title>
</head>
```

```
<body>
<!--<table>为表格标记 border 边框 align = "center"居中 -->
<table border = "1" align = "center">
    <!--<tr>为行标签 -->
    <tr>
        <!--<th>为表头标记 -->
        <th>星期一</th>
        <th>星期二</th>
        <th>星期三</th>
        <th>星期四</th>
        <th>星期五</th>
    </tr>
    <tr>
        <!--<td>为单元格 -->
        <td>数学</td>
        <td>语文</td>
        <td>数学</td>
        <td>语文</td>
        <td>数学</td>
    </tr>
    <tr>
        <td>语文</td>
        <td>数学</td>
        <td>语文</td>
        <td>数学</td>
        <td>语文</td>
    </tr>
    <tr>
        <td>体育</td>
        <td>语文</td>
        <td>英语</td>
        <td>综合</td>
        <td>语文</td>
    </tr>
</table>
</body>
</html>
```

在浏览器中的显示效果如图 2-33 所示。

图 2-33　简单课程表效果图

注意:

(1) < tr ></tr >中只能嵌套< td >或< th >。

(2) < td ></td >标签就像一个容器,可以容纳所有的元素。

2.10.2 表格标题

▶11min

可使用< caption >标签来为表格设置标题,标题用来描述表格的内容。在默认情况下,表格的标题位于整个表格的第1行并且居中显示。一张表格只能有一个标题,也就是说< table >标签中只能有一个< caption >标签,如例2-21所示。

【例2-21】 创建包含标题的表格

```
<!DOCTYPE html>
< html lang = "en">
< head >
    < meta charset = "UTF - 8">
    < title>创建包含标题的表格</title>
</head>
< body >
    < table align = "center">
        <!-- 定义表格标题 -->
        < caption>动物世界</caption >
        < tr >
            < th >动物名称</th >
            < th >物种</th >
            < th >生活习性</th >
            < th >食性</th >
        </tr >
        < tr >
            < td >老虎</td >
            < td >猫科动物</td >
            < td >单独活动</td >
            < td >肉食</td >
        </tr >
        < tr >
            < td >狮子</td >
            < td >猫科动物</td >
            < td >集群</td >
            < td >肉食</td >
        </tr >
        < tr >
            < td >大象</td >
            < td >哺乳纲动物</td >
            < td >群居</td >
            < td >草食</td >
        </tr >
    </table >
</body >
</html>
```

在浏览器中的显示效果如图 2-34 所示。

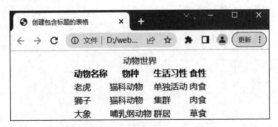

图 2-34　创建包含标题的表格

2.10.3　表格属性

表格标签包含了大量属性,虽然大部分属性可以使用 CSS(后面章节会讲到)进行替代,但是 HTML 语言中也为< table >标签提供了一系列属性,用于完成表格的装饰和美化,具体如表 2-12 所示。

表 2-12　< table >标签的属性

属　　性	属　性　值	描　　述
width	px、%	设置表格的宽度
height	px、%	设置表格的高度
align	left、center、right	设置表格在网页中的水平对齐方式
border	px	设置表格边框的宽度
bgcolor	颜色值、十六进制#RGB、rgb(x,x,x)	设置表格的背景颜色
background	URL 网址	设置表格的背景图像
cellpadding	px、%	单元边沿与其内容之间的空白
cellspacing	px、%	单元格之间的空白
frame	above、below、hsides、vsides、lhs、rhs、border、void	规定外侧边框的哪部分是可见的
rules	none、all、rows、cols、groups	规定内侧边框的哪部分是可见的

表格中各自属性所控制的区域如图 2-35 所示。

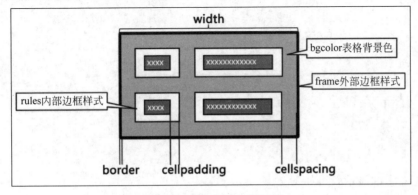

图 2-35　表格属性控制区域

使用表格属性创建一个经过修饰的商品推荐表格,如例 2-22 所示。

【例 2-22】 商品推荐表格

```
<! DOCTYPE html >
< html lang = "en">
< head >
    < meta charset = "UTF - 8">
    < title >商品推荐表格</title>
</ head >
< body >

    < table align = "center" width = "66 %" height = "480">
        < caption >< b >商品表格</b></caption>
        < tr height = "36" bgcolor = "♯DD2727">
            < th >手机频道</th>
            < th >手机酷玩</th>
            < th >品质计算机</th>
            < th >前沿技术</th>
            < th >个性推荐</th>
        </tr>
        <!-- 为单元格加入介绍文字 -->
        < tr align = "center">
            < td >华为</td>
            < td >手机馆</td>
            < td >必抢</td>
            < td > IT 必备</td>
            < td >囤货</td>
        </tr>
        <!-- 为单元格加入介绍文字 -->
        < tr align = "center">
            < td >品牌精选新品</td>
            < td >手机新品</td>
            < td >巨超值 卖疯了</td>
            < td >上京东买不悔</td>
            < td >居家必备</td>
        </tr>
        <!-- 为单元格加入图片装饰 -->
        < tr align = "center">
            < td >< img src = "images/1.jpg" alt = ""></td>
            < td >< img src = "images/2.jpg" alt = ""></td>
            < td >< img src = "images/3.jpg" alt = ""></td>
            < td >< img src = "images/vue1.png" width = "220px"></td>
            < td >< img src = "images/5.jpg" alt = ""></td>
        </tr>
    </table>

</body>
</html>
```

在浏览器中的显示效果如图 2-36 所示。

图 2-36　商品推荐表格

2.10.4　表格中行和列的属性

表格中行、列属性的设置与表格的属性设置类似,只需将相关的属性值添加在行、列标签中。

表格中行<tr>的属性用于设置表格某一行的样式,其属性设置如表 2-13 所示。

表 2-13　行标签的属性表

属　　性	描　　述	属　　性	描　　述
height	行高	valign	行内容垂直对齐
align	行内容水平对齐	bordercolor	行的边框颜色
bgcolor	行的背景颜色		

表格列标签<td>、<th>的属性可以设置表格单元格的显示风格,其属性设置如表 2-14 所示。

表 2-14　列标签的属性表

属　　性	描　　述	属　　性	描　　述
height	单元格高度	bordercolor	单元格的边框颜色
align	单元格内容水平对齐	width	单元格宽度
bgcolor	单元格的背景颜色	rowspan	单元格跨行的行数
background	单元格背景图像	colspan	单元格跨列的列数
valign	单元格内容垂直对齐		

通过对行标签<tr>应用属性,可以单独控制表格中一行内容的显示样式。在学习<tr>的属性时,还需要注意以下几点:

(1)<tr>标签无宽度属性 width,其宽度取决于表格标签<table>。

（2）可以对<tr>标签应用 valign 属性，用于设置一行内容的垂直对齐方式。

表格中行、列属性的设置应用如例 2-23 所示。

【例 2-23】 表格中行、列属性应用

```
<! DOCTYPE html >
< html lang = "en">
< head >
    < meta charset = "UTF - 8">
    < title>表格中行、列属性应用</title>
</head >
< body >
    < table border = "1" width = "500px" align = "center">
        < tr height = "60px" bgcolor = "♯a9a9a9">
            < th>编号</th>
            < th>姓名</th>
            < th>成绩</th>
        </tr>
        < tr align = "center" height = "60px" valign = "middle">
            < td > 100861 </td>
            < td align = "left" background = "images/girl.png">张三</td>
            < td > 80 </td>
        </tr>
        < tr >
            < td width = "30px" height = "30px" > 100862 </td>
            < td align = "center" bgcolor = "aqua">李四</td>
            < td > 90 </td>
        </tr>
    </table>
</body >
</html >
```

在浏览器中的显示效果如图 2-37 所示。

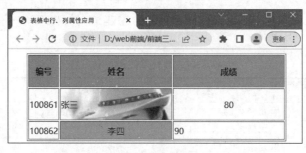

图 2-37 表格中行、列属性应用效果

2.10.5 表格的合并

和 Excel 类似，HTML 也支持单元格的合并，包括跨行合并和跨列合并两种，如图 2-38 所示。

图 2-38 表格跨行和跨列合并

（1）rowspan：表示跨行合并。在 HTML 代码中，允许使用 rowspan 特性来表明单元格所要跨越的行数。

（2）colspan：表示跨列合并。同样地，在 HTML 中，允许使用 colspan 特性来表明单元格所要跨越的列数。

表格的合并不是合二为一，而是一个人占多个人的位置，把其他的内容挤出去，即要把挤出去的内容删除。例如把 3 个< td >合并成一个，那就多余了两个，需要将多余的这两个删除。公式：删除的个数＝合并的个数－1。

语法格式如下：

```
< td rowspan = "n">单元格内容</td>
< td colspan = "n">单元格内容</td>
```

n 是一个整数，表示要合并的行数或者列数。

合并单元格三部曲：

（1）先确定是跨行还是跨列合并。

（2）找到目标单元格，写上合并方式＝合并的单元格数量。例如< td colspan="2"></td>。

（3）删除多余的单元格。

使用跨行、跨列属性，实现一个较复杂的课程表，如例 2-24 所示。

【例 2-24】 创建含有跨行、跨列的表格

```
<!DOCTYPE html >
< html lang = "en">
< head >
    < meta charset = "UTF - 8">
    < title>创建含有跨行、跨列的表格</title>
</head >
< body background = "images/bg.jpg">
    < table align = "center" border = "1px" cellpadding = "10 %" >
        <!-- 使用 colspan 属性进行列合并 -->
        < tr >< td colspan = "7"> < h3 align = "center">课  程  表</h3 ></td ></tr >
        <!-- 课程表日期 -->
        < tr bgcolor = "# A5FEDE">
            < th ></th>
```

```html
            <th></th>
            <th>星期一</th>
            <th>星期二</th>
            <th>星期三</th>
            <th>星期四</th>
            <th>星期五</th>
        </tr>
        <!-- 课程表内容 -->
        <tr align = "center">
            <!-- 使用 rowspan 属性进行行合并 -->
            <td bgcolor = "#FCD1C0" rowspan = "2">上午</td>
            <td bgcolor = "#FCD1C0"> 1 </td>
            <td>数学</td>
            <td> C 语言</td>
            <td>英语</td>
            <td>大数据</td>
            <td>语文</td>
        </tr>
        <!-- 课程表内容 -->
        <tr align = "center">
            <td bgcolor = "#FCD1C0"> 2 </td>
            <td>思政</td>
            <td> Java </td>
            <td>政治</td>
            <td>前端</td>
            <td>几何</td>
        </tr>
        <!-- 课程表内容 -->
        <tr align = "center">
            <!-- 使用 rowspan 属性进行行合并 -->
            <td bgcolor = "#FCD1C0" rowspan = "2">下午</td>
            <td bgcolor = "#FCD1C0"> 3 </td>
            <td>舞蹈</td>
            <td>化学</td>
            <td>生物</td>
            <td>设计</td>
            <td>政治</td>
        </tr>
        <!-- 课程表内容 -->
        <tr align = "center">
            <td bgcolor = "#FCD1C0"> 4 </td>
            <td>数学</td>
            <td> PS </td>
            <td>生物</td>
            <td>历史</td>
            <td>美术</td>
        </tr>
    </table>
</body>
</html>
```

在浏览器中的显示效果如图 2-39 所示。

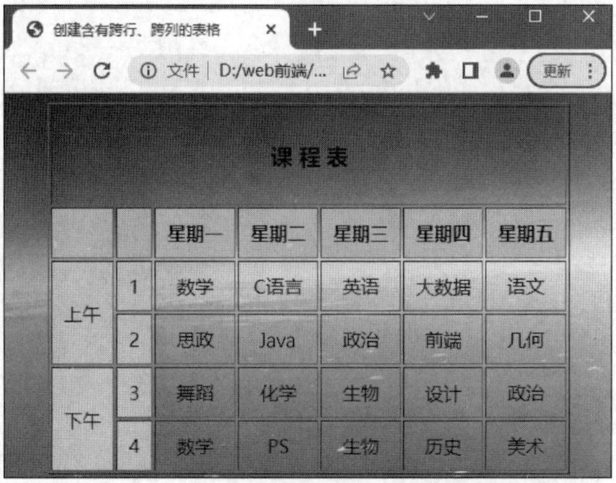

图 2-39　创建含有跨行、跨列的表格

2.10.6　表格嵌套

表格的嵌套就是表格里再有表格,表格的嵌套一方面可以使外观更漂亮,另一面出于布局的需要,或者两者皆有。只要在外表格(最外面的表格)的<td></td>标签里嵌套对应的 table 标签就可形成嵌套,如例 2-25 所示。

语法格式如下:

```
<table>
    <tr>
        <td><!-- 单元格内嵌套表格 -->
            <table>
                <tr>
                    <td>...</td>
                    ...
                </tr>
                ...
            </table>
        </td>
        <td>...</td>
        ...
    </tr>
    ...
</table>
```

【例 2-25】　表格嵌套

```
<!DOCTYPE html>
<html lang = "en">
<head>
```

```
    < meta charset = "UTF - 8">
    < title>表格嵌套</title>
</head>
< body>
< table width = "600px" align = "center" border = "1">
    < caption style = "font:bold 24px/3 microsoft yahei">表格嵌套代码演示
    </caption>
    <!-- 网站头部开始 thead 代表头部 -->
    < thead bgcolor = "♯33FF66">
    < tr height = "60px" align = "center">
        < td width = "200px">网站 Logo </td>
        < td width = "400px">网站头部内容</td>
    </tr>
    </thead>
    <!-- 网站头部结束 -->
    <!-- 网站底部开始 tfoot 代表底部 -->
    < tfoot bgcolor = "♯6699FF">
    < tr height = "80">
        < td colspan = "2" align = "center">网站底部信息</td>
    </tr>
    </tfoot>
<!-- 网站底部结束 -->
<!-- 网站主体开始 tbody 代表主体 -->
< tbody bgcolor = "♯FFFF99">
< tr height = "200">
        < td width = "200px" align = "center">
            < table width = "80 %" height = "90 %" border = "1" bgcolor = "♯99FF33"
                style = "text - align:center; color:♯F00">
                < tr>
                    <td>导航栏目一</td>
                </tr>
                < tr>
                    <td>导航栏目二</td>
                </tr>
                < tr>
                    <td>导航栏目三</td>
                </tr>
                < tr>
                    <td>导航栏目四</td>
                </tr>
                < tr>
                    <td>导航栏目五</td>
                </tr>
            </table> <!-- 第 1 个表格嵌套结束 -->
        </td>
        < td width = "400" height = "200" align = "center">
            < table width = "90 %" height = "90 %" border = "1" bgcolor = "♯FF9900"
                style = "text - align:center; color:♯fff;
                        font - size:24px">
                < tr>
                    <td>网站模板一</td>
```

```
                <td>网站模板二</td>
            </tr>
            <tr>
                <td>网站模板三</td>
                <td>网站模板四</td>
            </tr>
        </table><!-- 第2个表格嵌套结束 -->
        </td>
    </tr>
    </tbody>
    <!-- 网站主体结束 -- >
</table>
</body>
</html>
```

在浏览器中的显示效果如图 2-40 所示。

图 2-40　表格嵌套效果

注意：< thead >、< tbody >和< tfoot >结构化标签的作用是让表格的代码结构更清晰，看起来一目了然，但在实际运用中，一般会省略不写。

2.11　容器标签

15min

在网页制作过程中，可以把一些独立的逻辑部分划分出来，放在一个标签中，这个标签的作用就相当于一个容器，常用的容器标签有< div >和< span >。

块级标签< div >独占一行，自带换行，默认宽度为浏览器的整个宽度，高度默认会跟随元素内的文本内容而改变，而行级标签< span >中的所有内容都在同一行，默认高度和宽度都会随着内容的改变而改变。

<div>和<span>标签的作用：

(1) 块级标签 div 主要用于结合 CSS 做页面分块布局。

(2) 行级标签 span 主要用于对友好提示信息进行显示。

说明：块级标签又名块级元素(Block Element)，与其对应的是内联元素(Inline Element)，也叫行内标签，它们二者的区别在后面的章节中有具体的解释。

2.11.1 <div>标签

div 是 division 的简写，division 意为分割、区域、分组。<div>标签被称为分割标签，表示一块可以显示 HTML 的区域，可用于文本、图片、列表等的设置。

语法格式如下：

```
<div>
...
</div>
```

<div>标签本身并不代表任何东西，使用它可以标记区域，例如样式化(使用 class 或 id 属性)，以便通过 CSS 来对这些元素进行格式化。

使用<div>标签制作一个个人简历，如例 2-26 所示。

【例 2-26】 div 标签制作简历

```
<!DOCTYPE html>
<html lang = "en">
<head>
    <meta charset = "UTF-8">
    <meta http-equiv = "X-UA-Compatible" content = "IE = edge">
    <meta name = "viewport" content = "width = device-width, initial-scale = 1.0">
    <title>div 标签制作简历</title>
</head>
<body style = "background-image:url(images/bj2.jpg)"><!-- 插入背景图片 -->
    <br/><br/><br/><br/>
    <!-- 使用 div 标签进行分组 -->
    <div>
    <h1><img src = "images/info.png" width = "30px"> 个人信息(Personal Info)</h1>
    <hr/>
        <h5>姓名:贝西   出生年月:1991.02</h5>
        <h5>民族:汉    身高:175cm</h5>
    </div>
    <br>
    <!-- 使用 div 标签进行分组 -->
    <div>
        <h1><img src = "images/edu.png" width = "30px"> 教育背景(Education)
        </h1>
```

```
        <hr/>
        <h5>2005.07—2009.06   政法大学   软件工程(本科)
        </h5>
        <h5>2009.07—2012.06   政法大学   软件工程(研究生)
        </h5>
        <h5>2012.07—2015.06   政法大学   软件工程(博士)
        </h5>
    </div>
</body>
</html>
```

在浏览器中的显示效果如图 2-41 所示。

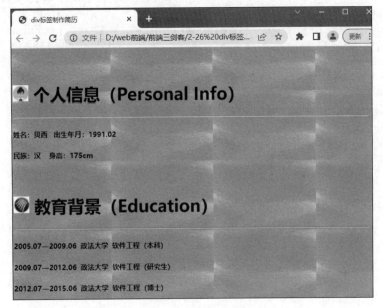

图 2-41　个人简历

2.11.2　＜span＞标签

＜span＞标签是无语义的行内元素,其元素会在一行内显示,它用于对文档中的行内元素进行组合。＜span＞标签提供了一种将文本的一部分或者文档的一部分独立出来的方式。当对它应用样式时,它才会产生视觉上的变化。如果不对＜span＞应用样式,则＜span＞元素中的文本与其他文本不会有任何视觉上的差异。

＜span＞标签没有结构上的意义,纯粹是应用样式,当其他行内元素不合适时,就可以使用＜span＞标签。

语法格式如下:

```
< span >
...
</ span >
```

< span >标签可以为< p >标签中的部分文字添加样式且不会改变文字的显示方向,如例 2-27 所示。

【例 2-27】 < span >标签的使用

```
<! DOCTYPE html >
< html lang = "en">
< head >
    < meta charset = "UTF - 8">
    < title >< span >标签的使用</ title >
    < style type = "text/css"><!-- CSS 样式,后面章节会讲到 -->
        p{font - size: 14px;}
        .show,.bird{font - size: 36px;font - weight: bold;color: blue;}
        ♯dream{font - size: 24px;font - weight: bold;color: red}
    </ style >
</ head >
< body >
< p >享受< span class = "show">"24×7"</ span >全天候服务</ p >
< p >在你身后,有一群人默默支持你成就< span id = "dream">IT 梦想</ span > </ p >
< p >选择< span class = "bird">努力学习</ span >,成就你的梦想</ p >
</ body >
</ html >
```

在浏览器中的显示效果如图 2-42 所示。

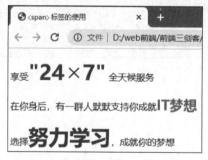

图 2-42 < span >标签使用效果

2.12 框架标签

框架标签用于在网页的框架定义子窗口。由于框架标签对于网页的可用性有负面影响,所以在 HTML5 中不再支持 HTML4 中原有的框架标签< frame >和< frameset >。只保留了内联框架标签< iframe >,也叫浮动框架标签。

<iframe>标签也是一个比较特殊的框架,是可以放在浏览器中的小窗口,可以出现在页面的任何一个位置上,但是整个页面并不一定在框架页面上,iframe框架完全是由开发者去定义高度和宽度的,在网页中嵌套另外一个网页,如例2-28所示。

语法格式如下:

```
< iframe src = "文件地址" name = "iframename"></iframe>
```

<iframe>标签的属性及描述如表2-15所示。

表 2-15　＜iframe＞标签的属性及描述

属　　性	描　　述	属　　性	描　　述
src	设置源文件路径	scrolling	设置框架滚动条
name	设置框架名称	frameborder	设置框架边框
width	设置内联框架的宽	marginwidth	设置框架左右边框
height	设置内联框架的高	marginheight	设置框架上下边距

【例 2-28】 浮动框架标签应用

```
<! DOCTYPE html >
< html lang = "en">
< head >
    < meta charset = "UTF - 8">
    < title>浮动框架标签应用</title>
</head >
< body >
    < h3 align = "center">浮动框架应用</h3>
    <!-- 框架名称为 left,并为其设置了内部显示的网页、宽、高、边框 -->
    < iframe src = "https://www.hao123.com/" name = "left"
        width = "300" height = "300" frameborder = "0"></iframe>   
    <!-- 框架名称为 right,并为其设置了内部显示的网页、宽、高、边框、左右边距等属性 -->
    < iframe src = "http://www.sina.com.cn" name = "right"
        width = "300" height = "300" frameborder = "0" marginwidth = "10px"></iframe>
    < p><!-- 浮动框架 left、right 设置为超链接的链接目标 -->
        < a href = "https://www.gov.cn" target = "left">
            左边浮动框架内显示中央人民政府网站
        </a>     
        < a href = "https://www.moe.gov.cn" target = "right">
            右边浮动框架内显示教育部网站
        </a >
    </p>
</body >
</html>
```

在浏览器中的显示效果如图 2-43 所示。

(a) 初始页面显示效果　　　　　　　　　　(b) 单击超链接后效果图

图 2-43　浮动框架标签应用效果

第 3 章

表　　单

在网页中,表单的作用非常重要,主要负责采集浏览者的输入信息,例如常见的注册表、登录表、调查表和留言表等。表单是网页交互的基本工具,在网页的制作过程中,常常需要使用表单实现用户与服务器之间的信息交互。

本章学习重点:

- 了解表单的组成
- 掌握表单中常用的控件
- 熟练使用表单元素布局表单

3.1　表单的基本结构

10min

HTML 表单的主要作用是接收用户的输入,从而能采集客户端信息,使网页具有交互功能。当用户提交表单时,浏览器将用户在表单中输入的数据打包,并发送给服务器,从而实现用户与 Web 服务器的交互,如图 3-1 所示。

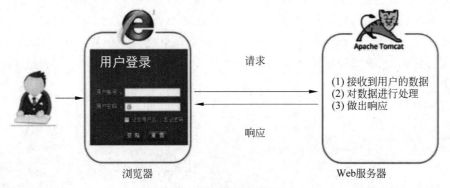

图 3-1　网页的交互性

在 HTML 中,一个完整的表单通常由表单标签(< form >)、表单域和表单按钮 3 部分构成,如图 3-2 所示。

图 3-2　表单的组成部分

（1）表单标签（<form>）：<form>标签用来创建表单，包含所有表单对象。<form>标签包含处理表单数据的各种属性，如表单的提交路径、提交方式等。

（2）表单域（<input>、<select>等标签）：主要用来收集用户数据，包括文本框、密码框、隐藏域、单选框、复选框、下拉列表及文件上传等。

（3）表单按钮：包括提交按钮、重置按钮和一般按钮。提交按钮和一般按钮可用于把表单数据发送到服务器，重置按钮用于重置表单，把整个表单恢复到初始状态。

每个表单元素都有一个 name 属性，用于在提交表单时对表单数据进行识别。访问者通过提交按钮提交表单，表单提交后，填写的数据就会发送到服务器端进行处理。用户登录的表单如例 3-1 所示。

【例 3-1】　用户登录

```
<!DOCTYPE html>
<html lang = "en">
<head>
    <meta charset = "UTF - 8">
    <title>用户登录</title>
</head>
<body>
    <form action = "#" method = "post">
        <p>用户名: <input type = "text" name = "username" /></p>
        <p>密码: <input type = "password" name = "password" /></p>
```

```
        < input type = "submit" value = " 登 录 " />
    </form>
</body>
</html>
```

在浏览器中的显示效果如图 3-3 所示。

在上述代码中,由 form 元素创建了一个表单,表单中包括用户名、密码输入型控件和登录按钮。

图 3-3 用户登录表单

3.2 表单标签< form >

在 HTML 中,< form >标签被用于定义表单,相当于一个容器,表示其他的表单标签需要在其范围内才有效,即在< form ></form >之间的一切都属于表单的内容。

创建表单的基本语法格式如下:

```
< form action = "URL 网址" method = "提交方式" name = "表单名称">
    //各种表单域
</form >
```

< form >标签包含很多属性,这里重点介绍 3 个常用基本属性:action、method 和 enctype。

(1) action:在表单收集到信息后,需要将信息传递给服务器进行处理,action 属性用于指定接收并处理表单数据的服务器程序的 URL 网址。当设置 action= "♯"时,表示提交给当前页面。

(2) method:用于设置表单数据的提交方式,常用的两种方式为 get 和 post。

- get 方式传输的数据量少,执行效率高。当提交数据时,在浏览器网址栏中可以看到提交的数据,安全性不好。
- post 方式传输的数据量大,在浏览器网址栏中看不到提交的数据,适合传输重要信息,安全级别相对较高。在进行数据添加、删除等操作时可以设置为 post 方式。

(3) enctype:用于规定表单数据发送时的编码方式,有以下 3 种属性值。

- text/plain:主要用于向服务器传递大量文本数据,比较适用于电子邮件的应用。
- multipart/form-data:上传二进制数据,只有使用了 multipart/form-data 才能完整地对文件数据进行上传操作。
- application/x-www-form-urlencoded:是其默认值。该属性主要用于处理少量文本数据的传递。在向服务器发送大量的文件包含非 ASCII 字符的文本或二进制数据时效率很低。

提示:在实际网页开发中通常采用 post 方式提交表单数据。

3.3 表单控件

表单域和表单按钮都属于表单控件。

▶ 16min

3.3.1 输入标签<input>

<input>标签为单标签,type属性为最基本的属性,根据其属性值的不同可以显示多种表单元素样式,如单行文本框、密码框、单选和复选框等。除了type属性之外,<input>标签还有一系列属性用于表单输入控件的设置,如表3-1所示。

表3-1 <input>标签的常用属性

属　　性	属 性 值	描　　述
type	text	单行文本输入框
	password	密码输入框
	radio	单选按钮
	checkbox	复选按钮
	submit	提交按钮
	reset	重置按钮
	button	普通按钮
	image	图像形式的提交按钮
	file	文件上传控件
	hidden	隐藏域
name	自定义名称	指定表单元素的名称。如果没有写name属性值,则表单组件的数据不能被正确提交
value	文本值	元素的初始值
size	数值	指定表单元素的初始宽度
maxlength	数值	指定输入框中输入的最大字符数
checked	checked	当type为radio或checkbox时,指定按钮是否被选中
disabled	disabled	指定加载时禁用此元素
readonly	readonly	将文本框内容指定为只读

<input>标签的常见语法格式如下:

```
<input type="输入类型" name="自定义名称"/>
```

1. 单行文本框

在<input>标签中,当type的属性值为text时表示单行文本框,这也是type属性的默认值。单行文本框也是使用最多的,例如登录时输入用户名、注册时输入电话号码、输入电子邮件、输入家庭住址等。

语法格式如下:

```
< input type = "text" name = "自定义名称">
```

单行文本的 name 属性值必须是唯一的,可以使用 size 属性将文本框可见字符的宽度为设置 20,使用 maxlength 属性设置最多允许输入 10 个字符。在默认情况下,单行文本框首次加载时内容为空,可以为其 value 属性预设初始文本,示例代码如下:

```
< input type = "text" name = "username" size = "20" maxlength = "10" value = "admin">
```

2. 密码框

在< input >标签中,当 type 的属性值为 password 时表示密码输入框,此时输入的字符会被密码专用符号所遮挡,以保证文本的安全性。

语法格式如下:

```
< input type = "password" name = "自定义名称">
```

使用< input >标签中的 text 和 password 类型生成简易表单页面,如例 3-2 所示。

【例 3-2】 简易表单页面

```
<!DOCTYPE html>
< html lang = "en">
< head >
    < meta charset = "UTF - 8">
    < title >简易表单页面</title >
</head >
< body >
    < form action = "">
        姓名:< input type = "text" name = "username" size = "20" maxlength = "10">< br >
        <!-- readonly 表示只读状态,不可修改 -->
        身份:< input type = "text" name = "sf" readonly value = "学生">< br >
        密码:< input type = "password" name = "pwd" >
    </form >
</body >
</html >
```

在浏览器中的显示效果如图 3-4 所示。

3. 单选框

在< input >标签中,当 type 的属性值为 radio 时表示单选框,其样式为空心圆圈。

语法格式如下:

图 3-4　简易表单页面

```
< input type = "radio" name = "自定义名称" value = "值" >
```

(1) name:单选框的名称,需要注意的是一组单选按钮组中,name 值必须相同,即单选按钮组同一时刻只能选择一个。

（2）value：表单元素在提交数据时传递的数据值。value 必须指定一个值，因为单选框是通过用户选择的，而不是需要用户手动输入的值。

多个单选按钮可以组合在一起使用，为它们添加相同的 name 属性值即可表示这些单选按钮属于同一个组，示例代码如下：

```
< input type = "radio" name = "gender" value = "woman"/> 女
< input type = "radio" name = "gender" value = "man" /> 男
```

单选按钮可以使用 checked 属性设置默认选项。checked 属性的完整写法为 checked = "checked"，可简写为 checked。如果没有使用 checked 属性，则在首次加载时所有选项均处于未被选中状态。

```
< input type = "radio" name = "gender" value = "woman"/> 女
< input type = "radio" name = "gender" value = "man" checked/> 男
```

注意：只能为单选按钮组中的一个选项使用 checked 属性。

4. 复选框

在<input>标签中，当 type 的属性值为 checkbox 时表示复选框，复选框也叫多选框。语法格式如下：

```
< input type = "checkbox" name = "自定义名称" value = "值" >
```

多个 checkbox 类型的按钮可以组合在一起使用，添加相同的 name 属性值，表示这些复选框属于同一个组，即使在同一个组内复选框也允许多选。value 属性值作为提交表单时传递的数据值，示例代码如下：

```
< input type = "checkbox" name = "hobby" value = "zq" /> 足球
< input type = "checkbox" name = "hobby" value = "ymq" /> 羽毛球
< input type = "checkbox" name = "hobby" value = "lq"/> 篮球
< input type = "checkbox" name = "hobby" value = "ppq"/> 乒乓球
```

复选框也可以使用 checked 属性设置默认被选中的选项，与单选框不同的是，它运行多个选项同时使用该属性，示例代码如下：

```
< input type = "checkbox" name = "car" value = "jc">紧凑型
< input type = "checkbox" name = "car" value = "zx" checked = "checked">中型车
< input type = "checkbox" name = "car" value = "suv" checked = "checked"> SUV
< input type = "checkbox" name = "car" value = "zd">主打车
```

使用单选框和复选框构建汽车之家注册页面，如例 3-3 所示。

【例 3-3】 汽车之家注册页面

```
<! DOCTYPE html >
< html lang = "en">
```

```
< head >
    < meta charset = "UTF - 8">
    < title>汽车之家注册页面</title>
</head >
< body >
    < h3 >注册后,可以使用汽车之家和二手车之家的相关服务</h3 >
    < hr >
    < form action = " ♯ ">
        < p >手机:< input type = "text"></p >
        < p >密码:< input type = "password"></p >
        性别:< input type = "radio" checked name = "gender">男
            < input type = "radio" name = "gender">女
            < br >
        请输入你喜欢的车型:< input type = "checkbox" name = "car">紧凑型
            < input type = "checkbox" name = "car" checked = "checked">中型车
            < input type = "checkbox" name = "car" checked = "checked"> SUV
            < input type = "checkbox" name = "car">主打车
            < br >
            < br >
            < img src = "images/xy.png">
            < br >
            < input type = "button" value = "提交">
            < input type = "reset">
    </form >
</body >
</html >
```

在浏览器中的显示效果如图 3-5 所示。

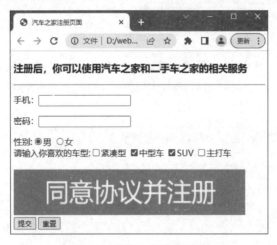

图 3-5　汽车之家注册页面

5. 提交按钮

在<input>标签中,当 type 的属性值为 submit 时表示提交按钮。用户在单击按钮时,会将当前表单中所有的数据整理成名称(name)和值(value)的形式进行参数传递,提交给服务器处理。

语法格式如下：

```
< input type = "submit" value = "值" />
```

6. 重置按钮

在<input>标签中，当 type 的属性值为 reset 时表示重置按钮，用户单击后可以清除表单的内容。

语法格式如下：

```
< input type = "reset" value = "按钮的取值" />
```

注意：当按钮没有设置取值时，该按钮上默认显示的文字为"重置"。

7. 普通按钮

在<input>标签中，当 type 的属性值为 button 时表示普通按钮，value 值为按钮上显示的文本。

语法格式如下：

```
< input type = "button" value = "按钮的取值" />
```

普通按钮一般情况下要和 JavaScript 配合使用。例如，为按钮添加单击事件，当用户单击时跳转到百度页面，示例代码如下：

```
< input type = "button" value = "GO"
onclick = "window.open('http://www.baidu.com')">
```

8. 图片提交按钮

在<input>标签中，当 type 的属性值为 image 时表示图片按钮，其样式来源于自定义图片，使网页色彩更加丰富，如果使用默认的按钮形式，则往往会觉得单调。

语法格式如下：

```
< input type = "image" src = "URL网址" alt = "替代文本"/>
```

表单按钮应用，如例 3-4 所示。

【**例 3-4**】 表单按钮应用

```
<! DOCTYPE html >
< html lang = "en">
< head >
    < meta charset = "UTF - 8">
    <title>表单按钮应用</title>
</head>
< body >
    < form action = "http://www.baidu.com" method = "get">
```

```
        姓名:< input type = "text" name = "username" value = ""><br>
        密码:< input type = "password" name = "pwd" ><br>
        < input type = "submit" value = "提交">
        < input type = "reset" value = "清空">
        < input type = "image" src = "images/btn.png" width = "130px" alt = "登录" />
    </form>
</body>
</html>
```

在浏览器中的显示效果如图 3-6 所示。

(a) 首次加载完输入信息效果

(b) 单击提交或图片按钮后的效果

图 3-6 表单按钮应用效果

当单击提交或图片按钮时会跳转到百度页面。输入的信息数据以"name 值 = value 值"(键-值对)形式提交于服务器中,如 username=admin。

注意:表单控件要想正确提交,必须设置 name 属性。用户在控件中输入的数据默认会赋值给 value 属性。

9. 文件上传

在< input >标签中,当 type 的属性值为 file 时表示文件上传,使用户可以选择一个或多个元素以提交表单的方式上传到服务器上。

语法格式下:

```
< input type = "file" name = "自定义名称" />
```

除了 < input > 标签共享的公共属性,file 类型的< input > 标签还支持下列属性,如表 3-2 所示。

表 3-2 file 类型的< input >标签支持的特有属性

属 性	描 述
accept	一个或多个期望的文件类型
capture	捕获图像或视频数据的源
files	FileList 列出了已选择的文件
multiple	布尔值,如果出现,则表示用户可以选择多个文件

file 类型的<input>标签特有属性详解。

（1）accept：accept 属性是一个字符串，它定义了文件 input 应该接受的文件类型。示例代码如下：

```
< input accept = "audio/ * ,video/ * ,image/ * ">
```

（2）capture：capture 属性指出了文件 input 是图片还是视频/声频类型，如果存在，则请求使用设备的媒体捕获设备（如摄像机），而不是请求一个文件输入。

（3）files：FileList 对象列出每个已选择的文件。如果 multiple 属性没有指定，则这个列表只有一个成员。

（4）multiple：当将布尔类型属性指定为 multiple 时，文件 input 允许用户选择多个文件。用户可以用他们选择的平台允许的任何方式从文件选择器中选择多个文件。如果只想让用户为每个<input>选择一个文件，则可省略 multiple 属性。

注意：当表单中包含文件域时，form 元素的 method 属性必须设置为 post，enctype 属性必须设置为 multipart/form-data。

接下来看一个完整文件上传的示例，如例 3-5 所示。

【例 3-5】 多格式文件上传应用

```
<! DOCTYPE html >
< html lang = "en">
< head >
    < meta charset = "UTF - 8">
    < title >多格式文件上传应用</title >
</head >
< body >
        < form action = "♯" method = "POST" enctype = "multipart/form - data">
        <!-- accept 表示期望的文件类型。格式：
        image/ *
        . jpg,. png 或其他文件扩展名(后缀名)
        accept 不是强制的,用户可以通过在弹出窗上选择"所有文件"来选择任何文件
        添加 multiple 属性支持多文件上传 -- >
        < h5 >图片格式文件:</h5 >
        < input type = "file" name = "file01" accept = ". jpg,.png" multiple >
        < h5 > Word 格式文件:</h5 >
        < input type = "file" name = "file02"
            accept = ". doc,application/msword" multiple >
        < h5 >所有格式文件:</h5 >
        < input type = "file" name = "file03" >< br >
        < input type = "submit" value = "上传">
    </form >
</body >
</html >
```

在浏览器中的显示效果如图 3-7 所示。

(a) 首次加载后的效果

(b) 选中图片格式文件的效果

(c) 选中Word格式文件的效果

(d) 选中所有文件类型的效果

图 3-7　多格式文件上传应用效果

10. 隐藏域

在<input>标签中,当 type 的属性值为 hidden 时表示隐藏域。在页面中对用户不可见,它包含的信息也被提供给服务器。

语法格式如下:

```
< input type = "hidden" name = "自定义名称" value = "值">
```

在表单中插入隐藏域的目的在于收集或发送信息,以利于被处理表单的程序所使用。用户单击"发送"按钮发送表单时,隐藏域的信息也被一起发送到服务器。有时我们要给用户一些信息,让他在提交表单时确定用户的身份,如例 3-6 所示。

【例 3-6】 隐藏域的应用

```html
<!DOCTYPE html>
<html lang = "en">
<head>
    <meta charset = "UTF-8">
    <title>隐藏域的应用</title>
</head>
<body>
    <form action = "http://www.baidu.com" method = "get">
        用户名:<input type = "text" name = "username"><br>
        密 码: <input type = "password" name = "pwd"><br>
        <!-- 插入隐藏域,用户看不见 -->
        <input type = "hidden" name = "country" value = "china">
        <input type = "submit" value = "登录">
    </form>
</body>
</html>
```

在浏览器中的显示效果如图 3-8 所示。

(a) 首次加载完后输入信息

(b) 数据提交后的效果

图 3-8　隐藏域的应用效果

14min

3.3.2　标记标签

标记标签<label>为<input>标签定义标注,用于绑定一个表单元素,当单击<label>标签包含的文本时,被绑定的表单元素就会获得输入焦点,从而提升用户的使用体验。

在<label>标签中使用 for 属性指向目标标签的 id 值,示例代码如下:

```html
<label for = "male">男</label>
<input type = "radio" name = "sex" id = "male" />
```

也可以直接将文本内容与表单控件都放入<label></label>标签之间,无须再为<input>标签特别设置 id 属性,示例代码如下:

```html
<label><input type = "radio" name = "sex" value = "男"/>男</label>
```

这两种方法的运行效果完全相同,如例 3-7 所示。

【例 3-7】 标记标签的应用

```
<!DOCTYPE html >
< html lang = "en">
< head >
    < meta charset = "UTF - 8">
    < title >标记标签的应用</title >
</head >
< body >
    < h3 > label 标签的两种用法 </h3>
    < label >< input type = "radio" name = "sex" value = "男"/>男</label >
    < hr/>
    < label for = "color"> 颜色</label >
        < input type = "checkbox" name = "蓝色" id = "color1">< label for = "color1">蓝色
</label >
        < input type = "checkbox" name = "绿色" id = "color2">< label for = "color2">绿色
</label >
        < input type = "checkbox" name = "紫色" id = "color3">< label for = "color3">紫色
</label >
</body >
</html >
```

在浏览器中的显示效果如图 3-9 所示。

3.3.3 多行文本标签

如果需要输入大量的信息,就需要用到< textarea >
</textarea >文本域标签。通过< textarea >控件可以轻松地
创建多行文本输入框,一般应用在留言板或网友评论等表单
中,如图 3-10 所示。

图 3-9 标记标签的应用效果

图 3-10 网友评论

语法格式如下:

```
< textarea cols = "每行中的字符数" rows = "显示的行数">
    文本内容
</textarea >
```

如例 3-8 所示,为客户提供留言输入框。

【例 3-8】 文本域的应用

```html
<!DOCTYPE html>
<html lang = "en">
<head>
    <meta charset = "UTF - 8">
    <title>文本域的应用</title>
</head>
<body>
    <form action = "♯">
    <table width = "600" align = "center">
        <tr>
            <td>客户留言方式一:</td>
            <td>客户留言方式二:</td>
        </tr>
        <tr>
            <td><textarea name = "" cols = "40" rows = "6" placeholder = "请输入内容:">
</textarea></td>
            <td><textarea name = "" cols = "40" rows = "6" disabled>
            《剑指大前端全栈工程师》书籍可以帮助读者快速提升段位,学前端这本就够了。实
力打造大前端时代,走在时代的前端。用通俗易懂的语言直指前端开发者的痛点。
            </textarea></td>
        </tr>
    </table>
    </form>
</body>
</html>
```

在浏览器中的显示效果如图 3-11 所示。

图 3-11 文本域的应用效果

3.3.4 下拉列表标签

在 HTML 表单中,<select>标签用来创建单选列表或多选列表,<option>标签用于定义下拉列表中的一个选项。

<select>标签和<option>标签必须配合使用,<select>标签中至少应包含一对<option>标签。它们的常用属性如表 3-3 所示。

表 3-3　＜select＞标签和＜option＞标签的常用属性

标 签 名 称	属 性 名 称	属 性 值	说　　明
select	disabled	disabled	禁用列表菜单
	multiple	multiple	规定可选择多个选项
	name	自定义名称	规定下拉列表的名称
	size	数值	规定下拉列表中可见选项的数目
option	disabled	disabled	首次加载时禁用当前选项
	selected	selected	规定首次加载时当前选项为选中状态
	value	文本内容	规定提交表单时发送给服务器的选项值

常见的用法是＜select＞标签配合若干＜option＞标签使用,示例代码如下:

```
< select name = "car" >
        < option value = "bmw">宝马</option >
        < option value = "benz">奔驰</option >
        < option value = "audi">奥迪</option >
</select >
```

其中,value 属性值是提交表单时传递给服务器的数据,不显示在网页上。＜option＞首尾标签之间的文本是显示在网页上的内容。

下拉列表首次加载默认选中的是第 1 项,如果需要默认选中列表中的其他项,则可以在＜option＞标签设置 selected 属性,示例代码如下:

```
< select name = "car" >
        < option value = "bmw">宝马</option >
        < option value = "benz" selected>奔驰</option >
        < option value = "audi">奥迪</option >
</select >
```

在＜select＞标签中设置 multiple 属性,允许在下拉列表中进行多选,示例代码如下:

```
< select name = "car" multiple = "multiple" >
    < option value = "bmw">宝马</option >
    < option value = "benz">奔驰</option >
    < option value = "audi">奥迪</option >
</select >
```

在不同的操作系统中,选择多个选项的方法如下。

(1) 对于 Windows:按住 Ctrl 按钮来选择多个选项。

(2) 对于 macOS:按住 Command 按钮来选择多个选项。

由于上述差异的存在,同时由于需要告知用户可以使用多项选择,对用户更友好的方式是使用复选框。

如果列表选项较多,则需要进行分类,此时可以使用＜optgroup＞标签定义选项组,示例代码如下:

```
< select >
    < optgroup label = "北京">
    < option value = "1">东城区</option >
    < option value = "2">西城区</option >
    < option value = "3">海淀区</option >
    </optgroup >
    < optgroup label = "河北省">
        < option value = "4">石家庄</option >
        < option value = "5">保定市</option >
        < option value = "6">沧州市</option >
    </optgroup >
</select >
```

< optgroup >标签中 label 属性的文本内容规定了选项组的标题。

在很多地方能见到下拉列表的使用,最常用在填写地址及用户自己选择地址中,如例 3-9 所示。

【例 3-9】 下拉列表的应用

```
<! DOCTYPE html >
< html lang = "en">
< head >
    < meta charset = "UTF - 8">
    < title >下拉列表的应用</title >
</head >
< body >
    < p >单选下拉列表</p >
    < select >
        < option >--- 请选择 ---</option >
        < option value = "hn">湖南</option >
        < option value = "hb">湖北</option >
        < option value = "zj">浙江</option >
        < option value = "gd">广东</option >
    </select >
    < p >多选下拉列表</p >
    < select multiple >
        < option >--- 请选择 ---</option >
        < option value = "hn">湖南</option >
        < option value = "hb">湖北</option >
        < option value = "zj">浙江</option >
        < option value = "gd">广东</option >
    </select >
    < p >分组下拉列表</p >
    < select >
        < optgroup label = "北京">
            < option value = "1">东城区</option >
            < option value = "2">西城区</option >
            < option value = "3">海淀区</option >
```

```
        </optgroup>
        <optgroup label="河北省">
            <option value="4">石家庄</option>
            <option value="5">保定市</option>
            <option value="6">沧州市</option>
        </optgroup>
    </select>
</body>
</html>
```

在浏览器中的显示效果如图 3-12 所示。

图 3-12 下拉列表应用效果

3.3.5 按钮标签

按钮标签<button>可用于在网页上生成自定义样式的按钮。在<button></button>之间可以包含普通文本、图像、文本格式化标签等内容,这意味着使用<button>可以创建图像、颜色、文字等更多样式效果的按钮,比<input>标签创建的按钮更加丰富。

<button>标签常用属性如表 3-4 所示。

表 3-4 <button>标签常用属性

属性名称	属性值	说明
autofocus	autofocus	在页面内容加载时,按钮是否获得焦点
disabled	disabled	禁止使用按钮
name	自定义名称	给按钮添加名字
type	button/reset/submit	指定按钮的类型
value	文本内容	指定按钮的初始值

注意：应始终为<button>元素规定 type 属性。不同的浏览器对<button>元素的 type 属性使用不同的默认值。建议尽量使用<input>在 HTML 表单中创建按钮。

button 按钮根据 type 属性的不同值有不同的用法,这里介绍 3 种常见用法。

1. button 的普通用法

将 button 的 type 属性设置为 button 是 button 的一般性用法,使用时,一般需要搭配 onclick 属性,示例代码如下:

```
< button type = 'button'>普通按钮</button>< br >< br >
< button type = 'button' onclick = 'alert("你好,世界")'>普通按钮,带 onlick 属性</button>
```

如上代码,当单击不带 onclick 的普通按钮时,按钮不执行任何操作,当单击带 onclick 属性值的按钮时,程序会执行 onclick 中设置的操作。

2. button 的提交用法

HTML 表单的提交可以通过将 input 标签的 type 属性值设置为 submit 实现,也可以用 button 设置,但也要将 button 的 type 属性值设置为 submit,示例代码如下:

```
< form method = 'GET' action = 'https://blog.csdn.net/beixishuo'>
    < input type = 'text' name = 'name' value = "贝西奇谈">
    < button type = 'submit'>搜索</button>
</form>
```

3. button 的表单重置 reset 用法

在有些网站的注册页面或登录页面,可能会设置一个一键清除内容或重置内容的按钮,这项功能可以通过将 button 中 style 值设置为 reset 实现,示例代码如下:

```
< form >
    < span>用户:</span>< input type = 'text'>< br >< br >
    < span>密码:</span>< input type = 'password'>< br >< br >
    < button type = 'reset'>重置</button>
</form>
```

3.3.6 域标签

域标签< fieldset >可将表单内的相关元素分组,通常和< legend >标签一起使用,< legend >标签用于定义每组的标题。

基本语法格式如下:

```
< fieldset >
    < legend>健康信息</legend>
        <!-- 其他表单控件 -->
</fieldset >
```

在 HTML 表单中可以使用< fieldset >标签对表单元素进行分项分组,如例 3-10 所示。

【例 3-10】 域标签的应用

```html
<!DOCTYPE html>
<html lang = "en">
<head>
    <meta charset = "UTF-8">
    <title>域标签的应用</title>
</head>
<body>
    <h3>域标签 fieldset 和域标题 legend 的简单应用</h3>
    <hr>
    <form action = "url" method = "post">
        <fieldset>
            <legend>账户信息:</legend>
            用户名:<input type = "text" name = "username" /><br />
            密码:<input type = "text" name = "pwd" /><br />
        </fieldset>
        <br />
        <fieldset>
            <legend>个人信息:</legend>
            姓名:<input type = "text" name = "name"/><br />
            邮箱:<input type = "text" name = "email"/><br />
            职位:<input type = "text" name = "postion"/>
        </fieldset>
        <p align = "center"><input type = "submit" value = "提交"></p>
    </form>
</body>
</html>
```

在浏览器中的显示效果如图 3-13 所示。

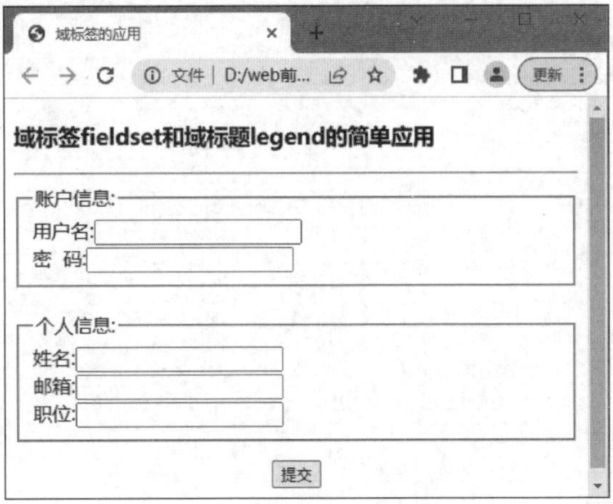

图 3-13　域标签的应用效果

注意：表单控件要想正确提交,必须设置 name 属性。

15min

10min

16min

3.4 综合案例

人人网是中国领先的实名制社交网络平台。人人网在用户数、页面浏览量、访问次数和用户花费时长等方面均占据优势地位。可以仿人人网官方注册页面实现其功能,如例 3-11 所示。

【例 3-11】 人人网注册页面

```html
<! DOCTYPE html >
< html lang = "en">
< head >
    < meta charset = "UTF - 8">
    < meta http - equiv = "X - UA - Compatible" content = "IE = edge">
    < meta name = "viewport" content = "width = device - width, initial - scale = 1.0">
    < title >人人网注册页面</title>
</head >
< body >
    < table width = "895" border = "0" align = "center" >
        < tr >
            < td width = "120"><img src = "images/logo. gif" width = "106" height = "27" /></td >
            < td >< strong > 10 秒找到你的所有朋友</strong ></td >
            < td align = "right">已有人人网账号,<a href = "♯">登录</a></td >
        </tr >
    </table >
    < br />
    < table width = "895" border = "1" align = "center" cellpadding = "10" cellspacing = "0">
        < tr >
            < td >
                < p >< strong >免费开通人人网账号</strong ></p >
                < form id = "form1" name = "form1" method = "post" action = "">
                < table width = "100 %" border = "0" cellspacing = "0" cellpadding = "10">
                    < tr >
                        < td width = "100" align = "right">注册邮箱:</td >
                        < td >
                            < input name = "userName" required type = "text" id = "userName"
size = "30" maxlength = "50" />
                        </td >
                    </tr >
                    < tr >
                        < td align = "right">  </td >
                        < td >还可以使用 < a href = "♯">账号</a > 注册或者 < a href = "♯">手
机号</a > 注册</td >
                    </tr >
                    < tr >
                        < td align = "right">创建密码:</td >
                        < td >< input name = "passWord" type = "password" id = "passWord" size =
"30" maxlength = "16" /></td >
                    </tr >
```

```
<tr>
    <td align = "right">真实姓名:</td>
    <td><input name = "trueName" type = "text" id = "trueName" value = ""
size = "30" maxlength = "8" /></td>
</tr>
<tr>
    <td align = "right">性别:</td>
      <td><input name = "sex" type = "radio" id = "male" value = "1"
checked = "checked" />男
                    <input type = "radio" name = "sex" id = "female" value = "2" />
女</td>
</tr>
<tr>
    <td align = "right">生日:</td>
    <td><select name = "birthYear" id = "birthYear">
        <option value = "1990">1990</option>
        <option value = "1991" selected = "selected">1991</option>
        <option value = "1992">1992</option>
    </select>年<select name = "birthMonth" id = "birthMonth">
        <option value = "12">12</option>
        <option value = "11">11</option>
        <option value = "10" selected = "selected">10</option>
    </select>月<select name = "birthDay" id = "birthDay">
        <option value = "31">31</option>
        <option value = "30" selected = "selected">30</option>
        <option value = "29">29</option>
    </select>日</td>
</tr>
<tr>
    <td align = "right">我现在:</td>
    <td><select name = "work" id = "work">
        <option value = "正在上学">正在上学</option>
        <option value = "已毕业">已毕业</option>
    </select></td>
</tr>
<tr>
    <td align = "right"> </td>
    <td><img src = "images/verycode.gif" width = "132" height = "55"
align = "absmiddle" />    <a href = "#">看不清,换一张?</a></td>
</tr>
<tr>
    <td align = "right">验证码:</td>
    <td><input name = "veryCode" type = "text" id = "veryCode" size =
"15" maxlength = "5" /></td>
</tr>
<tr>
    <td align = "right"> </td>
      <td><input type = "image" name = "btnReg" id = "btnReg" src =
"images/btn_reg.gif" /></td>
</tr>
    </table>
```

```
                     </form>
                   </td>
                 <td width="284" valign="top" bgcolor="#f7f7f7"><table width="100%"
border="0" cellspacing="0" cellpadding="0">
                     <tr>
                       <td height="200" align="center"><img src="images/intro-new.
png" width="242" height="116" /></td>
                     </tr>
                     <tr>
                       <td height="25"><strong>最热门公共主页</strong></td>
                     </tr>
                     <tr>
                       <td><table width="100%" border="0" cellspacing="0"
cellpadding="0">
                         <tr>
                           <td width="94" align="center"><img src="images/icon_
zhaowei.gif" width="73" height="73" /></td>
                           <td width="94" align="center"><img src="images/icon_
likaifu.gif" width="73" height="73" /></td>
                           <td align="center"><img src="images/icon_shangjie.gif"
width="73" height="73" /></td>
                         </tr>
                         <tr>
                           <td height="25" align="center"></td>
                           <td align="center">李开复</td>
                           <td align="center">商界</td>
                         </tr>
                       </table></td>
                     </tr>
                     <tr>
                       <td> </td>
                     </tr>
                     <tr>
                       <td height="25"><strong>最热门游戏</strong></td>
                     </tr>
                     <tr>
                       <td><table width="100%" border="0" cellspacing="0"
cellpadding="0">
                         <tr>
                           <td width="94" align="center"><img src="images/icon_
xxzz.gif" width="73" height="73" /></td>
                           <td width="94" align="center"><img src="images/icon_
rrnc.gif" width="73" height="73" /></td>
                           <td> </td>
                         </tr>
                         <tr>
                           <td height="25" align="center">小小战争</td>
                           <td align="center">人人农场</td>
                           <td> </td>
                         </tr>
                       </table></td>
```

```
                    </tr>
                </table></td>
            </tr>
        </table>
        < br />
        < table width = "895" border = "0" align = "center" cellpadding = "0" cellspacing = "0">
            < tr >
                < td align = "right">单击免费开通账号表示同意并遵守< a href = "♯">人人服务条款
</a></td>
            </tr>
        </table>
</body>
</html>
```

在浏览器中的显示效果如图 3-14 所示。

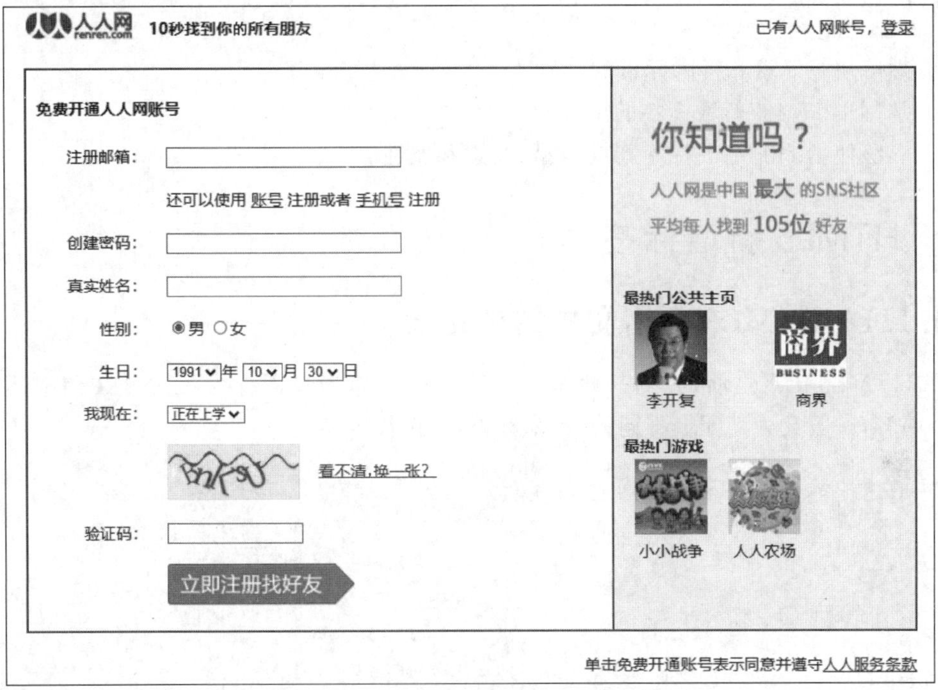

图 3-14   人人网注册页面显示效果图

注意：非空验证可以通过 HTML 中的 required 属性实现。

第4章

HTML5 新增进阶特性

为了更好地处理今天的互联网应用,HTML5 添加了很多新特性,如新的标签、新的表单和新的表单属性等。

本章学习重点:

- 理解块级元素和行内元素的区别
- 掌握 HTML5 新增标签的用法
- 熟练使用 HTML5 标签新增类型、元素和属性

4.1 HTML5 新增标签

23min

4.1.1 HTML5 新增文档结构元素

在 HTML5 出现之前,我们一般采用 DIV+CSS 布局页面。为了区分文档中不同的
<div>内容,一般会为其配上不同的 id 来标识,示例代码如下:

```
<div id="header">
    这是网页的页眉
</div>
<div id="nav">
    这是网页的导航
</div>
<div id="content">
    这是网页的正文
</div>
<div id="footer">
    这是网页的页脚
</div>
```

这样的布局方式不仅使我们的文档结构不够清晰,而且不利于搜索引擎爬虫对页面的爬取。为了解决上述缺点,HTML5 新增了很多新的文档结构标签,如表 4-1 所示。

表 4-1　HTML5 新增文档结构标签

标　　签	描　　述
< header >	页眉标签,定义文档的标题
< nav >	导航标签,定义导航菜单栏
< section >	节标签,定义节段落
< aside >	侧栏标签,定义网页正文两侧的侧栏内容
< article >	文章标签,定义正文内容
< footer >	页脚标签,定义文档的页脚

使用文档结构标签来搭建网页,如例 4-1 所示。

【例 4-1】　HTML5 新增文档结构元素应用

```
<! DOCTYPE html >
< html lang = "en">
< head >
    < meta charset = "UTF - 8">
    < title > HTML5 新增文档结构元素应用</title>
    < style >
        / * CSS 部分 * /
        / * 页面顶部 header * /
        header{
            height:150px;
            background - color: #abcdef;
        }
        / * 页面中间 div * /
        div{
            margin - top:10px;
            height:300px;
        }
        section{
            height:300px;
            background - color: #abcdef;
            width:70 % ;
            float:left;
        }
        article{
            background - color: #F33;
            width:500px;
            text - align:center;
            margin:0px auto;
        }
        aside{
            height:300px;
            background - color: #abcdef;
            width:28 % ;
            float:right;
        }
        / * 页面底部 * /
```

```
                    footer{
                        height:100px;
                        background-color:#abcdef;
                        clear:both;
                        margin-top:10px;
                    }
            </style>
    </head>
    <body>
        <header>定义一个页面或区域的头部</header>
        <div>
            <section>定义一个区域</section>
            <aside>定义页面内容的侧边框部分</aside>
        </div>
        <footer>定义一个页面或区域的底部</footer>
    </body>
</html>
```

<head></head>标签之间添加的 CSS 样式可参见第 7 章。

在浏览器中的显示效果如图 4-1 所示。

图 4-1 文档结构元素应用效果

4.1.2 HTML5 新增格式标签

1. 记号标签

记号标签<mark>用于标注或突出显示 HTML 文档中特别感兴趣或相关的文本。<mark>标签标注的文本呈现为黄色背景。比较典型的应用就是在搜索结果中向用户高亮显示搜索关键词,示例代码如下:

```
<p>你是<mark>大长腿</mark>吗?</p>
```

显示效果如图 4-2 所示。

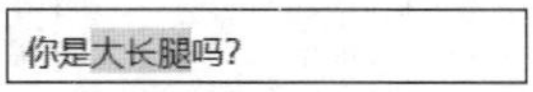

2. 度量标签

度量标签<meter>常用于静态比例的显示,如磁盘用量、查
询结果的相关性等。<meter>标签常用的属性如表 4-2 所示。

图 4-2　<mark>标签应用效果

你是大长腿吗?

表 4-2　<meter>标签常用的属性

属　　性	属　性　值	描　　述
high	number	定义被视作高的值的范围
low	number	定义被视作低的值的范围
max	number	定义范围的最大值
min	number	定义范围的最小值
value	number	必需的属性,定义度量值,可以是浮点型

基本语法格式如下:

```
<meter value="值"></meter>
```

注意:

(1)<meter>不能作为一个进度条来使用,进度条可采用 progress 标签。

(2)<meter>标签是双标签,但在<meter>和</meter>之间的元素及内容是不可见
的,也就是不在浏览器中显示。

使用<meter>标签显示驱动器磁盘空间状态,如例 4-2 所示。

【例 4-2】 <meter>标签应用

```
<!DOCTYPE html>
<html lang="en">
<head>
    <meta charset="UTF-8">
    <meta http-equiv="X-UA-Compatible" content="IE=edge">
    <meta name="viewport" content="width=device-width, initial-scale=1.0">
    <title>meter 标签应用</title>
</head>
<body>
    <h3>磁盘用量</h3>
    C 盘:<meter value="0.7"></meter><br>
    D 盘:<meter value="0.5"></meter><br>
    <h3>查询结果相关性</h3>
    喜欢 Java 的人:<meter min="0" max="100" value="60"></meter><br>
    喜欢 Web 的人:<meter min="0" max="100" value="40"></meter><br>
</body>
</html>
```

在浏览器中的显示效果如图 4-3 所示。

图 4-3 ＜meter＞标签应用效果

3. 进度标签

进度标签＜progress＞用来定义运行中的任务进度/进程,通常和 JavaScript 一起使用,以此来实现进度条。

该标签可以加上属性 value 和 max,分别用来定义任务进度的当前值和最大值。

基本语法格式如下:

```
< progress value = "当前值" max = "需要完成的值"></progress >
```

注意:＜progress＞标签虽然是双标签,但是标签中的内容不显示。＜progress＞标签如果不设置任何属性,则不同的浏览器运行时会有不同的效果,大家可以试试。

表示目前任务进度已经进行了 80%,示例代码如下:

```
< progress value = "80" max = "100"></progress >
```

结合 JavaScript 来动态改变＜progress＞标签的 value 值,这样就可以实现进度条了,如例 4-3 所示。JavaScript 知识参见第 11 章。

【例 4-3】 动态进度条

```
<! DOCTYPE html >
< html lang = "en">
< head >
    < meta charset = "UTF - 8">
    < meta http - equiv = "X - UA - Compatible" content = "IE = edge">
    < meta name = "viewport" content = "width = device - width, initial - scale = 1.0">
    < title >动态进度条</title >
</head >
< body >
    < progress value = "250" max = "1000">
        < span > 25 </span > %
    </progress >
    < progress max = "1000">
        < span > 25 </span > %

    </progress >
```

```
< button onClick = "displayProgress()"> Run Progress Bar </button>
< progress id = "downloadProgress" value = "0" max = "30"> Hello </progress>
< span id = "message"></span>
< script >
    var milisec = 0
    var max = 30
    function displayProgress() {
        if (milisec > = max) {
            document.getElementById('message').innerHTML = "Done!";
        }
        milisec += 1;
        document.getElementById('downloadProgress').value = milisec;
        setTimeout("displayProgress()", max);
    }
</script>
</body>
</html>
```

在浏览器中的显示效果如图 4-4 所示。

图 4-4　动态进度条效果图

4.2　表单新特性

HTML5 的表单新特性提供了更多语义明确的表单类型，并能够及时响应用户交互。HTML5 的表单新特性还提供了原先浏览器脚本才能做到的输入类型验证功能，即使用户禁用了浏览器脚本也可以得到完全相同的体验。

4.2.1　HTML5 新增表单输入类型

▶ 14min

HTML5 新增多项表单输入类型，如表 4-3 所示。这些新类型具有更明确的含义，为开发人员带来了极大的方便。

表 4-3　HTML5 新增表单输入类型

类　　型	描　　述
email	输入邮箱格式
tel	输入手机号码格式
url	输入 URL 格式
number	输入数字格式（只能是数字）
search	搜索框（体现语义化）

续表

类　　型	描　　述
range	包含数值范围的滚动条
time	选中时间(包含时、分)
date	选择日期(包含年、月、日)
datetime	UTC时间(包含年、月、日、时、分)
month	选择月份(包含年、月)
week	选择星期(包含年、第几周)
datetime-local	本地时间和日期
color	颜色选择器

其中,datetime、datetime-local、time、date、week和month类型是6种样式不同的时间日期选择器控件,统称为日期选择器。目前主流浏览器一般支持新的input类型,即使不支持,也可以显示常规的文本域。

1. 电子邮箱类型

email类型用于包含E-mail地址的输入域,在提交表单时,会自动验证email域的值,示例代码如下:

```html
< form action = "http://www.baidu.com">
    E - mail: < input type = "email" name = "usremail">
    < input type = "submit" value = "提交">
</form >
```

上述代码验证了E-mail输入框的邮箱格式,若出错,则会有提示,如图4-5所示。

图 4-5　不合法邮箱格式校验图

注意:输入的内容中必须包含"@","@"后面必须有内容。

2. 手机号码类型

tel类型用于定义输入手机号码,该类型在PC端与普通单行文本框text类型没有任何区别,但在手机移动端使用该类型输入时会唤醒数字键盘,如图4-6所示,提高了用户的体验。

基本语法格式如下:

```html
< input type = "tel" name = "phone">
```

3. 地址类型

url类型用于包含URL网址的输入域,在提交表单时,会自动验证url域的值,示例代码如下:

图 4-6　tel 类型在移动端的应用效果

```
< form action = "http://www.baidu.com">
    地址: < input type = "url" name = "url">
    < input type = "submit" value = "提交">
</form>
```

上述代码验证了 url 输入框的邮箱格式,若出错,则会有提示,如图 4-7 所示。

注意: url 域输入的内容中必须包含"http://",后面必须有内容。

图 4-7　不合法地址校验图

4. 数字类型

number 类型用于包含数值的输入域,在提交时会检测其中的内容是否为数字。还可以对数值设置限定,示例代码如下:

```
< form action = "http://www.baidu.com">
    年龄:< input type = "number" min = "1" max = "100" step = "2">
    < input type = "submit" value = "提交">
</form>
```

说明: 只能输入数字,min 表示数字的最小值,max 为最大值,step 为单击"加""减"按钮时每次增减的数值。

5. 搜索类型

search 类型用于定义搜索域,例如站点搜索或谷歌搜索,示例代码如下:

```
< input type = "search" name = "esearch">
```

不同于普通类型的文本框,当用户开始输入时,输入框的右边会出现一个用于清除内容的图标,单击此图标可以快速清除,如图 4-8 所示。

6. 数值范围类型

range 类型用于应该包含一定范围内数字值的输入域,它展现出来的是一个可以拖动的滑动条,示例代码如下:

```
< form action = "http://www.baidu.com">
    数值:< input type = "range" name = "range" min = "2" max = "10" step = "2">
    < input type = "submit" value = "提交">
</form >
```

说明: max 用于规定允许的最大值。min 用于规定允许的最小值。step 用于规定的合法数字的间隔。value 用于规定默认值。

当拖动滑动块时,它的 value 值会在 2 到 10 之间变化,如图 4-9 所示。

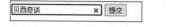

图 4-8 搜索类型应用效果图   图 4-9 数值范围类型应用效果图

7. 颜色类型

color 类型用于显示颜色选择器,从拾色器中选取颜色,示例代码如下:

```
< form action = "http://www.baidu.com">
    选择你喜欢的颜色: < input type = "color" name = "favcolor">
    < input type = "submit" value = "提交">
</form >
```

在浏览器中的运行效果如图 4-10 所示。

8. 日期类型

当此类表单成为焦点时,会自动弹出日历或者调节按钮,但其样式会由于浏览器内核的不同而不同,<input>标签中与时间日期选择相关的 type 属性值有以下 6 种:

(1) date 用于选取日、月、年。

(2) month 用于选取月、年。

(3) week 用于选取周和年。

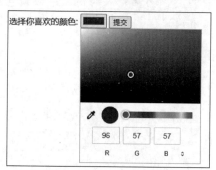

图 4-10 颜色选择器效果图

(4) time 用于选取时间(小时和分钟)。

(5) datetime 用于选取时间、日、月、年(UTC 时间,有时区)。

(6) datetime-local 用于选取时间、日、月、年(本地时间)。

使用日期选择器的语法格式如下:

```
< input type = "日期类型" name = "date"/>
```

其中,type 属性值可以填写上边 6 种类型中的任意一种。

使用<input>标签的输入类型系列制作日期选择控件,如例 4-4 所示。

【例 4-4】　时间日期控件

```html
<!DOCTYPE html>
<html lang = "en">
<head>
    <meta charset = "UTF-8">
    <title>时间日期控件</title>
</head>
<body>
    <form action = "url" method = "post">
        <fieldset>
            <legend>显示日期和时间</legend>
            <label>本地:
                <input type = "datetime-local" name = "date1">
            </label>
        </fieldset>
        <br>
        <fieldset>
            <legend>只显示时间</legend>
            <label>时间:
                <input type = "time" name = "date2">
            </label>
        </fieldset>
        <br>
        <fieldset>
            <legend>只显示日期</legend>
            <label>日期:
                <input type = "date" name = "date3">
            </label>
        </fieldset>
        <br>
        <fieldset>
            <legend>显示年份和月份</legend>
            <label>月份:
                <input type = "month" name = "date4">
            </label>
        </fieldset>
        <br>
        <fieldset>
            <legend>显示年份和第几周</legend>
            <label>星期:
                <input type = "week" name = "date5">
            </label>
        </fieldset>
    </form>
</body>
</html>
```

在浏览器中的显示效果如图 4-11 所示。

图 4-11　时间日期控件效果图

10min

4.2.2　HTML5 新增表单元素

HTML5 中新增了 3 个表单元素：datalist、keygen、output。

1. datalist 元素

datalist 标签用于规定输入域的选项列表，用户可以直接选择列表中的某一项，从而免去输入的麻烦，当然用户也可以自行输入其他内容。

datalist 标签和 input 标签可结合在一起使用，如果要把 datalist 提供的列表绑定到某输入框，则需要使用输入框的 list 属性来引用 datalist 元素的 id 属性值，如例 4-5 所示。

【例 4-5】　datalist 标签应用

```html
<!DOCTYPE html>
<html lang = "en">
<head>
    <meta charset = "UTF - 8">
    <title>datalist 标签应用</title>
</head>
<body>
    <form action = "url" method = "post">
        <fieldset>
            <legend>datalist 标签应用</legend>
            <label>请选择:<input type = "text" list = "cityList"></label>
            <datalist id = "cityList">
                <option value = "北京">北京</option>
                <option value = "天津">天津</option>
                <option value = "上海">上海</option>
```

```
                < option value = "广州">广州</option>
                < option value = "合肥">合肥</option>
            </datalist>
        </fieldset>
        < p align = "center">< input type = "submit" value = "提交"></p>
    </form>
</body>
</html>
```

在浏览器中的显示效果如图 4-12 所示。

图 4-12   datalist 标签应用效果图

2. keygen 元素

keygen 标签提供了一种验证用户的可靠方法。< keygen >标签(公钥)规定用于表单的密钥对生成器字段。当提交表单时,会生成两个键,一个是私钥,另一个是公钥。私钥存储于客户端,公钥则被发送到服务器端。公钥可用于之后验证用户的客户端证书,示例代码如下:

```
< form action = "url" >
    请输入用户名:< input type = "text" name = "name" />< br >
    <!-- 加入密钥安全 -->
    请选择加密强度:< keygen name = "security" />
    < br >< input type = "submit" value = "提交"/>
</form>
```

以上代码在浏览器中的运行效果如图 4-13 所示。

注意:目前,各大浏览器对此元素的支持很差。

3. output 元素

输出标签 output 用于不同类型的输出,例如计算或脚本输出。output 标签的常用属性如表 4-4 所示。

图 4-13   浏览器提供的密钥等级

表 4-4　output 标签的常用属性

属　性	值	描　述
for	元素的 id 名称	定义与输出域相关的一个或多个元素
form	表单的 id 名称	定义输入字段所属的一个或多个表单
name	自定义名称	定义对象的唯一名称(表单提交时使用)

基本语法格式如下：

```
< output name = "名称" for = "element_id">默认内容</output >
```

output 标签常和表单 oninput 事件配合使用，以便动态地输出结果，如例 4-6 所示。

【例 4-6】　加法计算器

```
<! DOCTYPE html >
< html lang = "en">
< head >
    < meta charset = "UTF - 8">
    < title > output 标签应用</title >
</head >
< body >
    < h4 > output 标签演示:</h4 >
    < h5 >加法计算器</h5 >
    < form oninput = "x. value = parseInt(a. value) + parseInt(b. value)">
        < input type = "number" id = "a" value = "0"> +
        < input type = "number" id = "b" value = "0"> =
        < output name = "x" for = "a b"> 0 </output >
        < br >
        < input type = "submit">
    </form >
</body >
</html >
```

在浏览器中的显示效果如图 4-14 所示。

(a) 首次加载后的效果　　　　　　(b) 计算后的效果

图 4-14　加法计算器的显示效果

4.2.3　HTML5 新增表单属性

HTML5 给表单新增了一些属性，如表 4-5 所示。

表 4-5　HTML5 新增常用属性

属　　性	值	描　　述
placeholder	< input type＝"text" placeholder＝"请输入用户名">	占位符，提供可描述输入字段预期值的提示信息
autofocus	< input type＝"text" autofocus >	规定当页面加载时 input 元素应该自动获得焦点
multiple	< input type＝"file" multiple >	多文件上传
autocomplete	< input type＝"text" autocomplete＝"off">	规定表单是否应该启用自动完成功能，有两个值：on 和 off，on 表示记录已经输入的值
required	< input type＝"text" required >	校验控件为必填项，内容不能为空
accesskey	< input type＝"text" accesskey＝"s">	规定激活（使元素获得焦点）元素的快捷键，采用 Alt＋S 的形式

1. placeholder 属性

placeholder 属性可为 input 控件提供一种提示信息，该属性的值将会以灰色的字体显示在文本框中，当文本框获得焦点时，提示信息消失，当文本框失去焦点时，显示提示信息（前提是该文本框的内容为空）。

基本语法格式如下：

```
< input type＝"text" name＝"userName" placeholder＝"请输入用户名">
```

2. autofocus 属性

autofocus 是指在页面加载时控件自动获得焦点，可以直接输入内容。这个属性在注册登录页面及表单的第 1 项 input 中比较实用。

基本语法格式如下：

```
< input type＝"text" name＝"username" autofocus >
```

注意：一个页面只能有一个控件有该属性。

3. autocomplete 属性

autocomplete 属性可提供启用/关闭自动完成功能，其作用是在对表单字段的值填写后跳转再返回时，恢复之前表单字段的值，即用户正在输入的内容是否显示曾经填写过的内容选项，取决于其两个属性值 on(开启)、off(关闭)。autocomplete 属性适用于 < form >，以及下面的 < input > 类型：text、search、url、telephone、email、password、datepickers、range 及 color，如例 4-7 所示。

【例 4-7】 autocomplete 属性的应用

```
<!DOCTYPE html>
<html lang = "en">
<head>
    <meta charset = "UTF - 8">
    <title>autocomplete 属性的应用</title>
</head>
<body>
<form action = "http://www.baidu.com" method = "get">
    姓氏:<input type = "text" name = "xing" autocomplete = "on"><br>
    名字: <input type = "text" name = "ming" autocomplete = "on"><br>
    地址: <input type = "text" name = "dizhi" autocomplete = "off"><br>
    <input type = "submit" value = "提交">
</form>
</body>
</html>
```

在浏览器中的显示效果如图 4-15 所示。

(a) 首次加载后的效果　　(b) 重新输入时的提示

图 4-15　autocomplete 属性的应用效果

当<input>标签添加 autocomplete＝"on"属性时,开启自动提示内容的效果。图 4-15(a)页面为首次加载的效果,由图可见与普通框没有什么区别。先在文本框中输入一次关键词(如 admin)并提交后重新回到该页面,在第 2 次重新输入内容时会在输入框下方自动显示出曾经填写过的关键词内容,如图 4-15(b)所示。

4. required 属性

一旦为某输入型控件设置了 required 属性,那么此项必填,不能为空,否则无法提交表单。

以文本输入框为例,要将其设置为必填项,只需按照以下方式添加 required 属性。

```
<input type = "text" name = "username" required>
```

required 属性是最简单的一种表单验证方式。

5. accesskey 属性

accesskey 属性的示例代码如下:

```
用户名:< input type = "text" name = "name" accesskey = ";">
密码:< input type = "text" name = "password" accesskey = "p">
< a href = "http://www.baidu.com" accesskey = "x">点我</a>
```

为这些标签设置 accesskey 属性后,使用 Alt+(accseekey 属性值),就可激活对应的 HTML 元素,例如在浏览器中按 Alt+X 快捷键就会跳转到超链接链接的百度页面;按 Alt+P 快捷键密码文本框就自动获取焦点。

注意:accesskey 的值可以为任意字母、数字、标点符号等键盘上存在的字符(前提是这个快捷键没有被占用)。

表单新增属性的综合应用如例 4-8 所示。

【例 4-8】 表单新增属性综合应用

```html
<!DOCTYPE html >
< html lang = "en">
< head >
    < meta charset = "UTF - 8">
    < title>表单新增属性综合应用</title >
</head >
< body >
    < form action = "">
        < fieldset >
            < legend align = "center">学生住宿信息</legend >
            <!-- autofocus 聚焦 required 必填项 placeholder 提示信息 -->
            用户名:< input type = "text" name = "username" autofocus
                    placeholder = "请输入用户名" required><br >
            住宿费:< input type = "number" name = "money" min = "5" max = "1000"><br >
            <!-- autocomplete 启动记忆功能 -->
            手机号:< input type = "tel" name = "phone"
                    required pattern = "[0 - 9].{10}" autocomplete = "on"><br >
            相片:< input type = "file" name = "files" multiple><br >
            < input type = "submit">
        </fieldset >
    </form >
</body >
</html >
```

在浏览器中的显示效果如图 4-16 所示。

图 4-16 表单新增属性综合应用效果

16min

4.3 块级元素和行内元素

首先,CSS 规范规定了每个元素都有 display 属性,确定该元素的类型,每个元素都有默认的 display 值,分别为块级(block)、行内(inline)。

1. 块级元素和行内元素

从整体上阐述块级元素和行内元素的区别,主要从以下 3 个不同的角度介绍。

1) 元素排列位置

行内元素会在一行上显示,当此行上剩余的空间无法承载当前的行内元素时,此行内元素才会在新的一行上显示。每个元素都是在水平方向排列的。

块级元素各占据一行。每个元素都是在竖直方向排列的。

2) 元素包含的内容

块级元素可以包含行内元素和块级元素,宽度默认为 100%,即和浏览器同宽。行内元素不能包含块级元素,宽度无法设置,只和包含的内容有关。

3) 盒子模型

当将行内元素设置为 width 时无效,当将行内元素设置为 height 时无效(可以设置 line-height),当将行内元素设置为 margin 时上下无效,但块级元素都可以设置。

2. 详细说明

1) 块级元素

块级元素 display 属性的默认值为 block,常见的块级元素有 div、p、h1～h6、form、ul、ol、dl、dt、dd、li、table、tr、td、th、hr、blockquote、address、table、menu、pre、header、section、article、footer 等。

块级元素有以下几个特点:

(1) 块级元素独占一行,当没有设置宽和高时,它默认被设置为 100%。

(2) 块级元素允许设置宽和高,width、height、margin、padding、border 都可控制。

(3) 块级元素可以包含行内元素、块级元素。

2) 行内元素及行内块元素

行内元素 display 属性的默认值为 inline,常见的行内元素有 span、img、a、label、code、abbr、em、b、big、cite、i、q、textarea、select、small、sub、sup、strong、u 等。

常见的行内块元素有 button、input(display: inline-block)。

行内元素及行内块元素有以下几个特点:

(1) 行内元素不能独占一行,与其他行内元素排成一行。

(2) 行内元素不能设置 width、height、margin、padding。

(3) 行内元素的默认宽度为其内容宽度。

(4) 行内元素只能包括文字或行内元素、行内块元素,但不能包括块级元素。

(5) 行内块元素与行内元素的属性基本相同,即不能独占一行,但是可以设置 width 及

height。

3）特别的行内元素可以设置宽和高

替换元素：＜img＞、＜input＞、＜textarea＞、＜select＞等。这些元素与其他行内元素不同的是，它有内在尺寸。因为它像是一个框，例如 img 元素，它能显示出图片是由于 src 的值，在审查元素时不能直接看到图片，而 input 是输入框或是复选框也是因为其 type 的不同。

这种需要通过属性值显示的元素，其本身是一个空元素，像一个空的框架。

3．行内元素和块级元素互相转换

display：block：显示为块级元素（块级元素默认样式）。

display：inline：显示为行内元素（行内元素默认样式）。

display：inline-block：显示为行内块元素，表现为同行显示并可修改宽和高内外边距等属性（行内块元素默认属性）。

行内元素和块级元素可以互相转换，只需设置 display 的属性值。例如，我们常将＜ul＞元素加上 display：inline-block 样式，原本垂直的列表就可以水平显示了。

注意：CSS 知识可参考第 7 章。

4.4　综合案例

▶ 10min

本章主要介绍 HTML5 新增特性，使用新增的表单控件和表单属性设计一名学生档案，如例 4-9 所示。

【例 4-9】　学生档案

```html
<!DOCTYPE html>
<html>
<head>
    <meta charset = "UTF - 8">
    <title>学生档案</title>
</head>
<body>
    <form action = "">
        <fieldset>
            <legend>学生档案</legend>
            <label>姓名: <input type = "text" placeholder = "请输入学生名字"/></label>
<br /><br />
            <label>手机号: <input type = "tel" /></label><br /><br />
            <label>邮箱: <input type = "email" /></label><br /><br />
            <label>所属学院: <input type = "text" placeholder = "请选择学院" list = "xueyuan"/>
            <datalist id = "xueyuan">
                <option>Java 学院</option>
                <option>前端学院</option>
                <option>PHP 学院</option>
```

```
            <option>设计学院</option>
        </datalist>
        <br /><br />
        <label>出生日期：<input type = "date" /></label><br /><br />
        <label for = "score">入学成绩：</label>
        <input type = "number" max = "100" min = "0" value = "0" id = "score"><br>
        <label>毕业时间：<input type = "date" /></label><br /><br />
        <input type = "submit" /><input type = "reset" />
    </fieldset>
  </form>
</body>
</html>
```

在浏览器中的显示效果如图 4-17 所示。

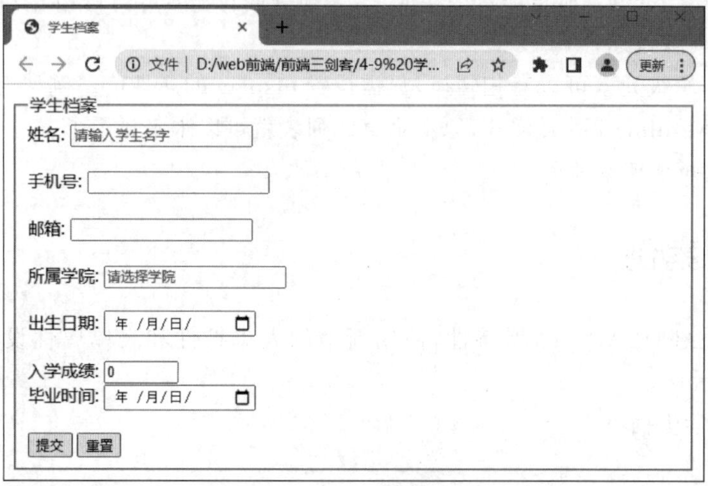

图 4-17　学生档案效果图

第 5 章

HTML5 媒体

本章主要介绍 HTML5 媒体的功能与应用，包括 HTML5 声频和视频，使用该技术可以在页面上直接播放当前浏览器所支持的声频或视频格式，无须再借助 Flash 或者第三方工具。

本章学习重点：

- 理解 HTML5 声频与视频的作用
- 熟练掌握<audio>和<video>标签的用法
- 熟练使用<marquee>标签实现文字滚动

5.1 声频

▶ 11min

5.1.1 HTML5 对声频的支持情况

目前 HTML5 支持的常用声频格式有以下 3 种。

（1）OGG 格式：声频文件的扩展名为.ogg，OGG 声频格式类似于 MP3 声频格式。

（2）MP3 格式：声频文件的扩展名为.mp3。

（3）WAV 格式：声频文件的扩展名为.wav。

主流浏览器对这 3 种声频格式的支持情况如表 5-1 所示。

表 5-1　主流浏览器对 HTML5 声频格式的支持情况

声 频 格 式	IE	Firefox	Chrome	Safari	Opera
OGG	不支持	3.5 及以上版本支持	3.0 及以上版本支持	不支持	10.5 及以上版本支持
MP3	9.0 及以上版本支持	不支持	3.0 及以上版本支持	3.0 及以上版本支持	不支持
WAV	不支持	3.5 及以上版本支持	不支持	3.0 及以上版本支持	10.5 及以上版本支持

由此可见，目前没有一种声频格式得到所有浏览器的支持。

5.1.2　声频的应用

HTML5 提供了<audio></audio>标签来显示声频的标准方法。

<audio>标签是来定义声频(音乐或其他声频流)的,有了这个标签就可以在个人网站中引入声频文件。

基本语法格式如下:

```
<audio src="声频地址">对不起,你的浏览器不支持声频 API。</audio>
```

提示:可以在<audio>和</audio>之间放置文本内容,这些文本信息将会被显示在那些不支持<audio>标签的浏览器中。

<audio>标签有一系列属性用于对声频文件的播放进行设置,如表 5-2 所示。

表 5-2　<audio>标签属性一览表

属　性	值	描　述
autoplay	autoplay	声频就绪后马上播放
controls	controls	向用户显示声频控件(例如播放/暂停按钮)
loop	loop	每当声频结束时重新开始播放
muted	muted	首次加载声频时输出为静音
preload	auto metadata none	规定当网页加载时,声频是否默认被加载及如何被加载
src	URL	规定声频文件的 URL,必需的属性

注意:preload 属性和 autoplay 属性不能同时使用。当属性名与值完全相同时,可以简写,如 autoplay="autoplay",可简写为 autoplay。

由于不同浏览器所支持的声频格式不一样,所以可以在<audio>标签中使用<source>标签指定多个声频文件,为不同的浏览器提供可支持的编码格式,浏览器会选择可识别的声频格式进行加载。

基本语法格式如下:

```
<audio controls>
        <source src="music.mp3">
        <source src="music.ogg">
        <source src="music.wav">
        对不起,你的浏览器不支持声频 API。
</audio>
```

使用<audio>标签来完成在网页中引入声频文件,如例 5-1 所示。

【例 5-1】　声频标签的应用

```
<!DOCTYPE html>
```

```
< html lang = "en">
< head >
    < meta charset = "UTF - 8">
    < title >声频标签的应用</title>
</head>
< body >
    < h5 >童话镇 -- 暗杠</h5>
    <!-- autoplay 自动播放 controls 声频控件 loop = "2"播放两次 muted 静音 -->
    < audio src = "music/song.mp3" autoplay controls loop = "2" muted ></audio>
    < hr/>
    <!-- 为了浏览器兼容,可以提供两种声音文件 OGG 和 MP3 -->
    < audio controls >
        < source src = "music/song.mp3"/>
        < source src = "music/song.ogg"/>
        你的浏览器不支持声频播放
    </audio>
</body>
</html>
```

在浏览器中的显示效果如图 5-1 所示。

图 5-1　声频标签的应用效果

5.2　视频

6min

5.2.1　HTML5 对视频的支持情况

目前 HTML5 支持的常用视频格式有以下 3 种。

（1）OGG：一种开源的视频封装容器，其视频文件的扩展名为.ogg，里面可以封装 vobris 声频编码或者 theora 视频编码。

（2）MPEG4：目前最流行的视频格式，其视频文件的扩展名为.mp4。

（3）WebM：由谷歌发布的一个开放、免费的媒体文件格式，其视频文件扩展名为 .webm。

由于 WebM 格式的视频质量和 MPEG4 较为接近，并且没有专利限制等问题，所以 WebM 已经被越来越多的人所使用。

主流浏览器对这 3 种视频格式的支持情况如表 5-3 所示。

表 5-3　主流浏览器对 HTML5 视频格式的支持情况

视频格式	IE	Firefox	Chrome	Safari	Opera
OGG	不支持	3.5 及以上版本支持	5.0 及以上版本支持	不支持	10.5 及以上版本支持
MPEG4	9.0 及以上版本支持	不支持	5.0 及以上版本支持	3.0 及以上版本支持	不支持
WebM	不支持	4.0 及以上版本支持	6.0 及以上版本支持	不支持	10.6 及以上版本支持

由此可见,目前没有一种视频格式得到所有浏览器的支持。

5.2.2　视频的应用

HTML5 提供了< video ></video >标签来显示视频的标准方法。
< video >标签定义视频,例如电影片段或其他视频流。
基本语法格式如下:

```
< video src = "视频地址 URL" controls >
    你的浏览器不支持视频 API
</video >
```

提示:可以在< video >和</video >标签之间放置文本内容,这样不支持< video >元素的浏览器就可以显示出该标签的信息。

< video >标签提供了播放、暂停和音量控件来控制视频。同时< video >元素也提供了width 和 height 属性控制视频的尺寸。如果设置了高度和宽度,则所需的视频空间会在页面加载时保留。当然还提供了其他属性对视频播放进行设置,如表 5-4 所示。

表 5-4　< video >标签属性一览表

属　　性	值	描　　述
autoplay	autoplay	视频就绪后马上播放
controls	controls	向用户显示控件,例如播放按钮
height	pixels	设置视频播放器的高度
loop	loop	当媒介文件完成播放后再次开始播放
muted	muted	规定视频的声频输出应该被静音
poster	URL	规定视频下载时显示的图像(视频封面),或者在用户单击"播放"按钮前显示的图像
preload	preload	视频在页面加载时进行加载,并预备播放。如果使用 autoplay,则忽略该属性
src	url	要播放的视频的 URL
width	pixels	设置视频播放器的宽度,必需的属性

由于不同浏览器所支持的视频格式不一样，所以可以在< video >标签中使用< source >标签指定多个视频文件，为不同的浏览器提供可支持的编码格式，浏览器会选择可识别的视频格式进行加载。

基本语法格式如下：

```
< video controls >
    < source src = "movie.mp4" type = "video/mp4">
    < source src = "movie.ogg" type = "video/ogg">
        你的浏览器不支持视频 API
</video >
```

使用< video >标签来完成在网页中引入视频文件，如例 5-2 所示。

【例 5-2】　视频标签应用

```
<! DOCTYPE html >
< html lang = "en">
< head >
    < meta charset = "UTF - 8">
    < title >视频标签应用</title >
</head >
< body >
    <!-- controls 视频控件 loop 循环播放 muted 静音 poster 封面 -->
    < video src = "video/video.mp4" width = "320" height = "240" controls loop muted poster =
"images/guangtouqiang.jpg"></video >

    < video width = "320" height = "240" controls >
        < source src = "video/video.mp4" type = "video/mp4">
        < source src = "video/video.ogg" type = "video/ogg">
        你的浏览器不支持视频 API
    </video >
</body >
</html >
```

在浏览器中的显示效果如图 5-2 所示。

图 5-2　视频标签应用效果

13min

5.3 滚动文字

在 HTML 中实现文字的滚动效果其实很简单,可使用< marquee ></ marquee >标签实现文字的滚动效果,下面介绍< marquee >标签设置不同属性实现不同的文字滚动效果。

基本语法格式如下:

```
< marquee >滚动内容</marquee >
```

1. behavior 属性

设置内容的滚动方向,其属性值可以是 alternate(来回交替进行滚动)、scroll(循环滚动,默认效果)、slide(只滚动一次就停止),示例代码如下:

```
< marquee behavior = "alternate">我来回滚动</marquee >
< marquee behavior = "scroll">我单方向循环滚动</marquee >
< marquee behavior = " scroll" direction = " up" height = " 30">我改单方向向上循环滚动</marquee >
< marquee behavior = "slide">我只滚动一次</marquee >
< marquee behavior = "slide" direction = "up">我改向上只滚动一次了</marquee >
```

注意:如果在< marquee >标签中同时出现了 direction 和 behavior 属性,则 scroll 和 slide 的滚动方向将依照 direction 属性中参数的设置。

2. bgcolor 属性

设置文字滚动范围的背景颜色,参数值是十六进制(如♯AABBCC 或♯AA5566)或预定义的颜色名字(如 red、yellow、blue),示例代码如下:

```
< marquee behavior == "slide" direction = "left" bgcolor = "red">我的背景色是红色的</marquee >
```

3. direction 属性

文字滚动的方向,其属性值有 down、left、right、up,分别代表滚动方向向下、向左、向右、向上,示例代码如下:

```
< marquee direction = "right">我向右滚动</marquee >
< marquee direction = "down">我向下滚动</marquee >
```

4. width 和 height 属性

width 和 height 属性的作用决定滚动文字在页面中的矩形范围大小。width 属性用以规定矩形的宽度,height 属性用以规定矩形的高度。这两个属性的参数值可以是数字或者百分数,数字表示矩形所占的(宽或高)像素数,百分数表示矩形所占浏览器窗口的(宽或高)百分比,示例代码如下:

```
< marquee width = "300" height = "30" bgcolor = "red">宽 300 像素,高 30 像素。</marquee >
```

5. hspace 和 vspace 属性

这两个属性决定滚动矩形区域距周围的空白区域,示例代码如下:

```
< marquee width = "300" height = "30" vspace = "10" hspace = "10" bgcolor = "red">矩形边缘水平和
垂直距周围各 10 像素。</marquee >

< marquee width = "300" height = "30" vspace = "50" hspace = "50" bgcolor = "red">矩形边缘水平和
垂直距周围各 50 像素。</marquee >
```

6. loop 属性

设置滚动文字的滚动次数。参数值可以是任意的正整数,如果将参数值设置为-1或
infinite,则将无限循环,示例代码如下:

```
< marquee loop = "2">滚动 2 次。</marquee >
< marquee loop = "infinite">无限循环滚动。</marquee >
< marquee loop = " - 1">无限循环滚动。</marquee >
```

7. scrollamount 和 scrolldelay 属性

这两个属性决定文字滚动的速度(scrollamount)和延时(scrolldelay),参数值都是正整
数,示例代码如下:

```
< marquee scrollamount = "100">速度很快。</marquee >
< marquee scrollamount = "50">慢了些。</marquee >
< marquee scrolldelay = "30">小步前进。</marquee >
< marquee scrolldelay = "1000" scrollamount = "100">大步前进。</marquee >
```

8. align 属性

设置滚动内容的对齐方式,其属性值有 9 个: absbottom(绝对底部对齐)、absmiddle
(绝对中央对齐)、baseline(底线对齐)、bottom(底部对齐)、left(左对齐)、middle(中间对
齐)、right(右对齐)、texttop(顶线对齐)、top(顶部对齐)。

基本语法格式如下:

```
< marquee align = "对齐方式">...</marquee >
```

9. marquee 常配合使用的两个事件

onMouseOut＝"this. start()"用来设置鼠标移出该区域时继续滚动。
onMouseOver＝"this. stop()"用来设置鼠标移入该区域时停止滚动。
示例代码如下:

```
< marquee onmouseover = this. stop() onmouseout = this. start()>鼠标进入停止 离开开始</marquee >
```

第2阶段　HTML5实战训练营

第 6 章

HTML5 实战技能强化训练

本章训练任务对应第 2~5 章内容。

重点练习内容：

- 基础标签的熟练掌握
- 使用图像和超链接，输出网页中常见的一些应用场景
- 表格标签中各子标签及其属性的含义
- 合理布局表单页面
- video 和 audio 的简单应用

6.1 基础训练

15min

1. 李清照简介

编写程序，输出李清照个人介绍，效果如图 6-1 所示。

图 6-1 李清照简介

需求说明：标题使用标题标签，人名加粗显示，时间斜体显示，并制作页面版权信息。

【例 6-1】 李清照简介

```
<!DOCTYPE html>
<html lang = "en">
<head>
```

```
    < meta charset = "UTF - 8">
    < title >李清照简介</title>
</head>
< body >
    < h2 >人物简介</h2>
    < strong >李清照</strong>(< em >1084 年 3 月 13 日—1155 年 5 月 12 日</em>),宋代女词人,
号易安居士,婉约词派代表,有"千古第一才女"之称。早期生活优裕,金兵入据中原时,流寓南方,境
遇孤苦。所作词,前期多写其悠闲生活,后期多悲叹身世,情调伤感。形式上善用白描手法,自辟途
径,语言清丽。论词强调协律,崇尚典雅,提出词"别是一家"之说,反对对作诗文之法作词,留有诗集
《易安居士文集》《易安词》等。
    < hr/>
    &copy;2023  贝西奇谈版权所有
    </body>
</html>
```

2. 腾讯课堂直播课程公告

编写程序,模拟输出腾讯课堂直播课的公告信息,效果如图 6-2 所示。

图 6-2 腾讯课堂直播课程公告

需求说明:以分条形式公告正在直播的课程信息。

【例 6-2】 腾讯课堂直播课程公告

```
<! DOCTYPE html >
< html lang = "en">
< head >
    < meta charset = "UTF - 8">
    < title >腾讯课堂直播课程公告</title>
</head>
< body >
    < p >直播中:分布式事务进阶实战扒一扒分布式事务那些事</p>
    < p >直播中: Python 爬虫实战:一键抓取房源信息</p>
    < p >直播中:深度还原单例对象被破坏的事故现场</p>
    < p >直播中: NET 快速实战训练第 1 集</p>
    < p >直播中: 透视 Redis 通信服务原理手写高性能客户端</p>
    < p >直播中: SpringCloud Alibaba 之 Dubbo 企业级实战</p>
    < p >直播中: BAT 安全防御实战,你的数据正在网上裸奔</p>
```

```
</body>
</html>
```

3. 家用电器排行榜

编写程序,制作京东商城家用电器排行榜页面,效果如图 6-3 所示。

图 6-3　家用电器排行榜

需求说明:制作京东商城家用电器排行榜页面,标题使用标题标签,商品之间使用水平线分隔。

实现思路:

(1) 家用电器排行榜放在标题< h2 >标签中。

(2) 图像使用< img/>标签。

(3) 商品之间使用< hr/>标签实现分隔。

【例6-3】　家用电器排行榜

```
<!DOCTYPE html >
< html lang = "en">
< head >
    < meta charset = "UTF - 8">
    < title >家用电器排行榜</title>
</head>
< body >
    < h2 >家用电器排行榜</h2>
    < img src = "images/tv01.jpg" width = "50" height = "50" alt = "创维电视" />创维 42E5CHR 42
英寸 ￥2799.00
    < hr/>
    < img src = " images/tv02. jpg" width = "50" height = "50" alt = "海信电视" />海信
LED42EC260JD 42 英寸 ￥2848.00
    < hr/>
```

```
    < img src = " images/tv03.jpg" width = "50" height = "50" alt = "索尼电视" />索尼 KLV -
40R476A 40 英寸 ￥3599.00
    < hr/>
    < img src = " images/tv04.jpg" width = "50" height = "50" alt = "创维电视" />创维 42E83RE 42
英寸 ￥3699.00
    < hr/>
    < img src = " images/tv05.jpg" width = "50" height = "50" alt = "创维电视" />创维 42E7BRE 42
英寸 ￥3299.00
    < hr/>
</body>
</html>
```

4. 微信支付凭证

编写程序,输出如图 6-4 所示的微信支付凭证。

图 6-4　微信支付凭证

【例 6-4】　微信支付凭证

```
<! DOCTYPE html >
< html lang = "en">
< head >
    < meta charset = "UTF – 8">
    < title>微信支付凭证</title>
</head >
< body >
    <!-- style CSS 知识 CSS 知识可以参考第 7 章 -->
    < div style = "border: 1px solid red;width:250px;">
        < h2>@三味吃屋</h2>
        < p align = "center">付款金额</p>
        < h2>< p align = "center">￥39.00 </p></h2 >
        <p>支付方式 <b>零钱</b></p>
        <p>交易状态 <b>支付成功,对方已收款</b></p>
        < hr >
        < h4>查看账单详情</h4>
    </div >
```

```
</body>
</html>
```

5．绘制情人节字符画

编写程序,使用特殊符号,发挥想象创意,完成一个情人节的字符画,效果如图6-5所示。

图 6-5　情人节字符画

【例 6-5】　绘制情人节字符画

```
<!DOCTYPE html>
<html lang = "en">
<head>
    <meta charset = "UTF-8">
    <title>情人节字符画</title>
</head>
<body>
    <!-- 表示文章标题 -->
    <h1>情人节字符画</h1>
    <pre>
        ☆☆  ☆☆   ☆☆ ☆☆
       ★★       ★       ★★
        ☆☆     祝你快乐!     ☆☆
       ★★              ★★
        ☆☆            ☆☆
          ★★        ★★
            ☆☆    ☆☆
             ★★  ★★
               ☆☆
    </pre>
</body>
</html>
```

6.2　图像与超链接训练

1．聚美优品新手指南页面

编写程序,制作聚美优品新手指南页面,效果如图6-6所示。

▶ 15min

▶ 15min

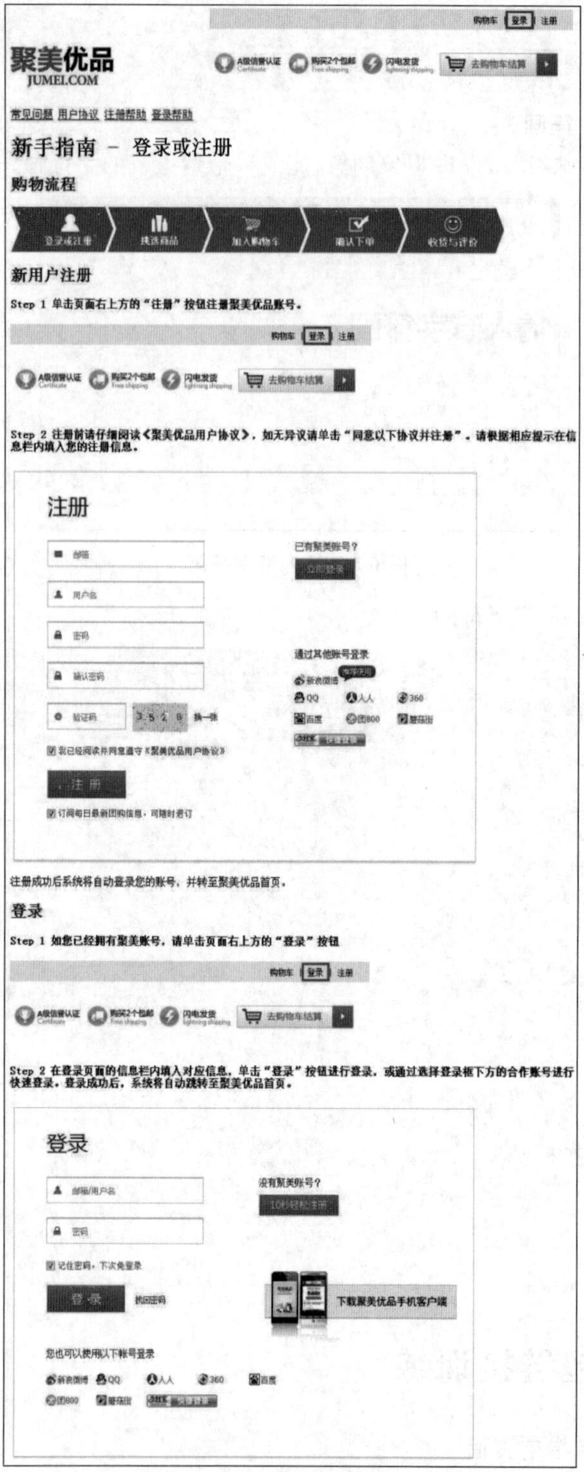

图 6-6 聚美优品新手指南页面

需求说明：

（1）聚美优品新手指南页面，图片均要加 alt 属性，将"常见问题"和"用户协议"设置成空链接。

（2）将"注册帮助"和"登录帮助"设置为本页锚链接，分别链接至本页新用户注册和登录帮助。

【例 6-6】　聚美优品新手指南页面

```
<!DOCTYPE html>
<html lang="en">
<head>
    <meta charset="UTF-8">
    <title>聚美优品新手指南页面</title>
</head>
<body>
    <p><img src="images/logo.jpg" width="305" height="104" alt="logo" /><img src="images/login_步骤1.jpg" width="550" height="132" alt="购物流程" /></p>
    <p><a href="#">常见问题</a><a href="#">用户协议</a><a href="#register">注册帮助</a><a href="#login">登录帮助</a></p>
    <h1>新手指南 - 登录或注册</h1>
    <h2>购物流程</h2>
    <img src="images/help_steps.jpg" width="752" height="67" />
    <h2><a name="register">新用户注册</a></h2>
    <h4>Step 1 单击页面右上方的"注册"按钮注册聚美优品账号。</h4>
    <img src="images/login_步骤1.jpg" width="550" height="132" />
    <h4>Step 2 注册前请仔细阅读《聚美优品用户协议》,如无异议请单击"同意以下协议并注册"。需要根据相应提示在信息栏内填入你的注册信息。</h4>
    <img src="images/signup_步骤2.jpg" width="716" height="588" />
    <p>注册成功后系统将自动登录你的账号,并转至聚美优品首页。</p>
    <h2><a name="login">登录</a></h2>
    <h4>Step 1 如您已经拥有聚美账号,请单击页面右上方的"登录"按钮</h4>
    <img src="images/login_步骤1.jpg" width="550" height="132" />
    <h4>Step 2 在登录页面的信息栏内填入对应信息,单击"登录"按钮进行登录,或通过选择登录框下方的合作账号进行快速登录。登录成功后,系统将自动跳转至聚美优品首页。</h4>
    <img src="images/login_步骤2.jpg" width="716" height="528" />
</body>
</html>
```

2. 制作图书介绍页面

编写程序，利用图像标签制作一个图书的介绍页面，效果如图 6-7 所示。

【例 6-7】　制作图书介绍页面

```
<!DOCTYPE html>
<html lang="en">
<head>
    <meta charset="UTF-8">
    <title>制作图书介绍页面</title>
</head>
<body>
```

```
<!-- 图书的介绍文字 -->
<p>《Vue + Spring Boot 前后端分离开发实战》是软件行业第一批系统研究前后端分离模式的
专著,以实战项目为主线、理论基础为核心,系统论述 Vue + Spring Boot 核心知识与案例,阐述了 Vue +
Spring Boot 全栈式开发技术。</p>
<p>《剑指大前端全栈工程师》对大前端技术栈进行了全面的讲解,内容涉及 HTML5 + CSS3 模
块、JavaScript 模块、jQuery 模块、Bootstrap 模块、Node.js 模块、Ajax 模块、ES6 新标准、Vue 框架、UI
组件和模块化编程等,书中引入了丰富的实战案例,实际性和系统性较强,能很好提升你的就业竞争
力。书中还引入了 3 个企业级实战项目,只为打造企业刚需人才</p>
<!-- 插入图片,并且通过 title 属性添加提示文字 -->
 < img src = "images/vue1.jpg" width = "240" title = "Vue + Spring Boot 前后端分离开
发实战">
< img src = "images/vue + Spring Boot.png" width = "240" title = "Vue + Spring Boot 前后端
分离开发实战">
< img src = "images/大前端.png" width = "240" height = "240" title = "剑指大前端全栈工程
师">
</body>
</html>
```

图 6-7　图书介绍页面

3. 商城商品展示页面

编写程序,制作商城商品展示页面,效果如图 6-8 所示。

【例 6-8】　商城商品展示页面

```
<!DOCTYPE html >
< html lang = "en">
< head >
    < meta charset = "UTF - 8">
    < title>商城商品展示页面</title>
</head >
```

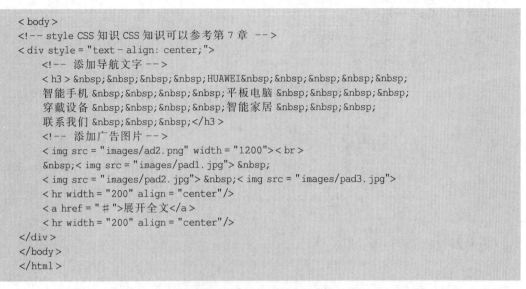

```
< body >
<!-- style CSS 知识 CSS 知识可以参考第 7 章  -->
< div style = "text - align: center;">
    <!-- 添加导航文字 -->
    < h3 >     HUAWEI     
    智能手机     平板电脑     
    穿戴设备     智能家居    
    联系我们    </h3 >
    <!-- 添加广告图片 -->
    < img src = "images/ad2.png" width = "1200"><br >
     < img src = "images/pad1.jpg">  
    < img src = "images/pad2.jpg">  < img src = "images/pad3.jpg">
    < hr width = "200" align = "center"/>
    < a href = "#">展开全文</a >
    < hr width = "200" align = "center"/>
</div >
</body >
</html >
```

图 6-8　商城商品展示页面

4. 制作网站的导航菜单

编写程序,使用超链接制作网站的导航菜单,效果如图 6-9 所示。

图 6-9　网站导航菜单

【例 6-9】　制作网站的导航菜单

```
<!DOCTYPE html>
<html lang = "en">
<head>
    <meta charset = "UTF - 8">
    <title>制作网站的导航菜单</title>
</head>
<body>
    <!-- 添加导航,并且为导航添加超链接 -->
    <h3>  贝西奇谈    
    <a href = "♯">首页</a>    
    <a href = "http://mh6e.vgsx.cn/29">CSDN</a>    
    <a href = "http://mh6r.vgsx.cn/6e">专著</a>    
    <a href = "http://mh64.vgsx.cn/d4">核心竞争力</a>   
    <a href = "http://mh64.vgsx.cn/d4">联系我</a>   </h3>
    <!-- 添加网页中的宣传照片 -->
    <img src = "images/banner2.jpg">
</body>
</html>
```

6.3　列表表格训练

▶ 13min

▶ 7min

▶ 15min

1. 制作树形列表

编写程序,制作树形列表菜单,效果如图 6-10 所示。

【例 6-10】　制作树形列表

```
<!DOCTYPE html>
<html lang = "en">
<head>
    <meta charset = "UTF - 8">
    <title>制作树形列表</title>
```

```
</head>
<body>
    <h4>我的计算机文件列表</h4>
    <ul>
        <li>我的计算机
        <ul>
            <li>本地磁盘(C:)
              <ul>
                <li>我的文档</li>
                <li>我的收藏</li>
              </ul>
            </li>
            <li>本地磁盘(D:)
              <ul>
                <li>我的游戏</li>
                <li>我的资料</li>
                <li>我的电影</li>
              </ul>
            </li>
        </ul>
        </li>
    </ul>
</body>
</html>
```

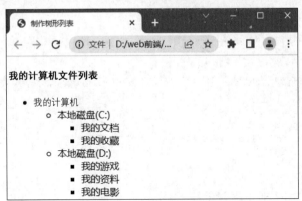

图 6-10　树形列表

2. 模拟试卷

编写程序,利用列表标签创建 HTML 在线考试试题,效果如图 6-11 所示。

提示:题目中的标签需用特殊符号创建,否则会被浏览器解析。

【**例 6-11**】　模拟试卷

```
<!DOCTYPE html>
<html lang="en">
<head>
```

```
        < meta charset = "UTF - 8">
        < title >模拟试卷</title>
</head>
< body >
    < h1 > HTML 在线考试试题</h1>
    < ol >
        < li > HTML 中,换行使用的标签是()。
            < ol type = "A">
                < li > &lt;br /&gt;</li>
                < li > &lt;p&gt;</li>
                < li > &lt;hr /&gt;</li>
                < li > &lt;img /&gt;</li>
            </ol>
        </li>
        < li > &lt;img /&gt;标签的()属性用于指定图像的地址。
            < ol type = "A">
                < li > alt </li>
                < li > href </li>
                < li > src </li>
                < li > addr </li>
            </ol>
        </li>
        < li >创建一个超链接使用的是()标签。
            < ol type = "A">
                < li > &lt;a&gt;</li>
                < li > &lt;ol&gt;</li>
                < li > &lt;img /&gt;</li>
                < li > &lt;hr /&gt;</li>
            </ol>
        </li>
        < li > &lt;img /&gt;标签的()属性用来设置图片与旁边内容的水平距离。
            < ol type = "A">
                < li > hspace </li>
                < li > vspace </li>
                < li > border </li>
                < li > alt </li>
            </ol>
        </li>
        < li >下列 HTML 结构中,不属于列表结构的是()。
            < ol type = "A">
                < li > ul - li </li>
                < li > ol - li </li>
                < li > dl - dt - dd </li>
                < li > p - br </li>
            </ol>
        </li>
    </ol>
</body>
</html>
```

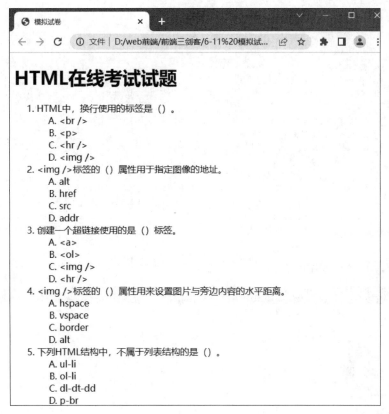

图 6-11　HTML 在线考试试题

3．易趣商品列表

易趣网拥有超过 8 年的电子商务经验，致力于为广大中国互联网用户提供一个品质购物环境。编写程序，实现如图 6-12 所示的易趣商品列表。

【例 6-12】　易趣商品列表

```html
<!DOCTYPE html>
<html lang = "en">
<head>
    <meta charset = "UTF - 8">
    <title>易趣商品列表</title>
</head>
<body>
    <p><img src = "images/header.jpg" /></p>
    <h2>热点推荐</h2>
    <dl>
        <dt><img src = "images/photo_01.jpg" /></dt>
        <dd>一口价:49.00</dd>
        <dd>全国包邮!韩版修身长袖 T 恤 打底衫 纯棉圆领 T 恤</dd>
    </dl>
    <p><img src = "images/line.gif" /></p>
```

```
<dl>
  <dt><img src="images/photo_02.jpg" /></dt>
  <dd>一口价:35.00</dd>
  <dd>新款T恤短袖 t恤女短袖 影子熊猫</dd>
</dl>
<p><img src="images/line.gif" /></p>
<dl>
  <dt><img src="images/photo_03.jpg" /></dt>
  <dd>一口价:48.00</dd>
  <dd>钉珠蝴蝶结秋冬背心呢料裙 911 - 4366</dd>
</dl>
</body>
</html>
```

图 6-12　易趣商品列表

4．制作课程表

用表格显示信息调理清楚，使浏览者一目了然。我们使用表格制作如图 6-13 所示的大学课程表。

课 程 表

星期	上课					休息	
	星期一	星期二	星期三	星期四	星期五	星期六	星期日
上午	语文	数学	英语	英语	物理	计算机	休息
	数学	数学	地理	历史	化学	计算机	
	化学	语文	体育	计算机	英语	计算机	
	政治	英语	体育	历史	地理	计算机	
下午	语文	数学	英语	英语	物理	计算机	休息
	数学	数学	地理	历史	化学	计算机	

图 6-13　课程表

【例 6-13】　制作课程表

```
<!DOCTYPE html>
<html lang = "en">
<head>
    <meta charset = "UTF - 8">
    <title>制作课程表</title>
</head>
<body>
    <h3 align = "center">课 程 表</h3>
    <table align = "center" border = "1" width = "600" height = "300">
      <tr align = "center">
        <td></td>
        <td colspan = "5">上课</td>
        <td colspan = "2">休息</td>
      </tr>
      <tr align = "center">
        <td>星期</td>
        <td>星期一</td>
        <td>星期二</td>
        <td>星期三</td>
        <td>星期四</td>
        <td>星期五</td>
        <td>星期六</td>
        <td>星期日</td>
      </tr>
      <tr>
        <td align = "center" rowspan = "4">上午</td>
        <td align = "center">语文</td>
        <td align = "center">数学</td>
        <td align = "center">英语</td>
        <td align = "center">英语</td>
```

```
              < td align = "center">物理</td >
              < td align = "center">计算机</td >
              < td align = "center" rowspan = "4">休息</td >
          </tr >
          < tr >
              < td align = "center">数学</td >
              < td align = "center">数学</td >
              < td align = "center">地理</td >
              < td align = "center">历史</td >
              < td align = "center">化学</td >
              < td align = "center">计算机</td >
          </tr >
          < tr >
              < td align = "center">化学</td >
              < td align = "center">语文</td >
              < td align = "center">体育</td >
              < td align = "center">计算机</td >
              < td align = "center">英语</td >
              < td align = "center">计算机</td >
          </tr >
          < tr >
              < td align = "center">政治</td >
              < td align = "center">英语</td >
              < td align = "center">体育</td >
              < td align = "center">历史</td >
              < td align = "center">地理</td >
              < td align = "center">计算机</td >
          </tr >
          < tr >
              < td rowspan = "2" align = "center">下午</td >
              < td align = "center">语文</td >
              < td align = "center">数学</td >
              < td align = "center">英语</td >
              < td align = "center">英语</td >
              < td align = "center">物理</td >
              < td align = "center">计算机</td >
              < td align = "center" rowspan = "2">休息</td >
          </tr >
          < tr >
              < td align = "center">数学</td >
              < td align = "center">数学</td >
              < td align = "center">地理</td >
              < td align = "center">历史</td >
              < td align = "center">化学</td >
              < td align = "center">计算机</td >
          </tr >
      </table >
  </body >
</html >
```

5．制作 ATM 机银行凭证

编写程序，实现 ATM 机打印的银行凭证效果，如图 6-14 所示。

**银行

图 6-14　ATM 机银行凭证

【例 6-14】　制作 ATM 机银行凭证

```html
<!DOCTYPE html>
<html lang = "en">
<head>
    <meta charset = "UTF - 8">
    <title>制作 ATM 机银行凭证</title>
</head>
<body>
    <h1 align = "center">** 银行</h1>
    <table border = "1" align = "center">
        <thead>
        <tr>
            <th colspan = "2"><h2>客户通知书</h2></th>
            <th colspan = "3"><h2>CUSTOMER ADVICE</h2></th>
        </tr>
        </thead>
        <tbody>
        <tr>
            <td colspan = "5">
                卡号 <br>
                CARD NO.
            </td>
        </tr>
        <tr>
            <td colspan = "3">
                金额<br>
                AMOUNT
```

```
        </td>
        < td colspan = "2">
            受理行号< br >
            ACQUIRER NUMBER
        </td>
    </tr>
    < tr >
        < td colspan = "5">
            转入账号< br >
            TRANSFER TO
        </td>
    </tr>
    < tr >
        < td colspan = "3">
            存款金额< br >
            DEPOSIT
        </td>
        < td colspan = "2">
            应答码< br >
            RESPONSE NUMBER
        </td>
    </tr>
    < tr >
        < td >
            存款< br >
            DEPOSIT
        </td>
        < td >
            取款< br >
            WITHDRAWAL
        </td>
        < td >
            转账< br >
            TRANSFER
        </td>
        < td colspan = "2">
            其他< br >
            OTHER TRANSACTION
        </td>
    </tr>
    < tr >
        < td >
            接受< br >
            ACCEPTED
        </td>
        < td >
            取消< br >
            REJECTED
        </td>
        < td >
            吞卡< br >
```

```
                ACRDRETAINED
            </td>
            < td colspan = "2">
                请与银行联系< br >
                PLEASE CONTACT BANK
            </td>
        </tr>
        < tr >
            < td colspan = "3">
                日期和时间< br >
                DATE & TIME
            </td>
            < td colspan = "2">
                ATM 编号< br >
                ATM ID
            </td>
        </tr>
        < tr >
            < td colspan = "2">
                检索参考号< br >
                TRANS REFER NO.
            </td>
            < td colspan = "3">
                检索参考号< br >
                RETRIEVAL REFERENCE NUMBER
            </td>
        </tr>
        </tbody>
        < tfoot >
        < tr >
            < td colspan = "5">如有疑问请持此凭条与银行联系</td>
        </tr>
        < tr >
            < td colspan = "5">
                Please contact the bank with this advices for any questions
            </td>
        </tr>
        < tr >
            < td colspan = "5">
                客户服务热线电话 9 **** 。Tel:9 ****
            </td>
        </tr>
        </tfoot>
    </table>
</body>
</html>
```

6. 表格实现商品列表

使用表格布局页面实现商品列表页面。编写程序实现如图 6-15 所示的水果推荐购买列表。

图 6-15 水果推荐购买列表

【例 6-15】 水果推荐购买列表

```
<!DOCTYPE html>
<html lang = "en">
<head>
    <meta charset = "UTF-8">
    <title>水果推荐购买列表</title>
</head>
<body>
    <table cellspacing = "3" width = "80%" align = "center">
        <thead>
        <tr>
            <th colspan = "9" align = "left"><h2>推荐购买</h2></th>
        </tr>
        </thead>
        <tbody>
        <tr>
            <td colspan = "4">
                <img src = "images/sg1.png" width = "300">
                <p class = "name">泰国进口耙耙柑</p>
                <p class = "price">￥13.8</p>
            </td>
            <td></td>
            <td colspan = "4">
                <img src = "images/sg2.png" width = "300">
                <p class = "name">顺丰空运,现采进口</p>
                <p class = "price">￥60.80</p>
            </td>
```

```
                <td></td>
                <td colspan = "4">
                    <img src = "images/sg3.png" width = "300" height = "350">
                    <p class = "name">山东芒果</p>
                    <p class = "price">￥30.00</p>
                </td>
                <td></td>
                <td colspan = "4">
                    <img src = "images/sg4.png" width = "300" height = "350">
                    <p class = "name">山西紫皮果</p>
                    <p class = "price">￥29.9</p>
                </td>
            </tr>
            <tr>
                <td colspan = "4">
                    <img src = "images/sg5.png" width = "300">
                    <p class = "name">山东羊角蜜甜瓜,坏果包赔</p>
                    <p class = "price">￥18.9</p>
                </td>
                <td></td>
                <td colspan = "4">
                    <img src = "images/sg6.png" width = "300">
                    <p class = "name">新鲜大樱桃</p>
                    <p class = "price">￥21.5</p>
                </td>
                <td></td>
                <td colspan = "4">
                    <img src = "images/sg7.png" width = "300" height = "350">
                    <p class = "name">顺丰空运,进口苹果</p>
                    <p class = "price">￥19.90</p>
                </td>
                <td></td>
                <td colspan = "4">
                    <img src = "images/sg8.png" width = "300" height = "350">
                    <p class = "name">田园搭档,海南波罗蜜</p>
                    <p class = "price">￥89.90</p>
                </td>
            </tr>
            </tbody>
        </table>
    </body>
</html>
```

6.4 表单训练

1. 网易邮箱登录

网易 163 免费邮箱,我们的专业电子邮局。网易邮箱官方 App"邮箱大师"帮您高效处理邮件,支持所有邮箱,并可在手机、Windows 和 macOS 上多端协同使用。编写程序,实现如图 6-16 所示的网易邮箱登录页面。

▶ 11min

▶ 15min

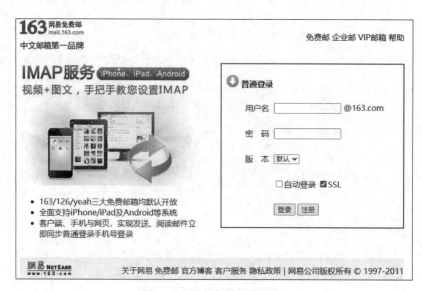

图 6-16　网易邮箱登录页面

【例 6-16】　网易邮箱登录

19min

11min

```
<!DOCTYPE html>
<html lang = "en">
<head>
    <meta charset = "UTF - 8">
    <title>网易邮箱登录</title>
</head>
<body>
    <table width = "780" border = "0" align = "center" cellpadding = "0" cellspacing = "0">
        <tr>
            <td><img src = "images/163logo.gif" width = "131" height = "59" /></td>
            <td align = "right">免费邮 企业邮 VIP 邮箱 帮助</td>
        </tr>
    </table>
    <br />
    <table width = "780" border = "0" align = "center" cellpadding = "0"
cellspacing = "0">
        <tr>
            <td width = "369"><table width = "100 %" border = "0" cellspacing = "0"
cellpadding = "0">
                <tr>
                    <td><img src = "images/imap.jpg" width = "369" height = "242" /></td>
                </tr>
                <tr>
                    <td><ul>
                    <li>163/126/yeah 三大免费邮箱均默认开放</li>
                    <li>全面支持 iPhone/iPad 及 Android 等系统</li>
                    <li>客户端、手机与网页,实现发送、阅读邮件立即同步普通登录手机号
登录</li>
                    </ul>
```

```
                           </td>
                         </tr>
                 </table></td>
                 <td> </td>
                 <td width="370" valign="top">
                   <table width="100%" border="1" cellspacing="0" cellpadding="10">
                     <tr>
                       <td><table width="100%" border="0" align="center" cellpadding=
"0" cellspacing="0">
                           <tr>
                             <td height="50">
                               <img src="images/loginIcon.gif" width="24" height=
"24" />
                               <strong>普通登录</strong></td>
                           </tr>
                       </table>
                       <form name="frmLogin" method="post" action="">
                         <table width=" 100%" border=" 0" cellspacing=" 0"
cellpadding="5">
                           <tr>
                             <td width="80" height="40" align="right">用户名
</td>
                             <td><input name="userName" type="text" size="14" />
@163.com</td>
                           </tr>
                           <tr>
                             <td height="40" align="right">密 码</td>
                             <td><input name="passWord" type="password" size=
"14" /></td>
                           </tr>
                           <tr>
                             <td height="40" align="right">版 本</td>
                             <td><select name="version" id="version">
                                 <option value="默认">默认</option>
                                 <option value="极速">极速</option>
                               </select></td>
                           </tr>
                           <tr>
                             <td height="40" align="right"> </td>
                             <td><input type="checkbox" name="autoLogin" x/>自
动登录
                                 <input name="ssl" type="checkbox" checked/>SSL
                               </td>
                           </tr>
                           <tr>
                             <td height="40" align="right"> </td>
                             <td><input type="submit" name="btnLogin" value=
"登录" />
                                 <input type="button" name="btnReg" value="注
册" />
                               </td>
```

```
                                        </tr>
                                    </table>
                                </form>
                            </td>
                        </tr>
                    </table>
                </td>
            </tr>
        </table>
        <br />
        <table width = "780" border = "0" align = "center" cellpadding = "0" cellspacing = "0">
            <tr>
                <td bgcolor = "#f7f7f7"><img src = "images/netease_logo.gif" width = "122"
height = "44" /></td>
                <td align = "right" bgcolor = "#f7f7f7">关于网易 免费邮 官方博客 客户服务 隐私
政策 | 网易公司版权所有 &copy; 1997 - 2011 </td>
            </tr>
        </table>
    </body>
</html>
```

2. QQ 注册页面

　　QQ 是我们常用的聊天工具之一,很多人有两个或两个以上的 QQ 号。编写程序,实现如图 6-17 所示的 QQ 注册页面。

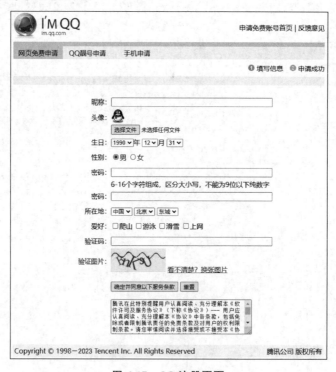

图 6-17　QQ 注册页面

【例 6-17】 QQ 注册页面

```
<!DOCTYPE html>
<html lang = "en">
<head>
    <meta charset = "UTF - 8">
    <title>QQ 注册页面</title>
</head>
<body>
    <table width = "750" border = "0" align = "center" cellpadding = "0" cellspacing = "0">
        <tr>
            <td height = "70"><img src = "images/logo.gif" width = "161" height = "60" /></td>
            <td align = "right">申请免费账号首页｜反馈意见</td>
        </tr>
    </table>
    <table width = "750" border = "0" align = "center" cellpadding = "0" cellspacing = "0">
        <tr>
            <td height = "40" valign = "bottom" bgcolor = "#b9e2fe">
                <table width = "100%" border = "0" cellspacing = "0" ceilpadding = "0">
                <tr>
                    <td width = "120" height = "30" align = "center">网页免费申请</td>
                    <td width = "120" align = "center" bgcolor = "#f2fcfe">QQ 靓号申请</td>
                    <td width = "120" align = "center" bgcolor = "#f2fcfe">手机申请</td>
                    <td bgcolor = "#f2fcfe"> </td>
                </tr>
                </table>
            </td>
        </tr>
    </table>
    <table width = "750" border = "0" align = "center" cellpadding = "0" cellspacing = "0">
        <tr>
            <td height = "40" align = "right"><img src = "images/step_01.gif" width = "15"
height = "15" /> 填写信息 <img src = "images/step_02.gif" width = "15" height = "15" /> 申请成
功</td>
        </tr>
    </table>
    <table width = "750" border = "0" align = "center" cellpadding = "0" cellspacing = "0">
        <tr>
            <td bgcolor = "#f3fbfe"> </td>
        </tr>
        <tr>
            <td>
              <form action = "" method = "post" name = "frmRegister">
                <br />
                <table width = "500" border = "0" align = "center" cellpadding = "0"
cellspacing = "0">
                    <tr>
                        <td width = "120" height = "35" align = "right">昵称:</td>
                        <td><input name = "nickName" type = "text" size = "50" maxlength =
"12" /></td>
                    </tr>
```

```html
<tr>
    <td height="35" align="right">头像:</td>
    <td><img src="images/face.gif" width="32" height="32" /></td>
</tr>
<tr>
    <td align="right"> </td>
    <td><input type="file" name="upload" id="upload" /></td>
</tr>
<tr>
    <td height="35" align="right">生日:</td>
    <td>
        <select name="birthYear">
            <option value="1990">1990</option>
            <option value="1989">1989</option>
        </select>年
        <select name="birthMonth">
            <option value="12">12</option>
            <option value="11">11</option>
        </select>月
        <select name="birthDay">
            <option value="31">31</option>
            <option value="30">30</option>
        </select>
    </td>
</tr>
<tr>
    <td height="35" align="right">性别:</td>
    <td>
        <input name="sex" type="radio" value="男" checked="checked" />男
        <input type="radio" name="sex" value="女" />女
    </td>
</tr>
<tr>
    <td height="35" align="right">密码:</td>
    <td><input name="passWord" type="password" size="50" maxlength="16" /></td>
</tr>
<tr>
    <td align="right"> </td>
    <td>6-16个字符组成,区分大小写,不能为9位以下纯数字</td>
</tr>
<tr>
    <td height="35" align="right">密码:</td>
    <td><input name="rePassWord" type="password" size="50" maxlength="16" /></td>
</tr>
<tr>
    <td height="35" align="right">所在地:</td>
    <td>
        <select name="country">
```

```
                        < option value = "中国">中国</option >
                     </select >
                     < select name = "province" >
                        < option value = "北京">北京</option >
                        < option value = "上海">上海</option >
                     </select >
                     < select name = "city" >
                        < option value = "东城">东城</option >
                        < option value = "西城">西城</option >
                        < option value = "海淀">海淀</option >
                     </select >
                  </td >
               </tr >
               < tr >
                  < td height = "35" align = "right">爱好 :</td >
                  < td >< input name = "hobby" type = "checkbox" value = "爬山" />爬山
                     < input name = "hobby" type = "checkbox" value = "游泳" />游泳
                     < input name = "hobby" type = "checkbox" value = "滑雪" />滑雪
                     < input name = "hobby" type = "checkbox" value = "上网" />上网
                  </td >
               </tr >
               < tr >
                  < td height = "35" align = "right">验证码:</td >
                  < td >< input name = "veryCode" type = "text" size = "50" maxlength =
"4" /></td >
               </tr >
               < tr >
                  < td align = "right">验证图片:</td >
                  < td >< img src = "images/veryCode.gif" width = "132" height = "55" />
< a href = "♯">看不清楚?换张图片</a ></td >
               </tr >
               < tr >
                  < td height = "60" align = "right">  </td >
                  < td >< input type = "submit" name = "btnRegister" value = "确定并同
意以下服务条款" />
                     < input type = "reset" name = "btnReset" value = "重置" /></td >
               </tr >
               < tr >
                  < td height = "35" align = "right">  </td >
                  < td >< textarea name = "readme" cols = "45" rows = "5">腾讯在此特别
提醒用户认真阅读、充分理解本《软件许可及服务协议》(下称《协议》)——用户应认真阅读、充分理
解本《协议》中各条款,包括免除或者限制腾讯责任的免责条款及对用户的权利限制条款。请您审慎
阅读并选择接受或不接受本《协议》(未成年人应在法定监护人陪同下阅读)。除非您接受本《协议》
所有条款,否则您无权下载、安装或使用本软件及其相关服务。你的下载、安装、使用、账号获取和登
录等行为将视为对本《协议》的接受,并同意接受本《协议》各项条款的约束。</textarea ></td >
               </tr >
            </table >
         </form >
      </td >
   </tr >
</table >
```

```
< br />
< table width = "750" border = "0" align = "center" cellpadding = "4" cellspacing = "0">
    < tr >
        < td bgcolor = " # f6fbff"> Copyright &copy; 1998 - 2023 Tencent Inc. All Rights
Reserved </td>
        < td align = "right" bgcolor = " # f6fbff">腾讯公司 版权所有</td>
    </tr>
</table>
</body>
</html>
```

▶ 12min

6.5 媒体训练

1. 在网页中添加视频

编写程序,在网页中添加一段视频,运行效果如图 6-18 所示。

图 6-18 网页中添加视频

【例 6-18】 网页中添加视频

```
<! DOCTYPE html >
< html lang = "en">
< head >
    < meta charset = "UTF - 8">
    < title >网页中添加视频</title >
</head >
< body >
    < video src = "video/MP4.mp4" controls autoplay >
        请升级浏览器</video >
</body >
</html >
```

2．动态设置视频

HTML5 中的视频标签及其模仿视频播放器的效果在一些手机端应用比较多。视频网站也深受人们的喜爱，因为里面有很多精彩大片。我们在观看视频时，可以自定义视频的控制栏，如图 6-19 所示。

图 6-19 设置视频效果

提示： 设置视频的大小可以通过 video 对象的 width 和 height 属性实现。

【例 6-19】 动态设置视频

```html
<!DOCTYPE html>
<html lang = "en">
<head>
    <meta charset = "UTF - 8">
    <title>动态设置视频</title>
</head>
<body>
    <div style = "text - align:center">
        <button onclick = "playPause()">播放/暂停</button>
        <button onclick = "makeBig()">放大</button>
        <button onclick = "makeSmall()">缩小</button>
        <button onclick = "makeNormal()">普通</button>
        <br>
        <video id = "video1" width = "420">
            <source src = "video/video.mp4" type = "video/mp4">
            你的浏览器不支持 HTML5 video 标签。
        </video>
```

```
        </div>

    <script>
        var myVideo = document.getElementById("video1");
        function playPause() {
            if (myVideo.paused)              //判断视频是否暂停
                myVideo.play();              //设置视频暂停
            else
                myVideo.pause();             //设置视频播放
        }
        function makeBig(){
            myVideo.width = 560;             //将视频宽度设置为560px
        }
        function makeSmall(){
            myVideo.width = 320;             //将视频宽度设置为320px
        }

        function makeNormal(){
            myVideo.width = 420;             //将视频宽度设置为420px
        }
    </script>
</body>
</html>
```

第3阶段 CSS3核心技术篇

第 7 章

CSS 基础

对于网页设计,CSS 就像一支画笔,可以勾勒出优美的画面。通过 CSS 实现页面内容与表现形式分离,极大地提高了工作效率,它可以根据设计者的要求对页面的布局、颜色、字体、背景和图像等进行控制。

本章学习重点:

- 了解 CSS 样式表的基本语法
- 熟悉 CSS 的三大特性
- 掌握 CSS 样式表的 3 种使用方式
- 掌握 CSS 选择器的使用
- 掌握 CSS 常用样式的使用

7.1 CSS 概述

7min

从 HTML 被发明开始,样式就以各种形式存在。不同的浏览器结合它们各自的样式语言为用户提供页面显示效果的控制。最初的 HTML 只包含很少的显示属性。随着 HTML 的成长,为了满足页面设计者的要求,HTML 添加了很多显示功能,随着这些功能的增加,HTML 变得越来越杂乱,而且 HTML 页面也越来越臃肿,于是 CSS 便诞生了。

CSS 的出现,拯救了混乱的 HTML,当然更加拯救了 Web 开发者。让我们的网页更加丰富多彩。

CSS(Cascading Style Sheets,层叠样式表)又叫级联样式表(简称样式表),主要用于界面的美化和布局控制,其中层叠就是多个样式可以作用在同一个 HTML 元素上,并使它们同时生效。

CSS 的最大贡献就是让 HTML 从样式中解脱出来,实现了 HTML 专注去做结构呈现,而将样式完全交给 CSS。CSS 现在的发展很出色,如果 JavaScript 是网页的魔法师,则 CSS 就是我们网页的美容师。

最准确的网页设计思路是把网页分成 3 个层次,即结构层(HTML)、表示层(CSS)、行为层(JavaScript)。

(1) 结构层：决定网页的结构及内容，即"显示哪些内容"。

(2) 表示层：设计网页的表现样式，即"如何显示有关内容"。

(3) 行为层：控制网页的行为(效果)，即"内容应该如何对事件做出反应"。

7.2　CSS 基本语法

使用 HTML 时，需要遵从一定的规范。CSS 亦如此，要想熟练地使用 CSS 对网页进行修饰，首先需要了解 CSS 语法规则，CSS 规则由两个主要的部分构成：选择器，以及一条或多条声明，如图 7-1 所示。

图 7-1　语法结构

CSS 语法规则解读：

(1) 选择器通常用于选择需要改变样式的 HTML 元素，花括号内是对该元素设置的具体样式。

(2) 属性和属性值以"键-值对"的形式出现。

(3) 属性是对指定的对象设置的样式属性，例如文本颜色、字号大小等。

(4) 属性和属性值之间用英文":"连接。

(5) 多个"键-值对"之间用英文";"进行区分。

注意：CSS 语法具有很高的容错性，即一条错误的语句并不会影响之后语句的解读。

7.3　引入 CSS 样式的方法

在 HTML 中引入 CSS 样式的方法主要包括 3 种：行内样式、内部样式和外部样式。

7.3.1　行内样式表

使用行内样式，需要在相关的标签内设置 style 属性。它和样式所定义的内容在同一行代码内，通常用于精确控制一个 HTML 元素的样式。

基本语法格式如下：

```
<元素 style = "属性1:属性值1;属性2:属性值2…">行内样式</元素>
```

例如为 p 标签设置样式：

```
< p style = "background: orange; font - size: 24px;"> CSS < p >
```

为了方便理解本节例题,表 7-1 列出了部分常用 CSS 属性和参考值。

表 7-1　部分常用 CSS 属性和参考值

属　　性	描　　述	示　　例
color	设置文本颜色	color:red;
font-size	设置字号大小	font-size:20px;
border	设置边框	border:5px solid red;
width	设置宽度	width:300px;
height	设置高度	height:100px;
background-color	设置背景颜色	background-color:gray;

【例 7-1】　行内样式用法案例

```
<!DOCTYPE html>
<html lang="en">
<head>
    <meta charset="UTF-8">
    <title>行内样式用法案例</title>
</head>
<body>
    <p style="background-color: aqua;">行内样式,控制段落</p>
    <h2 style="color: red;">行内样式,h2标题元素</h2>
    <p style="font-size: 30px;background-color: yellow;">行内样式,这是一段测试文字</p>
</body>
</html>
```

在浏览器中的显示效果如图 7-2 所示。

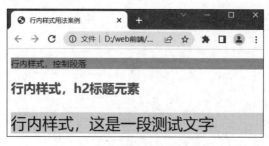

图 7-2　行内样式使用效果

行内样式的缺点:

(1) 没有完全脱离 HTML 标签。

(2) CSS 样式让标签结构烦琐,不利于 HTML 结构的解读。

(3) 一个内联式的 CSS 代码只能给一个标签用,复用性差;当多个行内样式相同时,会增加代码量,从而影响加载速度。

提示:行内样式缺乏整体性和规划性,不利于维护,维护成本高,应慎用这种方法。

▶ 10min

7.3.2 内部样式表

内部样式通常在< head ></head >标签内部使用< style ></style >进行声明,其作用范围为当前整个文档。

基本语法格式如下:

```
< style >
    选择器{
        属性 1:属性值 1;
        属性 2:属性值 2;
            …
        }
</style >
```

这里的选择器可以是指定的标签,例如 body、p、h2 等,示例代码如下:

```
< style > h2{ color: orange;} </style >
```

【例 7-2】 内部样式用法案例

```
<! DOCTYPE html >
< html lang = "en">
< head >
    < meta charset = "UTF - 8">
    <title>内部样式用法案例</title>
    < style >
        h1 {
            color: orange;
            font - size: 40px;
        }
        div {
            color: pink;
        }
        p {
            color: blue;
        }
    </style >
</head >
< body >
    < h1 >杭州气温冲至 41.8℃ 刷新有记录以来最高温极值</h1 >
    < div >2023 年 7 月 27 日 10:58:26 来源:新华网</div >
    < hr />
    < p >中新社杭州 8 月 14 日电浙江杭州 14 日热出了历史新纪录。
        记者从杭州市气象台了解到,14 日 15 时 04 分,杭州气温达到 41.8℃ ,
        超越 2013 年 41.6℃ 的历史纪录,成为自 1951 年杭州站有连续气象
        观测记录以来的最高气温历史极值。</p >
</body >
</html >
```

在浏览器中的显示效果如图 7-3 所示。

图 7-3　内部样式使用效果

7.3.3　外部样式表

▶ 10min

当样式需要应用于很多页面时,外部样式表将是理想的选择。外部样式表为独立的 CSS 文件,其后缀名为 .css。这种方法将 HTML 文档和 CSS 文件完全分离,实现结构层和表示层的彻底分离,增强网页结构的扩展性和 CSS 样式的可维护性。

在 HTML5 中,对于独立 CSS 文件的引入方式有两种:链接式、导入式。

1. 链接式

链接样式是使用频率最高、最实用的样式,通常在< head >和</head>标签之间使用< link >标签将独立的 CSS 文件引入 HTML 文件中即可,示例代码如下:

```
< link type = "text/css" rel = "stylesheet" href = "style.css" />
```

使用链接式为 HTML 代码应用样式,书写、更改方便,如例 7-3 所示。

【例 7-3】　链接外部样式表应用

- CSS 文件 css/common.css

```
p{color:red;font - size:14px;}
h1{color: orange;}
```

- HTML 文件

```
<!DOCTYPE html>
< html lang = "en">
< head >
    < meta charset = "UTF - 8">
    < title>链接外部样式表应用</title>
    < link href = "css/common.css" rel = "stylesheet" type = "text/css" />
</head >
< body >
    < h1>北京欢迎你</h1>
    < p>北京欢迎你,有梦想谁都了不起!</p>
```

```
    <p>有勇气就会有奇迹。</p>
    <p>北京欢迎你,为你开天辟地。</p>
    <p>流动中的魅力充满朝气。</p>
</body>
</html>
```

在浏览器中的显示效果如图 7-4 所示。

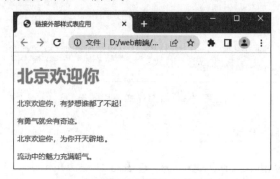

图 7-4　链接外部样式表应用效果

2. 导入式(不推荐使用)

导入外部样式文件是指在内部样式表的<style>标签中使用 @import 命令导入外部样式表,示例代码如下:

```
<style>
    @import url(css/common.css);
</style>
```

链接式和导入式的区别:

(1) @import 是 CSS 提供加载样式的一种方式,只能用于加载 CSS。link 标签除了可以加载 CSS 外,还可以做很多其他的事情,例如定义 rel 连接属性等。

(2) 加载顺序的差别:当一个页面被加载时,link 引用的 CSS 会同时被加载,@import 引用的 CSS 会等到页面全部被下载完再被加载,所以有时浏览@import 加载 CSS 的页面时开始会没有样式(也就是闪烁),网速慢时会比较明显。

(3) 兼容性的差别:@import 在 IE5 以上才能识别,而 link 标签无此问题。

(4) 使用 DOM 控制样式时的差别:当使用 JavaScript 控制 DOM 去改变样式时,只能使用 link 标签,因为 DOM 在操作元素的样式时,用@import 方式的样式也许还未加载完成。

(5) 使用@import 方式会增加 HTTP 请求,会影响加载速度,所以应谨慎使用该方法。

当行内样式、内部样式和外部样式被引用在同一个网页文档中时,它们会被层叠在一起,从而形成一个统一的虚拟样式表。如果其中有样式条件冲突,则 CSS 会选择优先级别高的样式条件渲染在网页上。

3 种样式表的优先级是:行内样式表>外部样式表=内部样式表。

行内样式表优先级最高,最先显示其样式,外部样式表和内部样式表的优先级无法比较,根据就近原则显示样式。

7.3.4　注释

在 CSS 中增加注释很简单,所有被放在/ * 和 * /分隔符之间的文本信息都被称为注释。

CSS 只有一种注释,不管是多行注释还是单行注释都必须以/ * 开始,以 * /结束,中间加入注释内容。

注释放在样式表之外,示例代码如下:

```
/*定义网页的头部样式*/
.head{ width: 960px; }
/*定义网页的底部样式*/
.footer {width:960px;}
```

注释放在样式表内部,示例代码如下:

```
p{
    color: #ff7000;        /*文字颜色设置*/
    height:30px;           /*段落高度设置*/
}
```

7.3.5　开发者工具

在前端开发中,经常需要调试代码,所以各种调试工具及浏览器控制台的使用会对开发起到很大的作用。下面对目前很受喜欢的谷歌浏览器开发者工具进行介绍。谷歌浏览器开发者工具是一套内嵌到谷歌浏览器的 Web 开发工具和调试工具,只要安装了谷歌浏览器,就可以使用。

在谷歌浏览器中,开发者工具的打开方式主要有以下几种。

(1) 按 F12 键调出。

(2) 右击检查(或按快捷键 Ctrl+Shift+I)调出。

(3) 在谷歌浏览器菜单中选择"更多工具"→"开发者工具"选项,如图 7-5 所示。

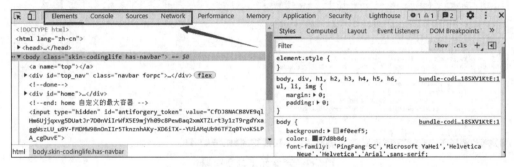

图 7-5　谷歌浏览器开发者工具

谷歌浏览器开发者工具最常用的 4 个功能模块：元素(Elements)、控制台(Console)、源代码(Sources)、网络(Network)。

（1）元素：用于查看或修改 HTML 元素的属性、CSS 属性、监听事件、断点等。CSS 可以即时修改，即时显示。大大方便了开发者调试页面。

（2）控制台：控制台一般用于执行一次性代码，查看 JavaScript 对象，查看调试日志信息或异常信息。还可以当作 JavaScript API 查看用。例如如果想查看 Console 都有哪些方法和属性，则可以直接在 Console 中输入"console"并执行。

（3）源代码：该页面用于查看页面的 HTML 文件源代码、JavaScript 源代码、CSS 源代码，此外最重要的是可以调试 JavaScript 源代码，可以给 JavaScript 代码添加断点等。

（4）网络：网络页面主要用于查看 header 等与网络连接相关的信息。

1. 元素

（1）查看元素的代码：单击左上角的箭头图标(或按快捷键 Ctrl＋Shift＋C)进入选择元素模式，然后从页面中选择需要查看的元素，这样便可以在开发者工具元素(Elements)一栏中定位到该元素源代码的具体位置。

（2）查看元素的属性：定位到元素的源代码之后，可以从源代码中读出该元素的属性，如图 7-6 所示的 class、id、width 等属性的值。

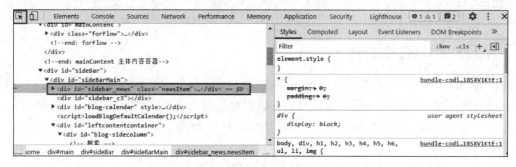

图 7-6　查看元素的属性

（3）当然从源代码中读到的只是一部分显式声明的属性，如果要查看该元素的所有属性，则可以在右边的侧栏中查看，如图 7-7 所示。

图 7-7　查看元素的所有属性

（4）修改元素的代码与属性：单击元素，然后查看右击菜单，可以看到谷歌浏览器提供的可对元素进行的操作，包括编辑元素代码（Edit as HTML）、添加及修改属性（Add attribute、Edit attribute）等。选择 Edit as HTML 选项时，元素进入编辑模式，可以对元素的代码进行任意修改。当然，这个修改也仅对当前的页面渲染生效，不会修改服务器的源代码，故而这个功能仅作为调试页面显示效果而使用，如图 7-8 所示。

图 7-8　修改元素的代码与属性

（5）查看元素的 CSS 属性：在元素的右边栏中的 Styles 页面可以查看该元素的 CSS 属性，这个页面可展示该元素原始定义的 CSS 属性及从父级元素继承的 CSS 属性。从这个页面还可以查到该元素的某个 CSS 特性来自哪个 CSS 文件，使编码调试时修改代码变得非常方便，如图 7-9 所示。

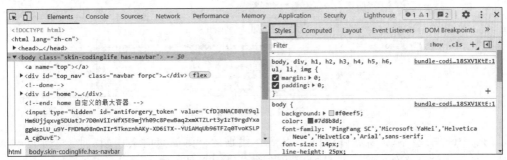

图 7-9　查看元素的 CSS 属性

2．控制台

（1）控制台可以查看 JavaScript 对象及其属性，还可以执行 JavaScript 语句，如图 7-10 所示。

（2）查看控制台日志：当网页的 JavaScript 代码中使用了 console. log()函数时，该函数输出的日志信息会在控制台中显示。日志信息一般在开发调试时启用，而当正式上线后，一般会将该函数删除。

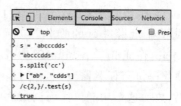

图 7-10　执行 JavaScript 语句

3. 源代码

（1）查看文件：在源代码页面可以查看当前网页的所有源文件。在左侧栏中可以看到源文件以树结构进行展示，如图 7-11 所示。

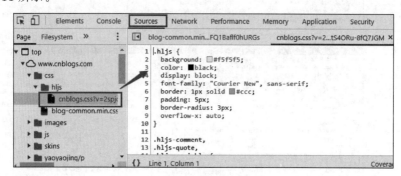

图 7-11　查看源文件

（2）添加断点：在源代码左边有行号，单击对应行的行号，就可以给该行添加一个断点（再次单击此行号便可删除断点）。右击断点，在弹出的菜单中选择 Edit breakpoint 可以给该断点添加中断条件，如图 7-12 所示。

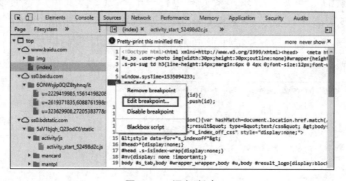

图 7-12　添加断点

（3）中断调试：添加断点后，当 JavaScript 代码运行到断点时会中断（对于添加了中断条件的断点在符合条件时中断），此时可以将光标放在变量上查看变量的信息。

4. 网络

网络的详细介绍如图 7-13 所示。

（1）●（记录按钮）：处于打开状态时会在此面板对网络连接的信息进行记录，关闭后则不会记录。

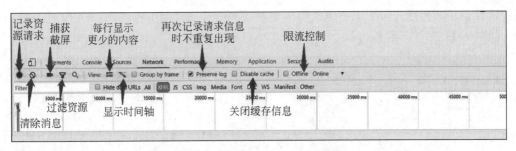

图 7-13 网络（Network）图形界面

（2）◎（清除按钮）：清除当前的网络连接记录消息（单击此按钮就能清空）。

（3）■（捕获截屏）：记录页面加载过程中一些时间点的页面渲染情况，截图根据可视窗口截取。

（4）▽（过滤器）：能够自定义筛选条件，找到自己想要的资源信息，如图 7-14 所示。

图 7-14 过滤器

24min

7.4 基础选择器

选择器是 CSS 中很重要的概念，所有的 HTML 语言中的标签都是通过不同的 CSS 选择器进行控制的。要想将 CSS 样式应用于特定的 HTML 元素，首先需要找到该目标元素。在 CSS 中，执行这一任务的样式规则部分被称为选择器。

基础选择器是编写 CSS 样式经常用的选择器，它包括标签选择器、类选择器、ID 选择器和通配符选择器。

7.4.1 标签选择器

标签选择器（元素选择器）是指用 HTML 标签名称作为选择器，按标签名称分类，为页面中某类标签指定统一的 CSS 样式。

基本语法格式如下：

```
标签名 {
        属性 1：属性值 1；
        属性 2：属性值 2；
        属性 3：属性值 3；
        …
        }
```

该语法中，所有的 HTML 标记名都可以作为标记选择器，如 body、h1、p、strong 等。用标签选择器定义的样式对页面中该类型标记设置的所有元素都生效,如例 7-4 所示。

【例 7-4】 标签选择器应用

```
<! DOCTYPE html >
< html lang = "en">
< head >
    < meta charset = "UTF - 8">
    < title>标签选择器应用</title>
    < style >
        h3{color:♯090;}
        p{
            font - size:16px;
            color:red;
        }

    </style >
</head >
< body >
    < h3 >北京欢迎你</h3 >
    < p>北京欢迎你,有梦想谁都了不起!</p>
    < div><p>有勇气就会有奇迹。</p></div>
</body >
</html >
```

在浏览器中显示的效果如图 7-15 所示。

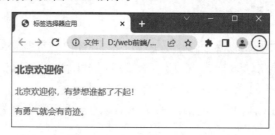

图 7-15 标签选择器应用效果

注意:

(1) 标签选择器无论标签多深都能选中。

(2) 标签选择器最大的优点是能快速为页面中同类型的标签统一样式,同时这也是它的缺点,即不能设计差异化样式。

7.4.2 类选择器

类选择器能够为网页对象定义不同的样式,实现不同元素拥有相同的样式,以及实现相同元素的不同对象拥有不同的样式。类选择器以".“前缀开头,后面紧跟自定义类名。

基本语法格式如下:

```
.类名 {
        属性 1: 属性值 1;
        属性 2: 属性值 2;
        属性 3: 属性值 3;
        …
    }
```

语法中,类名即为 HTML 元素的 class 属性值,大多数 HTML 元素支持 class 属性。
类选择器的特点:

(1) 在同一个界面中 class 的名称是可以重复的,即类选择器可以被多种标签使用。

(2) 类名可以由字母、数字、下画线组成,但不能以数字开头。

(3) 同一个标签可以同时绑定多个类名,用空格隔开,示例代码如下:

```
< h3 class = "classone classtwo">这是一个标签</h3 >
```

【例 7-5】 类选择器的应用

```
<!DOCTYPE html >
< html lang = "en">
< head >
    < meta charset = "UTF - 8">
    < title>类选择器的应用</title>
    < style >
        .red {
            color: red;
        }

        .blue {
            color: blue;
        }

        .font35 {
            font - size: 35px;
        }
    </style >
</ head >
< body >
    < ul >
        < li class = "red">春天</li >
        < li class = "red">夏天</li >
        < li class = "blue">秋天</li >
        < li class = "blue font35">冬天</li >
    </ul >
</body >
</html >
```

在浏览器中显示的效果如图 7-16 所示。

注意:类选择器最大的优势是可以为元素对象定义单独或相同的样式。

图 7-16　类选择器的应用效果

7.4.3　ID 选择器

ID 选择器以"＃"作为前缀,紧跟一个自定义的 ID 名。

基本语法格式如下:

```
＃ID名 {
        属性1: 属性值1;
        属性2: 属性值2;
        属性3: 属性值3;
        …
        }
```

语法中,ID 名即为 HTML 元素的 id 属性值。大多数 HTML 元素可以定义 id 属性,元素的 id 值是唯一的,只能对应于 HTML 中某个具体的元素,如例 7-6 所示。

ID 选择器不支持像类选择器那样定义多个值,类似"id＝"bold font24""的写法是错误的。

【例 7-6】　ID 选择器的应用

```
<!DOCTYPE html>
<html lang = "en">
<head>
    <meta charset = "UTF-8">
    <title>ID选择器的应用</title>
    <style>
        ＃first{font-size:16px;}
        ＃second{font-size:24px;}
    </style>
</head>
<body>
    <h1>北京欢迎你</h1>
    <p id = "first">北京欢迎你,有梦想谁都了不起!</p>
    <p id = "second">有勇气就会有奇迹。</p>
    <p>北京欢迎你,为你开天辟地。</p>
    <p>流动中的魅力充满朝气。</p>
</body>
</html>
```

在浏览器中显示的效果如图 7-17 所示。

图 7-17　ID 选择器的应用效果

注意：

（1）同一个页面中 ID 不能重复，任何的标签都可以设置 ID。

（2）ID 名可以由字母、数字、下画线组成，但不能以数字开头。

（3）严格区分大小写：aa 和 AA 是两个不一样的属性值。

类和 ID 选择器的区别与选择如下。

相同点：都可以应用于任何元素。

不同点：ID 选择器与类选择器不同，在一个 HTML 文档中，ID 选择器只能使用一次，而且仅仅一次，而类选择器可以使用多次。

应尽可能地用类选择器，除非一些特殊情况可使用 ID 选择器。

7.4.4　通配符选择器

通配符选择器用"＊"表示，它是所有选择器中作用范围最广的，能匹配页面中所有的元素。

基本语法格式如下：

```
* {
     属性1: 属性值1;
     属性2: 属性值2;
     属性3: 属性值3;
}
```

使用通配符选择器定义 CSS 样式，清除所有 HTML 标记的默认边距，示例代码如下：

```
* {
  margin: 0;          /* 定义外边距 */
  padding: 0;         /* 定义内边距 */
}
```

注意：通配符选择器的使用范围最广，但是它的优先级最低。

基础选择器的优先级顺序：ID 选择器>类选择器>元素选择器>通配符选择器。也就是说，如果这 4 种选择器同时为某个元素设定样式，则冲突的部分按优先级的顺序依次决定。

7.5 复合选择器

当把两个或多个选择器组合在一起时就形成了一个复合选择器，通过组合选择器可以精确匹配页面元素。

7.5.1 交集选择器

交集选择器由两个选择器构成，其中第 1 个为标签选择器，第 2 个为类选择器或者 ID 选择器，两个选择器之间不能有空格，必须连续书写，如图 7-18 所示。

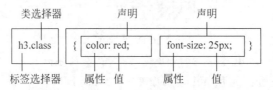

图 7-18 交集选择器语法示例

基本语法格式如下：

```
标签选择器 1 选择器 2{
        属性 1:属性值 1;
        属性 2:属性值 2;
        …
    }
```

利用交集选择器可以更准确地找到需要的标签，在 class 名或者 ID 名前面加上标签名，从而缩小查找的范围，如例 7-7 所示。

记忆技巧：交集选择器是并且的意思，既……又……的意思。

【例 7-7】 交集选择器应用

```
<!DOCTYPE html>
<html lang = "en">
<head>
    <meta charset = "UTF-8">
    <title>交集选择器应用</title>
    <style>
        .red {
            color: red;
        }
        p.red {              /* 交集选择器 */
            font-size: 30px;
        }
        div#blue {           /* 交集选择器 */
```

```
            color: blue;
        }
    </style>
</head>
<body>
    <div class = "red">熊大</div>
    <div id = "blue">熊二</div>
    <div>熊熊</div>
    <p>小明</p>
    <p>小红</p>
    <p class = "red">小强</p>
</body>
</html>
```

在浏览器中的显示效果如图 7-19 所示。

7.5.2　并集选择器

CSS 并集选择器也叫群选择器,是由多个选择器通过逗号连接在一起的,这些选择器可以是标签选择器、类选择器或 ID 选择器,如图 7-20 所示。

图 7-19　交集选择器应用效果

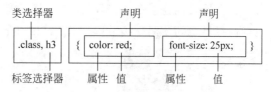

图 7-20　并集选择器语法示例

基本语法格式如下:

```
选择器 1, 选择器 2,...{
        属性 1:属性值 1;
        属性 2:属性值 2;
        ...
    }
```

在声明各种 CSS 选择器时,如果某些选择器的风格完全相同,或者部分相同,则可以利用并集选择器同时声明这些风格相同的 CSS 选择器,如例 7-8 所示。

并集选择器的作用是提取共同的样式,减少重复代码。

记忆技巧:并集选择器是和的意思,即只要用逗号隔开的所有选择器都会执行后面的样式。

【例7-8】　并集选择器应用

```
<!DOCTYPE html>
<html lang = "en">
<head>
    <meta charset = "UTF - 8">
    <title>并集选择器应用</title>
    <style>
        h3,.two, #three {
            color: green;
            font - size: 26px;
        }
    </style>
</head>
<body>
    <h3>纳兰性德</h3>
    <p>回廊一寸相思地</p>
    <div class = "two">落月成孤倚</div>
    <p id = "three">背灯和月就花阴</p>
    <div>已是十年踪迹十年心</div>
</body>
</html>
```

在浏览器中的显示效果如图7-21所示。

7.5.3　后代选择器

后代选择器又称为包含选择器,用来选择元素或元素组的后代,其写法是在包含选择器与子元素选择器之间使用空格分隔,如图7-22所示。

图 7-21　并集选择器应用效果

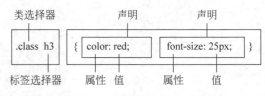

图 7-22　后代选择器语法示例

基本语法格式如下:

```
选择器1 选择器2 ...{
    属性1:属性值1;
```

```
            属性2:属性值2;
            …
        }
```

记忆技巧：子孙后代都可以这么使用,后代不仅是指儿子,孙子和重孙子等只要最终是放到指定标签中的都是后代,即都会被选中。

后代选择器的功能极其强大。有了它,可以使 HTML 中不可能实现的任务成为可能,如例7-9所示。

【例7-9】 后代选择器应用

```
<!DOCTYPE html>
< html lang = "en">
< head >
    < meta charset = "UTF - 8">
    < title >后代选择器应用</title>
    < style >
        ul li span{color: red}        / * 后代选择器可以选择儿子、孙子、重孙子…… * /
        .c span{                       / * 子孙后代受益于后代选择器 * /
            color: blue;
        }
        .jianlin p {
            color: red;
        }
    </style >
</head >
< body >
    < ul >
        < li >< span >国服第一法师</span ></li >
        < li >< b >国服第一中单</b ></li >
        < li >< span > carry 全场</span ></li >
    </ul >
    < div class = "c">
        < span > c 的子代</span >
        < div >
            < span > c 的后代</span >
        </div >
    </div >
    < span > c 的兄弟</span >
    < div class = "jianlin">
        < p >王思聪</p >
    </div >
    < div >
        < p >王宝强</p >
    </div >
</body >
</html >
```

在浏览器中的显示效果如图7-23所示。

后代选择器有一个易被忽视的方面,即两个选择器或两个元素之间的层次间隔可以是无限的。

如写作 ul em,这个语法就会选择从 ul 元素继承的所有 em 元素,而不论 em 的嵌套层次有多深,它都能找得到,如例 7-10 所示。

【例 7-10】　后代选择器的无限性

```html
<!DOCTYPE html>
<html lang="en">
<head>
    <meta charset="UTF-8">
    <title>后代选择器两个元素的间隔可以是无限的</title>
    <style>
        ul em{color: red;font-size: 20px;}
    </style>
</head>
<body>
    <ul>
        <li>List item 1
            <ol>
                <li>List item 1-1</li>
                <li>List item 1-2</li>
                <li>List item 1-3
                    <ol>
                        <li>List item 1-3-1</li>
                        <li>List item <em>1-3-2</em></li>
                        <li>List item 1-3-3</li>
                    </ol>
                </li>
                <li>List item 1-4</li>
            </ol>
        </li>
        <li>List item 2</li>
        <li>List item 3</li>
    </ul>
</body>
</html>
```

在浏览器中的显示效果如图 7-24 所示。

图 7-23　后代选择器应用效果

图 7-24　后代选择器两个元素的间隔可以是无限的

7.5.4 子代选择器

子代选择器是指父元素所包含的直接子元素,其写法就是把父级选择器写在前面,把子级选择器写在后面,中间用大于号"＞"进行连接,如图 7-25 所示。

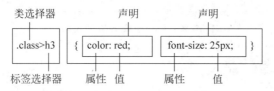

图 7-25 子代选择器语法示例

基本语法格式如下:

```
选择器 1 ＞选择器 2{
       属性 1:属性值 1;
       属性 2:属性值 2;
       …
    }
```

记忆技巧:这里的子指的是亲儿子,对孙子、重孙子等元素不起作用。

使用子代选择器为其直接子元素添加样式,如例 7-11 所示。

【例 7-11】 子代选择器应用

```
<!DOCTYPE html>
<html lang = "en">
<head>
    <meta charset = "UTF-8">
    <title>子代选择器应用</title>
    <style>
        .c > span{
            color: blue;
            font-size: 25px;
        }
    </style>
</head>
<body>
    <div class = "c">
        <span>c 的子代</span>
        <div>
            <span>c 的后代</span>
        </div>
    </div>
    <span>c 的兄弟</span>
</body>
</html>
```

在浏览器中的显示效果如图 7-26 所示。

图 7-26　子代选择器应用效果

7.5.5　兄弟选择器

兄弟选择器用来选择与某元素位于同一个父元素之中且位于该元素之后的兄弟元素。兄弟选择器分为相邻兄弟选择器和普通兄弟选择器两种。

1. 相邻兄弟选择器

相邻兄弟选择器使用加号"＋"来连接前后两个选择器。选择器中的两个元素有同一个父元素,并且第 2 个元素必须紧跟第 1 个元素。

基本语法格式如下:

```
选择器 1＋选择器 2{
        属性 1:属性值 1;
        属性 2:属性值 2;
        …
    }
```

记忆技巧:紧挨着元素 1 后面的元素 2 被选中。

2. 普通兄弟选择器

普通兄弟选择器使用"～"来链接前后两个选择器。选择器中的两个元素有同一个父亲,但第 2 个元素不必紧跟第 1 个元素。

基本语法格式如下:

```
选择器 1～选择器 2{
        属性 1:属性值 1;
        属性 2:属性值 2;
        …
    }
```

记忆技巧:元素 1 后的元素 2 都会被选中。

【例 7-12】　兄弟选择器

```
<! DOCTYPE html >
< html lang = "en">
< head >
    < meta charset = "UTF - 8">
    < title>兄弟选择器</title>
    < style >
```

```
            .box1 h2 + p {
                    color:green;
            }
            .box2 h2 ~ p {
                    color:red;
            }
        </style>
</head>
<body>
    <div class="box1">
      <p>相邻兄弟选择器 (p标签)</p>
      <h2>相邻兄弟选择器 (h2标签)</h2>
      <p>相邻兄弟选择器 (p标签)</p>
      <p>相邻兄弟选择器 (p标签)</p>
    </div>
    <hr>
    <div class="box2">
      <p>普通兄弟选择器 (p标签)</p>
      <h2>普通兄弟选择器 (h2标签)</h2>
      <p>普通兄弟选择器 (p标签)</p>
      <p>普通兄弟选择器 (p标签)</p>
    </div>
</body>
</html>
```

在浏览器中的显示效果如图 7-27 所示。

图 7-27　兄弟选择器应用效果

7.6　伪类和伪元素选择器

　　CSS 伪类或伪元素用来添加一些选择器的特殊效果。伪选择器以冒号":"作为前缀标识符,冒号前可以添加选择符,限定伪类应用的范围,冒号后为伪类和伪对象名,冒号前后都没有空格,如图 7-28 所示。

图 7-28　伪选择器结构

伪类和伪元素的区别如下。

(1) 类:用户定义的类名,这个类是具体的,看得见的,如 div.div0,选择具有类 div0 的 div 元素。

(2) 伪类:用于向某些选择器添加特殊的效果。用伪类定义的样式并不是作用在标记上,而是作用在标记的状态上,如 a 标签的:hover 及表单元素的:disabled。

(3) 元素:实实在在存在的元素,如 div、p、h1 等。

(4) 伪元素:HTML 中不存在的元素,仅在 CSS 中用来渲染,伪元素创建了一个虚拟容器,这个容器不包含任何 DOM 元素,但是可以包含内容,如:before、::after。

▶ 16min

7.6.1　伪元素选择器

伪元素选择器是用来改变文档中特定部分的效果样式的,而这一部分是通过普通选择器无法定义的部分。

简单来讲,伪元素创建了一个虚拟容器,这个容器不包含任何 DOM 元素,但是可以包含内容。在 CSS3 中常用的伪元素选择器如表 7-2 所示。

表 7-2　CSS3 中常用伪元素选择器

选　择　器	示　　例	示　例　说　明
:first-letter	p:first-letter	为某个元素中文字的首字母或第 1 个字使用样式
:first-line	p:first-line	为某个元素的第 1 行文字使用样式
:before	p:before	在某个元素之前插入一些内容
:after	p:after	在某个元素之后插入一些内容

:before 和 :after 伪元素必须与 content 属性配合使用,以此来插入生成的内容。通过伪元素选择器改变页面中的内容及样式,如例 7-13 所示。

【例 7-13】　伪元素选择器应用

```
<!DOCTYPE html>
<html lang = "en">
<head>
    <meta charset = "UTF-8">
```

```
        <title>伪元素选择器应用</title>
        <style type = "text/css">
            /* 使用伪元素来表示元素中的一些特殊的位置
             * 为 p 中第 1 个字符设置一个特殊的样式
             */
            p:first-letter {
                color: red;
                font-size: 20px;
            }
            /* 将 p 中的第 1 行的背景颜色设置为黄色 */
            p:first-line {
                background-color: yellow;
            }
            /*
             * :before 表示元素最前边的部分
             * 一般 before 需要结合 content 样式一起使用
             * 通过 content 可以向 before 或 after 的位置添加一些内容
             * :after 表示元素的最后面的部分
             */
            .box1:before{
                content: "大家好",
                color: red;
            }
            .box1:after{
                content: "贝西奇谈";
                color: orange;
            }
        </style>
    </head>
    <body>
        <div class = "box1">
            我是博主
        </div>
        <p>这是第 1 段<br>
        这是第 2 段<br>
        这是第 3 段</p>
    </body>
</html>
```

在浏览器中的显示效果如图 7-29 所示。

图 7-29　伪元素选择器应用效果

7.6.2　动态伪类选择器

动态伪类是一类行为类样式,这些伪类并不存在于 HTML 中,只有当用户与页面进行交互时才能体现出来。动态伪类选择器包括 E:link、E:visited、E:hover、E:active。

<a>标签可以根据用户行为的不同,划分为 4 种状态,通过标签的伪类可以将 4 种状态选中并设置为不同的样式,只要用户触发对应行为,就可以加载对应的样式。

分别使用锚点伪类定义 4 种不同的类样式,示例代码如下:

```
/* 让超链接单击之前是红色 */
a:link{color:red;}
/* 让超链接单击之后是橘色 */
a:visited{color:orange;}
/* 鼠标悬停,当放到标签上时是绿色 */
a:hover{color:green;}
/* 鼠标单击链接,但是不松手时是黑色 */
a:active{color:black;}
```

注意:在 CSS 中,这 4 种状态必须按照固定的顺序写:a:link、a:visited、a:hover、a:active,如果不按照顺序写,则将失效。"爱恨准则":love hate。必须先爱,后恨。

在实际应用中,一般只会设置鼠标移上时不一样的样式属性,当然伪类的 E 元素可以是任何适合的元素,如在<div>元素上使用 :hover 伪类,示例代码如下:

```
div:hover {
    background-color: blue;
}
```

经常应用于菜单列,当鼠标移上时显示样式效果,如例 7-14 所示。

【例 7-14】　动态伪类选择器

```
<!DOCTYPE html>
<html lang = "en">
<head>
    <meta charset = "UTF-8">
    <title>动态伪类选择器</title>
    <style>
        ul li{
            list-style: none;        /* 去除列表项 */
            float: left;             /* 左浮动 */
            margin-right: 10px;      /* 右外边距为 10px */
        }
        ul li:hover{
            font-size: 20px;         /* 字号大小为 20px */
            cursor: pointer;         /* 鼠标为小手状态 */
        }
    </style>
</head>
```

```
< body >
    < ul >
        <li>首页</li>
        <li>军事</li>
        <li>新闻</li>
        <li>娱乐</li>
    </ul >
</body >
</html>
```

在浏览器中的显示效果如图 7-30 所示。

图 7-30 动态伪类选择器应用效果

7.6.3 UI 元素状态伪类选择器

▶ 10min

状态伪类主要针对表单进行设计,由于表单是 UI 设计的灵魂,因此吸引了广大用户的关注。UI 是用户界面(User Interface)的缩写。UI 元素状态包括可用、不可用、选中、未选中、获取焦点、失去焦点等。

常用的 UI 状态伪类选择器如表 7-3 所示。

表 7-3 常用的 UI 状态伪类选择器

选 择 器	示 例	示 例 说 明
:focus	input:focus	选择元素输入后具有焦点
:enabled	input:enabled	匹配每个已启用的元素
:disabled	input:disabled	匹配每个被禁用的元素
:checked	input:checked	匹配每个已被选中的 input 元素
:required	input:required	选择由"required"属性指定的元素属性
:read-only	input:read-only	选择只读属性的元素属性

这些选择器的共同特征是,指定的样式只有当元素处于某种状态时才起作用,在默认状态下不起作用。UI 元素状态伪类选择器大多数是针对表单元素来使用的,如例 7-15 所示。

【例 7-15】 状态伪类选择器应用

```
<!DOCTYPE html>
< html lang = "en">
< head >
    < meta charset = "UTF - 8">
    <title>状态伪类选择器应用</title>
```

```html
<style>
    /* :focus 表示获得焦点的元素 */
    input:focus {
        background: yellow;
        color: red;
    }
    /* 匹配任意被勾选/选中的 radio(单选按钮)、checkbox(复选框)
    或者 option(select 中的一项) */
    input:checked {
        box-shadow: 0 0 0 3px orange;        /* 阴影 */
    }
    /* 当文本输入框处于启用状态时,输入框<input>的文本是绿色的
    当处于禁用状态时,输入框的文本则是灰色的。这样可以把元素是否可用反馈给用户 */
    input:enabled {color: #22aa22;}
    input:disabled {color: #d9d9d9;}
    /* :read-only 表示元素不可被用户编辑的状态 */
    input:read-only{
        color: red;
    }
    /* :required 选择器选择具有 required 必需的属性的表单元素
    在表单元素是必填项时设置指定样式 */
    input:required{
        background-color: #800000;
        color: #fff;
    }
</style>
</head>
<body>
    <form action="#">
        <input placeholder="姓名" /><br>
        <input type="radio" name="yy"/> yes
        <input type="radio" name="yy"/> no
        <br>
        <input type="text" placeholder="电话" /><br>
        <input type="text" disabled placeholder="邮箱" /><br>
        <input type="text" value="中国上海" readonly="readonly"/><br>
        <input type="text" placeholder="必填项" required />
    </form>
</body>
</html>
```

在浏览器中的显示效果如图 7-31 所示。

图 7-31　状态伪类选择器应用效果

▶19min

7.6.4 目标伪类选择器

目标伪类选择器：target 是 CSS3 动态伪类选择器中的一种，用来匹配锚点指向的元素，突出显示活动的 HTML 锚。

a 标签的 href 属性的值可以指向链接地址、标签的 id 或者 a 标签的 name，如例 7-16所示。

【例 7-16】 目标伪类选择器应用

```
<!DOCTYPE html>
<html lang = "en">
<head>
    <meta charset = "UTF - 8">
    <title>目标伪类选择器应用</title>
    <style>
        p:target{          /* 链接 p 标签的 id */
            background - color:yellow;
        }
        :target{           /* 链接 a 标签的 name */
            font - size:25px;
        }
    </style>
</head>
<body>
        <a href = "♯N01"> HMJZ </a>
        <a href = "♯N02"> JGHLW </a>
        <a href = "♯N03"> DNTG </a>
    <div>
        <p id = "N01">黑猫警长</p>
        <p id = "N02">金刚葫芦娃</p>
        <a name = "N03">大闹天宫</a>
    </div>
</body>
</html>
```

在浏览器中的显示效果如图 7-32 所示。

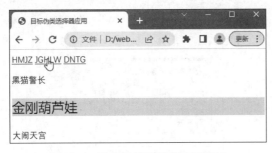

图 7-32 目标伪类选择器应用效果

7.6.5 否定伪类选择器

否定伪类选择器用于过滤掉含有某个选择器的元素,如 p:not("♯box"){},就是过滤掉 id 为 ♯box 的 p 元素。

基本语法格式如下:

```
元素:not(选择器){
        属性:属性值;
        …
    }
```

在美化表单时,常常会给表单中所有的 input 添加一条边框,而单选按钮添加边框后就非常难看。这时,否定伪类就可以派上用场了,如例 7-17 所示。

【例 7-17】 否定伪类选择器应用

```html
<!DOCTYPE html>
<html lang = "en">
<head>
    <meta charset = "UTF-8">
    <title>否定伪类选择器应用</title>
    <style>
        /* 排除 type = radio 的文本框 */
        input:not([type = radio]) {      /* 属性选择器 */
            border: 1px solid green;
        }
    </style>
</head>
<body>
    <form action = "♯">
        <input type = "text" placeholder = "用户名"><br>
        <input type = "password" placeholder = "密码"><br>
        <input type = "radio"> yes
        <input type = "radio"> no
    </form>
</body>
</html>
```

在浏览器中的显示效果如图 7-33 所示。

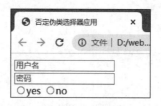

图 7-33 否定伪类选择器应用效果

7.6.6 结构性伪类选择器

结构性伪类选择器可以根据元素在文档中所处的位置来动态选择元素，从而减少 HTML 文档对 ID 或类的依赖，有助于保持代码干净整洁。结构性伪类选择器的种类如表 7-4 所示。

表 7-4 结构性伪类选择器的种类

选 择 器	说 明
E:first-child	选择父元素的第 1 个子元素 E
E:last-child	选择父元素的倒数第 1 个子元素 E，相当于 E:nth-last-child(1)
E:nth-child(n)	选择父元素的第 n 个子元素，n 从 1 开始计算
E:nth-last-child(n)	选择父元素的倒数第 n 个子元素，n 从 1 开始计算
E:last-child	选择父元素的倒数第 1 个子元素 E，相当于 E:nth-last-child(1)
E:first-of-type	选择父元素下同种标签的第 1 个元素，相当于 E:nth-of-type(1)
E:last-of-type	选择父元素下同种标签的倒数第 1 个元素，相当于 E:nth-last-of-type(1)
E:nth-of-type(n)	与 :nth-child(n) 的作用类似，用作选择使用同种标签的第 n 个元素
E:nth-last-of-type	与 :nth-last-child 的作用类似，用作选择同种标签的倒数第 1 个元素
E:only-child	选择父元素下仅有的一个子元素，相当于 E:first-child:last-child 或 E:nth-child(1):nth-last-child(1)
E:only-of-type	选择父元素下使用同种标签的唯一子元素，相当于 E:first-of-type:last-of-type 或 E:nth-of-type(1):nth-last-of-type(1)
E:empty	选择空节点，即没有子元素的元素，而且该元素也不包含任何文本节点
E:root	选择文档的根元素

结构伪类有很多种形式，这些形式的用法是固定的，但可以灵活使用，以便设计各种特殊样式效果，以下详细介绍几种常用的结构性伪类选择器。

1. E:first-child

匹配父元素的第 1 个子元素 E。

结构性伪类选择器很容易遭到误解，需要特别强调，代码如下：

```
p:first-child{color: red}
```

它表示的是：选择父元素下的第 1 个子元素 p，而不是选择 p 元素的第 1 个子元素。

示例代码如下：

```
<ul>
    <li>列表项一</li>
    <li>列表项二</li>
    <li>列表项三</li>
    <li>列表项四</li>
</ul>
```

在上述代码中,如果要设置第 1 个 li 的样式,则代码应该写成 li:first-child{sRules},而不是 ul:first-child{sRules}。

再来看这样一段示例代码,代码如下:

```
p:first - child{color: #f00;}

< div >
    < p >这是一个 p </p>
</div >
```

在这段代码中 p 元素的内容被修饰变成了红色。

假设将代码简单地修改一下:

```
p:first - child{color: #f00;}

< div >
    < h2 >这是一个标题</h2 >
    < p >这是一个 p </p>
</div >
```

只是在 p 前面加了一个 h2 标签,此时会发现选择器失效了,为什么?

因为对于 first-child 选择符,E 必须是它的兄弟元素中的第 1 个元素,换言之,E 必须是父元素的第 1 个子元素。与之类似的伪类还有 last-child,只不过情况正好相反,需要它是最后一个子元素。

2. E:last-child

匹配父元素的最后一个子元素 E。

对于 last-child 选择符,E 必须是它的兄弟元素中的最后一个元素,换言之,E 必须是父元素的最后一个子元素。与之类似的伪类是 first-child,只不过情况正好相反。

有效的示例代码如下:

```
p:last - child{color: #f00;}

< div >
    < h2 >这是一个标题</h2 >
    < p >这是一个 p </p>
</div >
```

无效的示例代码如下:

```
p:last - child{color: #f00;}

< div >
    < p >这是一个 p </p>
    < h2 >这是一个标题</h2 >
</div >
```

3. E:nth-child(n)

匹配父元素的第 n 个子元素 E,假设该子元素不是 E,则选择符无效。

该选择符允许使用一个乘法因子(n)来作为换算方式,例如想选中所有的偶数子元素 E,那么选择符可以写成:nth-child($2n$)。

注意:在结构性伪类选择器中,子元素的序号是从 1 开始的,也就是说,第 1 个子元素的序号是 1,而不是 0。换句话说,当参数 n 的计算结果为 0 时,将不选择任何元素。

使用 nth-child(n)实现奇偶行样式,示例代码如下:

```
<style>
li:nth-child(2n){color:#f00;}        /* 偶数 */
li:nth-child(2n+1){color:#000;}      /* 奇数 */
</style>

<ul>
    <li>列表项一</li>
    <li>列表项二</li>
    <li>列表项三</li>
    <li>列表项四</li>
</ul>
```

因为(n)代表一个乘法因子,可以是 $0,1,2,3$……,所以($2n$)换算出来后是偶数,而($2n+1$)换算出来后是奇数。

有一点需要注意,示例代码如下:

```
<div>
    <p>第 1 个 p</p>
    <p>第 2 个 p</p>
    <span>第 1 个 span</span>
    <p>第 3 个 p</p>
    <span>第 2 个 span</span>
    <p>第 4 个 p</p>
    <p>第 5 个 p</p>
</div>
```

1) p:nth-child(2){color:#f00;}

很明显第 2 个 p 元素的内容会被渲染成红色。

2) p:nth-child(3){color:#f00;}

这个选择符就不会命中任何一个元素,因为第 3 个元素是 span,而不是 p。

4. E:nth-last-child(n)

匹配父元素的倒数第 n 个子元素 E,假设该子元素不是 E,则选择符无效。

该选择符允许使用一个乘法因子(n)来作为换算方式,例如想选中倒数第 1 个子元素 E,那么选择符可以写成:nth-last-child(1)。

有一点需要注意,示例代码如下:

```
< div >
    < p >第 1 个 p </p>
    < p >第 2 个 p </p>
    < span >第 1 个 span </span>
    < p >第 3 个 p </p>
    < span >第 2 个 span </span>
</div>
```

如上 HTML,假设要命中倒数第 1 个 p(正数第 3 个 p),那么 CSS 选择符应该如下:

```
p:nth - last - child(2){color:♯f00;}
```

而不是如下:

```
p:nth - last - child(1){color:♯f00;}
```

因为倒数第 1 个 p,其实是倒数第 2 个子元素。基于选择符从右到左解析,首先要找到第 1 个子元素,然后去检查该子元素是否为 p,如果不是 p,则 n 递增,继续查找。

5. E:nth-of-type(n)

匹配同类型中的第 n 个同级兄弟元素 E。

该选择符总是能命中父元素的第 n 个为 E 的子元素,不论第 n 个子元素是否为 E。

有一点需要注意,示例代码如下:

```
< div >
    < p >第 1 个 p </p>
    < p >第 2 个 p </p>
    < span >第 1 个 span </span>
    < p >第 3 个 p </p>
    < span >第 2 个 span </span>
</div>
```

如上述 HTML 代码,假设要命中第 1 个 span,则代码如下:

```
span:nth - of - type(1){color:♯f00;}
```

如果使用 nth-child(n),则代码如下:

```
span:nth - child(3){color:♯f00;}
```

6. E:nth-last-of-type(n)

匹配同类型中的倒数第 n 个同级兄弟元素 E。

该选择符总是能命中父元素的倒数第 n 个为 E 的子元素,不论倒数第 n 个子元素是否为 E。

下面使用其中的几个选择器来综合介绍它们的用法,如例 7-18 所示。

【例 7-18】 结构性伪类选择器应用

```
<!DOCTYPE html>
<html lang = "en">
<head>
    <meta charset = "UTF-8">
    <title>结构性伪类选择器应用</title>
    <style>
        :root {background-color:azure;}
        li:only-child {color: red;}
        p:first-child {
            color: pink;
            font-family: "微软雅黑";
        }
        p:last-child {
            color: blue;
            font-family: "微软雅黑";
        }
        p:nth-child(2){
        font-size: 20px;
        }
        p:nth-last-child(2){
            font-size: 20px;
        }
        p:empty {
            width: 150px;
            height: 30px;
            background-color: #b15050;
        }
    </style>
</head>
<body>
    <h3>《世界上最远的距离》</h3>
    <div>
        <p>世界上最远的距离</p>
        <p>不是生与死的距离</p>
        <p>而是我站在你面前</p>
        <p>你却不知道我爱你……</p>
        <p></p>
    </div>
    国内电影:
    <ul>
        <li>一代宗师</li>
        <li>叶问</li>
    </ul>
    美国电影:
    <ul>
        <li>侏罗纪世界</li>
    </ul>
</body>
</html>
```

在浏览器中的显示效果如图 7-34 所示。

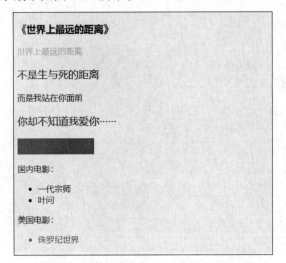

图 7-34 结构性伪类选择器应用效果

▶ 16min

7.7 属性选择器

属性选择器可以根据元素的属性、属性值来选择元素,如< p class＝"p1"></ p > class 即是属性,p1 是 class 的属性值。属性选择器如表 7-5 所示。

表 7-5 属性选择器一览表

属 性 名	描 述	示 例
E[att]	匹配指定属性名的所有元素	E[align]{color:red;}
E[att＝val]	匹配属性等于指定值的所有元素	E[align＝center]{color:red;}
E[att^＝val]	匹配属性以指定的属性值开头的所有元素	E[class^＝"♯f"]{color:red;}
E[att $＝val]	匹配属性以指定的属性值结尾的所有元素	E[class $＝"aa"]{color:red;}
E[att *＝val]	匹配属性中包含指定的属性值的所有元素	E[class *＝"aa"]{color:red;}
E[att～＝"val"]	匹配属性且属性值是用空格分隔的字词列表,其中一个属性值等于 val 的元素	E[class～＝"a"]{color:red;}
E[att|＝"val"]	匹配属性且属性值为以 val 开头并用连接符"-"分隔的字符串的元素	E[class|＝"a"]{color:red;}

1. E[att]
选择具有 att 属性的 E 元素,代码如下:

```
< style >
    img[alt]{width:100px;}
</style >
```

```
< img src = "图片 url" alt = "" />
< img src = "图片 url" />
```

此例将会命中第 1 张图片,因为匹配到了 alt 属性。

2. E[att = val]

选择具有 att 属性且属性值等于 val 的 E 元素,代码如下:

```
< style >
    input[type = "text"]{border:2px solid ♯000;}/ * 设置边框 * /
</style >

< input type = "text" />
< input type = "submit" />
```

此例将会命中第 1 个 input,因为匹配到了 type 属性,并且属性值为 text。

3. E[att^ = val]

选择具有 att 属性且属性值为以 val 开头的字符串的 E 元素,代码如下:

```
< style >
    div[class^ = "a"]{border:2px solid ♯000;}
</style >

< div class = "abc"> 1 </div >
< div class = "acb"> 2 </div >
< div class = "bac"> 3 </div >
```

此例将会命中 1、2 两个 div,因为匹配到了 class 属性,并且属性值以 a 开头。

4. E[att $ = val]

选择具有 att 属性且属性值为以 val 结尾的字符串的 E 元素,代码如下:

```
< style >
    div[class $ = "c"]{border:2px solid ♯000;}
</style >

< div class = "abc"> 1 </div >
< div class = "acb"> 2 </div >
< div class = "bac"> 3 </div >
```

此例将会命中 1、3 两个 div,因为匹配到了 class 属性,并且属性值以 c 结尾。

5. E[att * = val]

选择具有 att 属性且属性值为包含 val 的字符串的 E 元素,代码如下:

```
< style >
    div[class * = "b"]{border:2px solid ♯000;}
</style >
```

```
<div class = "abc">1</div>
<div class = "acb">2</div>
<div class = "bac">3</div>
```

此例将会命中所有 div,因为匹配到了 class 属性,并且属性值中都包含了 b。

6. E[att～ = "val"]

选择具有 att 属性且属性值是用空格分隔的字词列表,其中一个等于 val 的 E 元素(包含只有一个值且该值等于 val 的情况),代码如下:

```
<style>
    div[class～ = "a"]{border:2px solid #000;}
</style>

<div class = "a">1</div>
<div class = "b">2</div>
<div class = "a b">3</div>
```

此例将会命中 1、3 两个 div,因为匹配到了 class 属性,并且属性值中有一个值为 a。

7. E[att| = "val"]

选择具有 att 属性且属性值为以 val 开头并用连接符"-"分隔的字符串的 E 元素,代码如下:

```
<style>
    div[class| = "a"]{border:2px solid #000;}
</style>

<div class = "a - test">1</div>
<div class = "b - test">2</div>
<div class = "c - test">3</div>
```

此例将会命中第 1 个 div,因为匹配到了 class 属性,并且属性值以紧跟着"-"的 a 开头。

7.8　CSS 三大特征

18min

CSS 有 3 个非常重要的特性:层叠性、继承性、优先级。

7.8.1　层叠性

层叠性主要解决样式冲突问题,当一个元素被两个选择器选中时,CSS 会根据选择器的权重决定使用哪个选择器样式。权重低的选择器效果会被权重高的选择器效果覆盖掉,当权重相同时遵循就近原则。

权重可以理解为一个选择器对这个元素的重要性。ID 选择器的权重为 100,类选择器的权重为 10,标签选择器的权重为 1,如图 7-35 所示。

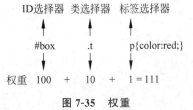

图 7-35　权重

【例 7-19】 层叠性

```
<!DOCTYPE html>
<html lang = "en">
<head>
    <meta charset = "UTF-8">
    <title>层叠性</title>
    <style>
        #box span{
            color: yellow;
        }
        #box .box{
            color: red;
        }
    </style>
</head>
<body>
    <div id = "box">
        <span class = "box">长江后浪推前浪,浮事新人换旧人。</span>
    </div>
</body>
</html>
```

在浏览器中的显示效果如图 7-36 所示。

图 7-36 层叠性应用效果图

覆盖原则先看权重,权重高者去覆盖。如果权重一样就遵守就近原则,后来者居上。

7.8.2 继承性

所谓继承就是子标签会继承父标签的某些样式,如文本颜色和字号。简单理解就是:子承父业。

继承的特殊性:

(1)恰当地使用继承可以简化代码,降低 CSS 样式的复杂性。子元素可以继承父元素的样式(以 text-、font-、line-这些元素开头的都可以继承,以及 color 属性)。

(2)在 CSS 的继承中不仅儿子可以继承,只要是后代都可以继承。

(3)a 标签的颜色和下画线的设置不能继承,必须对 a 标签本身进行设置。

(4)h 标签的字号大小/加粗效果不能修改,必须对 h 标签本身进行修改。

不能继承的属性如下。

(1)display:规定元素应该生成的框的类型。

(2)文本属性:vertical-align、text-decoration。

（3）盒子模型的属性：width、height、margin、border、padding

（4）背景属性：background、background-color、background-image。

（5）定位属性：float-clear、position、top、right、bottom、left、min-width、min-height、max-width、max-height、overflow、clip。

（6）box-sizing 属性是不具备继承性的，原因很简单，box-sizing 属性本来就应该是灵活使用的。

【例 7-20】 继承性

```
<! DOCTYPE html >
< html lang = "en">
< head >
    < meta charset = "UTF - 8">
    < title >继承性</title >
    < style >
        div {
            color: pink;
            font - size: 20px;
        }
    </style >
</head >
< body >
    < div >
        < p>段落标签</p >
        < a href = "♯">超链接标签</a >
        < h1 > h1 标签</h1 >
    </div >
</body >
</html >
```

在浏览器中的显示效果如图 7-37 所示。

图 7-37 继承性

由图 7-37 可知，3 个子元素都继承了 div 父元素的样式，除了<a>标签没有继承颜色和<h1>标签没有继承字号大小。

7.8.3　优先级

优先级表示当多个选择器选中同一个标签且给同一个标签设置相同的属性时,如何层叠就由优先级来确定。

优先级的判断:

(1) 如果使用的是同类型的选择器,则谁写在后面就听谁的,即采用就近原则。

(2) 如果使用的是不同类型的选择器,则会按照选择器的优先级来层叠,顺序如下:

!important＞行内样式＞ID 选择器＞类选择器＞标签＞通配符＞继承＞浏览器默认属性。

【例 7-21】　优先级

```
<! DOCTYPE html >
< html lang = "en">
< head >
    < meta charset = "UTF - 8">
    < title>优先级</title>
    < style >
        # box1{
            color: blue;
        }
        .box1{
            color: red;
        }
        # box2{
            color: green;
        }
        .box2{
            color: red! important; / * ! important 优先级最高 * /
        }
    </style >
</head >
< body >
  < p id = "box1" class = "box1"> ID 选择器大于类选择器的优先级</p>
  < p id = "box2" class = "box2">! important 优先级最高</p>
</body >
</html >
```

在浏览器中的显示效果如图 7-38 所示。

图 7-38　优先级

15min

7.9 CSS 取值与单位

本节主要介绍一些最常用的值和单位。

1. 长度

最常见的数字类型是<length>,例如10px(像素)或30em。CSS 中有两种类型的长度:绝对长度和相对长度。重要的是要知道它们之间的区别,以便理解它们控制的元素将变得有多大。

1) 绝对长度单位

绝对长度单位如表7-6所示,它们与其他任何东西都没有关系,通常被认为总是相同的大小。

表 7-6　绝对长度单位

单　　位	名　　称	等 价 换 算
cm	厘米	1cm=96px/2.54
mm	毫米	1mm=1/10th of 1cm
Q	四分之一毫米	1Q=1/40th of 1cm
in	英寸	1in=2.54cm=96px
pc	十二点活字	1pc=1/16th of 1in
pt	点	1pt=1/72th of 1in
px	像素	1px=1/96th of 1in

这些值中的大多数在用于打印时比用于屏幕输出时更有用。例如,我们通常不会在屏幕上使用 cm。唯一一个我们经常使用的值,估计就是 px(像素),示例代码如下:

```
< div style = "width: 100px;background - color: yellow;">
    宽度为 100px,背景色为黄色
</div>
<!-- 常用的单位取值为 px -->
```

2) 相对长度单位

相对长度单位相对于其他一些东西,例如父元素的字号大小或者视图端口的大小。使用相对单位的好处是,经过仔细规划,可以使文本或其他元素的大小与页面上的其他内容相对应。

(1) em 和 rem 是在从框到文本调整大小时比较常遇到的两个相对长度。下面的示例提供了一个演示。

首先,将 16px 设置为< html>元素的字号大小。

概括地说,在排版属性中 em 单位的意思是"父元素的字号大小"。带有 ems 类的< ul>内的< li>元素从它们的父元素中获取大小,因此,每个连续的嵌套级别都会逐渐变大,因为每个嵌套的字号大小都被设置为 1.3em,表示是其父嵌套字号大小的 1.3 倍。

概括地说,rem 单位的意思是"根元素的字号大小"("根 em"的 rem 标准)。<ul>内的 <li>元素和一个 rems 类从根元素(<html>)中获取它们的大小。这意味着每个连续的嵌套层都不会不断变大。

示例代码如下:

```
<head>
    <style type = "text/css">
     html {
         font - size: 16px;
     }

     .ems li {
         font - size: 1.3em;
     }

     .rems li {
         font - size: 1.3rem;
     }
    </style>
</head>
<body>
    <ul class = "ems">
        <li> One </li>
        <li> Two </li>
        <li> Three
          <ul>
            <li> Three A </li>
            <li> Three B
              <ul>
                <li> Three B 2 </li>
              </ul>
            </li>
          </ul>
        </li>
    </ul>

    <ul class = "rems">
        <li> One </li>
        <li> Two </li>
        <li> Three
          <ul>
            <li> Three A </li>
            <li> Three B
              <ul>
                <li> Three B 2 </li>
              </ul>
            </li>
```

```
        </ul>
      </li>
    </ul>
</body>
```

(2) 百分比：在很多情况下，百分比与长度的处理方法是一样的。百分比的问题在于，它们总是相对于其他值而设置。例如，如果将元素的字号大小设置为百分比，则它将是元素父元素字号大小的百分比。如果使用百分比作为宽度值，则它将是父值宽度的百分比，示例代码如下：

```
< head >
    < style type = "text/css">
    .wrapper {
        width: 400px;
        border: 5px solid rebeccapurple;
    }
    .px {
        width: 300px;
        border: 5px solid red;
    }
    .percent {
        width: 50 % ;
        border: 5px solid blue;
    }
    </style >
</head >
< body >
    < div class = "wrapper">
        < div class = "box px">I am 200px wide </div >
        < div class = "box percent">I am 40 % wide </div >
    </div >
</body >
```

2. 颜色

在 CSS 中，颜色值一般应用在指定文本颜色、背景颜色或其他颜色。最常用的取值方式有以下 4 种。

(1) 颜色关键词：这是一种指定颜色的简单易懂的方式，如 red、green、blue 等。

(2) 十六进制：每个十六进制数字都可以取 0 到 F(代表 15)之间的 16 个值中的一个，所以是 0123456789ABCDEF，如♯FF0000、♯FF6600、♯29D794 等。在实际工作中，十六进制是最常用的颜色取值方式。

(3) RGB 值：RGB 值是一个函数，即 rgb()，它有 3 个参数，表示颜色的红色、绿色和蓝色通道值，与十六进制值的方法非常相似。RGB 的不同之处在于，每个通道不是由两个十六进制数字表示的，而是由一个介于 0~255 的十进制数字表示的，如红色可以表示为 rgb(255,0,0)或 rgb(100%,0%,0%)。

(4) RGBA 值：RGBA 颜色的工作方式与 RGB 颜色完全相同，因此可以使用任何 RGB

值,但是第 4 个值表示颜色的 alpha 通道,它用于控制不透明度。如果将这个值设置为 0,则它将使颜色完全透明,而设置为 1 将使颜色完全不透明。介于两者之间的值提供了不同级别的透明度。

【例 7-22】　颜色取值

```html
<!DOCTYPE html>
< html lang = "en">
< head >
< meta charset = "UTF - 8">
< title >颜色取值</title >
< style >
    .one {
        background - color: green;
    }

    .two {
        background - color: #c55da1;
    }

    .three {
        background - color: rgb(18, 138, 125);
    }
    .for{
        background - color: rgba(18, 138, 125, .5);
    }
</style >
</head >
< body >
    < div class = "wrapper">
        < div class = "box one"> green </div >
        < div class = "box two">#c55da1 </div >
        < div class = "box three"> rgb(18, 138, 125)</div >
        < div class = "box for"> rgba(18, 138, 125, .5)</div >
    </div >
</body >
</html >
```

在浏览器中的显示效果如图 7-39 所示。

图 7-39　颜色取值效果

7.10　CSS 常用样式

本节将介绍如何使用 CSS 对网页文本进行美化,例如对字体、文本、背景及表格的设置,使页面漂亮、美观,更加吸引用户。

33min

7.10.1　CSS 背景

背景是创建更有趣味的网页的一种常用手法,无论是直接使用背景颜色,还是使用背景图像都能给网页带来丰富的视觉效果。

与 CSS 背景相关的属性如表 7-7 所示。

表 7-7　与 CSS 背景相关的属性

选择器类型	描　述
background-color	设置背景颜色
background-image	设置背景图像
background-repeat	设置背景图像是否重复平铺
background-position	放置背景图像位置
background-attachment	设置图像是否随页面滚动
background-size	设置图像尺寸
background	复合属性,上述所有属性的综合简写方式

1．背景颜色

背景颜色 background-color 是背景应用中最基础的属性,几乎可以为任何元素定义背景颜色,该属性不能被继承,其默认值为 transparent,即透明背景。

background-color 属性可接受任意合法的 CSS 颜色值,如颜色关键字、十六进制数值、RGB 值、RGB 百分比、RGBA 值,示例代码如下:

```
<ul>
    <li style = "background:rgba(165, 42 ,42, 1)">背景颜色</li>
    <li style = "background:green">背景颜色</li>
    <li style = "background:#f46e44">背景颜色</li>
</ul>
```

2．背景图像

除了背景颜色,也可以使用背景图像 background-image 属性实现各种复杂、有趣的背景效果。

基本语法格式如下:

```
background - image:none | url
```

其中,默认值为 none 表示无背景图,url 表示使用相对或绝对地址指定的背景图像。

在默认情况下 background-image 属性放置在元素的左上角,如果图像不够大,则会在垂直和水平方向平铺图像,如果图像大小超过元素大小,则从图像的左上角显示元素大小的那部分。如例 7-23 所示,使用 CSS 文件所在目录下的 images 文件夹下的图像 fj.png 作为背景图像。

【例 7-23】 背景图像应用

```html
<!DOCTYPE html>
< html lang = "en">
< head >
    < meta charset = "UTF-8">
    < title >背景图像应用</title>
    < style >
        div {
            width: 200px;
            height: 200px;
            background - image: url(images/fj.png);
        }
    </style>
</head>
< body >
    < div ></div >
</body>
</html>
```

在浏览器中的显示效果如图 7-40 所示。

在上述示例中背景图像会在水平方向和垂直方向重复,以填满整个容器。

图 7-40 背景图像应用效果

注意:当同时定义了背景颜色和背景图像时,背景图像覆盖在背景颜色之上。

3. 背景重复

在默认情况下,如果一幅背景图像不足以占满整个容器,就会在水平方向和垂直方向重复,以填满整个容器,然而,有时却希望背景图像只出现一次,或只在某个方向上重复。

这时,就可以通过 background-repeat 属性来定义背景图像如何重复,即背景图像的平铺方式。

基本语法格式如下:

```
background - repeat:repeat - x | repeat - y | repeat | no - repeat
```

该属性的 4 种常用取值如表 7-8 所示。

表 7-8 **background-repeat** 取值一览表

属 性 值	描 述	属 性 值	描 述
repeat-x	背景图像横向平铺	repeat	背景图像在横向和纵向平铺
repeat-y	背景图像纵向平铺	no-repeat	背景图像不平铺

为了清楚地了解 background-repeat 属性在不同取值下的表现,这里针对每个取值定义了一个类,然后把它们分别应用到一个容器,如例 7-24 所示。

【例 7-24】 背景重复应用

```
<!DOCTYPE html>
<html lang="en">
<head>
    <meta charset="UTF-8">
    <title>背景重复应用</title>
    <style>
        div {
            width: 200px;
            height: 200px;
            border: 1px dashed #888;
            background-image: url(images/fj.png);
        }
        .no-repeat {
            background-repeat: no-repeat;        /* 不平铺 */
        }
        .repeat-x {
            background-repeat: repeat-x;        /* 横向平铺 */
        }
        .repeat-y {
            background-repeat: repeat-y;        /* 纵向平铺 */
        }
        .repeat {
            background-repeat: repeat;        /* 横向和纵向平铺 */
        }
    </style>
</head>
<body>
    <div class="no-repeat"></div>
    <div class="repeat-x"></div>
    <div class="repeat-y"></div>
    <div class="repeat"></div>
</body>
</html>
```

在浏览器中的显示效果如图 7-41 所示。

4. 背景位置

CSS 还提供了另一个强大的功能,即背景定位技术,能够精确控制背景在对象中的位置。

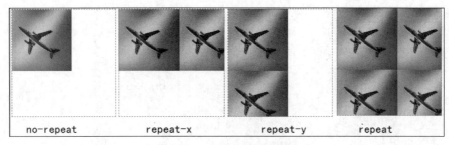

图7-41　背景重复应用效果

在默认情况下,背景图像都是从元素 padding 区域的左上角开始出现的,但设计师往往希望背景能够出现在任何位置。通过 background-position 属性,可以很轻松地控制背景图像在对象的背景区域中的起始显示位置。

基本语法格式如下:

background - position : 水平方向值 垂直方向值

水平和垂直方向的属性值均可使用关键字、长度值或百分比的形式表示。

1) 关键字定位

xpos ypos:表示使用预定义关键字定位,水平方向可选关键字有 left、center、right,垂直方向可选关键字有 top、center、bottom。

2) 长度值定位

xy:表示使用长度值定位,是将背景图像的左上角放置在对象的背景区域中(x,y)所指定的位置,即(x,y)定义的是背景图像的左上角相对于背景区域左上角的偏移量,左上角是$(0,0)$。

偏移量长度可以是正值,也可以是负值。x 为正值表示向右偏移,为负值表示向左偏移;y 为正值表示向下偏移,为负值表示向上偏移。背景图像发生移动后,就有可能超出对象的背景区域。此时,超出的部分将不会显示,只会显示落入背景区域的部分。

3) 百分比定位

$x\%y\%$:表示使用百分比定位。例如,background-position:66% 33%指的是 HTML 元素和背景图像水平方向 2/3 的位置和垂直方向 1/3 的位置上的点对奇。

注意:如果仅设置了一个参数,则另一个参数自动为50%或居中位置。

综合应用关键字、长度值和百分比这 3 种方式对背景图像进行定位,如例 7-25 所示。

【例 7-25】 背景定位综合应用

```
<!DOCTYPE html>
< html lang = "en">
< head >
    < meta charset = "UTF - 8">
    <title>背景定位综合应用</title>
    < style >
```

```
            div{
                width: 660px;
            }
            p{
                width: 200px;
                height: 200px;
                background - color: silver;
                background - image: url("images/football.png");
                background - repeat: no - repeat;
                text - align: center;                    /* 文本居中 */
                float: left;                             /* 左浮动 */
                margin: 10px;                            /* 外边距 */
            }
            #p1_1{background - position: left top}        /* 图像在左上角 */
            #p1_2{background - position: top}             /* 图像在顶端居中 */
            #p1_3{background - position:right top}        /* 图像在右上角 */
            #p2_1{background - position:0 % }             /* 图像在水平向左对齐并且垂直居中 */
            #p2_2{background - position:50 % }            /* 图像在正中心 */
            #p2_3{background - position:100 % }           /* 图像在水平向右对齐并且垂直居中 */
            #p3_1{background - position:0px 100px}        /* 图像在左下角 */
            #p3_2{background - position:50px 100px}       /* 图像在底端并水平居中 */
            #p3_3{background - position:100px 100px}      /* 图像在右下角 */
        </style>
    </head>
    <body>
        <div>
            <p id = "p1_1"> left top </p>
            <p id = "p1_2"> top </p>
            <p id = "p1_3"> right top </p>

            <p id = "p2_1"> 0 % </p>
            <p id = "p2_2"> 50 % </p>
            <p id = "p2_3"> 100 % top </p>

            <p id = "p3_1"> 0px 100px </p>
            <p id = "p3_2"> 50px 100px </p>
            <p id = "p3_3"> 100px 100px </p>
        </div>
    </body>
</html>
```

在浏览器中的显示效果如图 7-42 所示。

5. 背景附着

CSS 提供了 background-attachment 属性,可以灵活地控制背景图像是跟着元素的内容一起移动,还是固定不动。

基本语法格式如下:

```
background - attachment : scroll | fixed
```

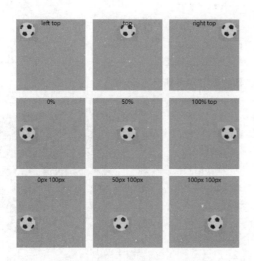

图 7-42　背景定位综合应用效果

其中,scroll 默认值表示背景图像是随对象内容滚动的,fixed 表示背景图像是固定的。

如例 7-26 所示,将本地图像固定在网页中,背景图像不随窗体内容滚动而始终固定。

【例 7-26】　背景附着应用

```
<! DOCTYPE html >
< html lang = "en">
< head >
    < meta charset = "UTF - 8">
    < title >背景附着应用</title>
    < style >
        body{
            background - image:url(images/H5. jpg);      /* 引入图像 */
            background - repeat:no - repeat;             /* 背景图像不重复 */
            background - attachment:fixed;               /* 背景图像位置固定 */
            background - size: 300px ;                   /* 背景图像的大小设置 */
        }
    </style >
</head >
< body >
    < p >背景图像不随窗体内容滚动而始终固定</p>
    < p >这是段落标签,用于测试背景图片是否跟随页面滚动</p>
    < p >这是段落标签,用于测试背景图片是否跟随页面滚动</p>
    < p >这是段落标签,用于测试背景图片是否跟随页面滚动</p>
    < p >这是段落标签,用于测试背景图片是否跟随页面滚动</p>
    < p >这是段落标签,用于测试背景图片是否跟随页面滚动</p>
    < p >这是段落标签,用于测试背景图片是否跟随页面滚动</p>
    < p >这是段落标签,用于测试背景图片是否跟随页面滚动</p>
    < p >这是段落标签,用于测试背景图片是否跟随页面滚动</p>
    < p >这是段落标签,用于测试背景图片是否跟随页面滚动</p>
    < p >这是段落标签,用于测试背景图片是否跟随页面滚动</p>
    < p >这是段落标签,用于测试背景图片是否跟随页面滚动</p>
```

```
    <p>这是段落标签,用于测试背景图片是否跟随页面滚动</p>
</body>
</html>
```

在浏览器中的显示效果如图 7-43 所示。

(a) 页面滚动前   (b) 页面滚动后

图 7-43　背景附着应用效果

6. 背景尺寸

在 CSS3 中,通过 background-size 属性可以设置背景图像的显示尺寸。
基本语法格式如下:

```
background-size:属性值
```

其属性值设置如下:

(1) 可以是预定义关键字 cover、contain。

当设置为 cover 时,会自动调整缩放比例,保证图片始终填充满背景区域,如有溢出部分,则会被隐藏。我们平时用 cover 较多。

当设置为 contain 时,会自动调整缩放比例,保证图片始终完整地显示在背景区域。

(2) 可以设置长度值(px)或百分比(设置百分比时,参照盒子的宽和高),需要提供两个参数。如果提供两个参数,则第 1 个参数为背景图像的宽度,第 2 个参数为背景图像的高度;如果只提供一个参数,则该值为背景图像的宽度,第 2 个值默认为 auto,即高度为 auto,背景图像按提供的宽度等比缩放。

【例 7-27】 背景尺寸应用

```
<!DOCTYPE html>
<html lang="en">
<head>
    <meta charset="UTF-8">
    <title>背景尺寸应用</title>
    <style>
        div {
```

```
                width: 180px;
                height: 120px;
                border: 10px dashed ♯888;
                background - repeat: no - repeat;
                background - image: url( images/fj.png);
            }
            .cover {
                background - size: cover;
            }
            .contain {
                background - size: contain;
            }
            .size {
                background - size: 50 % 50 %;
            }
        </style >
    </head >
    < body >
        < div class = "cover"></div >< br >
        < div class = "contain"></div >< br >
        < div class = "size"></div >< br >
    </body >
</html >
```

在浏览器中的应用效果如图 7-44 所示。

图 7-44 背景尺寸应用效果

从图 7-44 可以看出,当属性取值 cover 时,背景图像要进行等比放大,以填满整个容器,为了适应容器的宽度,高度已经溢出到了边框的下面;当取值 contain 时,背景图像进行等比放大,宽度到达容器的高度后,图像不再进行放大,故容器宽度有空白;当使用尺寸时,图像为原始尺寸的 50%。

7. 复合属性

background 是复合属性,可以用于概括其他 5 种背景属性,将相关属性值汇总写在一行。

基本语法格式如下:

```
background : background - color background - image background - repeat background - attachment
background - position
```

书写顺序官方并没有强制标准，如果不设置其中的某个值，则不会出问题，例如 background: #ff0000 url('smiley. gif')。

一个元素可以设置多重背景图像。每组属性间使用逗号分隔。如果设置的多重背景图之间存在着交集(存在着重叠关系)，则前面的背景图会覆盖在后面的背景图之上。为了避免背景色将图像盖住，背景色通常定义在最后一组上，如例 7-28 所示。

【例 7-28】 背景简写应用

```
<!DOCTYPE html>
<html lang = "en">
<head>
    <meta charset = "UTF - 8">
    <title>背景简写应用</title>
    <style>
        div {
            width: 200px;
            height: 200px;
            border: 1px dashed #ccc;
            background - color: yellow;
            background: url(images/fj.png) no - repeat left top,
                        url(images/fj.png) no - repeat right bottom;
        }
    </style>
</head>
<body>
    <div></div>
</body>
</html>
```

在浏览器中的显示效果如图 7-45 所示。

图 7-45　背景简写应用效果

7.10.2　CSS 文本

CSS 提供了许多强有力的文本修饰属性，可以对文本显示进行更精细排版设置。CSS 文本相关属性如表 7-9 所示。

▶ 14min

▶ 13min

表 7-9　CSS 文本属性一览表

属 性 名	描 述	示 例
text-align	设置文本水平对齐方式	text-align:right;
vertical-align	设置文本垂直对齐方式	vertical-align:middle;
text-indent	设置首行文本的缩进	text-indent:20px;
line-height	设置文本的行高	line-height:25px;
text-decoration	设置文本的装饰	text-decoration:underline;
text-transform	控制文本中字母的大小写	text-transform:uppercase;
letter-spacing	设置字符间距	letter-spacing:2px;
text-shadow	文本设置阴影	text-shadow:2px 2px 4px ♯000000;

1. 水平对齐方式

text-align 属性用来定义文本的水平对齐方式。text-align 属性是通过指定行框与哪个点对齐来决定行内级元素在行中如何进行水平分布。常用可选值有 left、center、right、justify。不同取值的含义如表 7-10 所示。

表 7-10　text-align 取值一览表

属 性 值	描 述	属 性 值	描 述
left	左对齐,默认值	center	居中
right	右对齐	justify	两端对齐

text-align 属性只能应用于块级元素,它的最典型应用就是指定段落中每行内容的水平对齐方式,如例 7-29 所示。

【例 7-29】　text-align 属性的应用

```
<!DOCTYPE html>
<html lang = "en">
<head>
    <meta charset = "UTF-8">
    <title>text-align 属性的应用</title>
    <style>
        p { width: 400px; border: 1px dashed ♯ccc;}
        span { background: ♯ddd;}
        p:nth-child(1) { text-align: left;}
        p:nth-child(2) { text-align: center;}
        p:nth-child(3) { text-align: right;}
        p:nth-child(4) { text-align: justify;}
    </style>
</head>
<body>
    <p><span>The text-align property … aligned.<span></p>
    <p><span>The text-align property … aligned.<span></p>
    <p><span>The text-align property … aligned.<span></p>
    <p><span>The text-align property … aligned.The text-align property … aligned.<span>
</p>
```

```
</body>
</html>
```

在浏览器中的显示效果如图 7-46 所示。

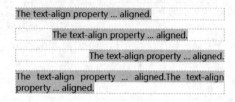

图 7-46　文本对齐方式

从图 7-46 可以看出，text-align：justify 是通过调整单词或字符间距使各行的长度恰好相等，实现两端对齐。由于 text-align：justify 对最后一行文本无效，因此，对单行文本也无效。

2．垂直对齐

vertical-align 属性用来定义文本的垂直对齐方式。vertical-align 属性只对行内级元素有效，对块级元素无效，并且该属性不能被子元素继承。

vertical-align 属性常用的取值是使用预定义关键字，根据预定义的对齐准则来决定行内级元素在行框中的位置。预定义关键字有 baseline、sub、super、top、text-top、middle、bottom、text-bottom，默认值为 baseline。根据 W3C 规范，不同取值的含义如表 7-11 所示。

表 7-11　vertical-align 取值一览表

属　性　值	描　　　述
sub	垂直对齐文本的下标
super	垂直对齐文本的上标
top	把元素的顶端与行中最高元素的顶端对齐
text-top	把元素的顶端与元素字体的顶端对齐
middle	把此元素放置在父元素的中部
bottom	把元素的顶端与行中最低元素的顶端对齐
text-bottom	把元素的底端与元素字体的底端对齐
baseline	把元素内容与基线对齐

下面通过一个简单实例来看一看每个预定义关键字的效果。假设在一个段落中有 8 个span 元素，如例 7-30 所示。

【例 7-30】　vertical-align 属性的应用

```
<!DOCTYPE html>
<html lang = "en">
<head>
    <meta charset = "UTF - 8">
```

```
<title> vertical - align 属性的应用</title>
<style>
    p { line - height: 1.8; font - size: 90px;
        font - family: "Times New Roman";
        border: 1px solid #444;}
    span { line - height: 1; color: #00f; font - size: 20px;}
    span:nth - child(1) { vertical - align: baseline;}
    span:nth - child(2) { vertical - align: sub;}
    span:nth - child(3) { vertical - align: super;}
    span:nth - child(4) { vertical - align: top;}
    span:nth - child(5) { vertical - align: text - top;}
    span:nth - child(6) { vertical - align: middle;}
    span:nth - child(7) { vertical - align: bottom;}
    span:nth - child(8) { vertical - align: text - bottom;}
</style>
</head>
< body>
    < p > vertical < span > baseline </span> < span > sub </span>
        < span > super </span>
        < span > top </span>
        < span > text - top </span>
        < span > middle </span>
        < span > bottom </span>
        < span > text - bottom </span>
    </p>
</body>
</html>
```

在浏览器中的显示效果如图 7-47 所示。

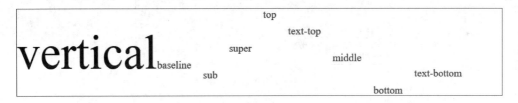

图 7-47　垂直对齐应用

3. 首行缩进

在 CSS 中,使用 text-indent 属性可以让元素第 1 行缩进一个给定的宽度,可能是最常见的文本格式化效果。

基本语法格式如下:

```
text - indent: < length > | < percentage >
```

可以使用长度值或百分比设置文本缩进,长度值可以使用绝对单位或相对单位。当使用相对单位 em 时,缩进的宽度为字符宽度的倍数,字符宽度根据当前元素的 font-size 属性计算得到。

在使用百分比时,需要注意的是 text-indent 属性具有继承性,而子元素继承的是 text-indent 属性的计算结果,而不是百分比的值。

当然,这个属性最常见的用途是让段落的首行缩进一个给定的宽度,如例 7-31 所示。

【例 7-31】 text-indent 属性应用

```
<!DOCTYPE html>
<html lang = "en">
<head>
    <meta charset = "UTF - 8">
    <title>text - indent 属性应用</title>
    <style>
        p{
            text - indent: 2em;
            border: 1px solid;
            width: 200px;
        }
    </style>
</head>
<body>
    <p>
        这是一段测试文字,用于测试首行缩进,当前缩进两个字符。
    </p>
</body>
</html>
```

在浏览器中的显示效果如图 7-48 所示。

图 7-48 首行缩进应用

注意:一般来讲,可以为所有块级元素应用 text-indent 属性,但无法将该属性应用于行内元素及图像之类的替换元素,但是,如果一个块级元素的首行中有一张图像,则图像也会随该行的其余文本而移动。

4. 行高

line-height 属性用于设置行间距,也就是行与行之间的距离,即字符的垂直间距,如图 7-49 所示。

图 7-49 行间距

【例 7-32】　行高的简单应用

```
<!DOCTYPE html>
<html lang = "en">
<head>
    <meta charset = "UTF-8">
    <title>行高的简单应用</title>
    <style type = "text/css">
        p {
            line-height:20px;
        }
    </style>
</head>
<body>
<div style = "background-color:#ccc;">
    <p style = "font-size:1em;background-color:#999;">中文 English</p>
    <p style = "font-size:1em;background-color:#999;">English 中文</p>
</div>
</body>
</html>
```

在浏览器中的显示效果如图 7-50 所示。

图 7-50　行高的简单应用

5. 文本装饰

在 CSS 中,使用 text-decoration 属性可以在文本上方、下方或中间添加装饰线,该属性的常用取值如表 7-12 所示。

表 7-12　text-decoration 取值一览表

属　性　值	描　　述	属　性　值	描　　述
none	无装饰	overline	为文本添加上画线
underline	为文本添加下画线	line-through	为文本添加删除线

如例 7-33 所示,演示如何向文本添加修饰。

【例 7-33】　text-decoration 属性应用

```
<!DOCTYPE html>
<html lang = "en">
<head>
    <meta charset = "UTF-8">
    <title>向文本添加修饰</title>
```

```
        < style >
            .test li{margin - top:10px;}
            .test .none{text - decoration:none;}
            .test .underline{text - decoration:underline;}
            .test .overline{text - decoration:overline;}
            .test .line - through{text - decoration:line - through;}
            .test .text - decoration - css3{
                text - decoration:♯f00 dotted underline;
            }
        </style>
</head>
< body >
< ul class = "test">
    < li class = "none">无装饰文字</li>
    < li class = "underline">带下画线文字</li>
    < li class = "overline">带上画线文字</li>
    < li class = "line - through">带贯穿线文字</li>
    < li class = "text - decoration - css3">如果你的浏览器支持text - decoration在
        CSS3下的改变,将会看到本行文字有一条红色的下画虚线</li>
</ul>
</body>
</html>
```

在浏览器中的显示效果如图7-51所示。

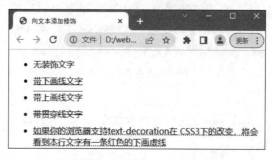

图 7-51 向文本添加修饰效果

6. 文本转换

英文字母的大小写转换是 CSS 提供的非常实用的功能之一,文本的大小写转换在空格处理之后进行。文本转换对中文无效,因为中文不存在大小写问题。

在 CSS 中,使用 text-transform 属性来对文本进行大小写转换,取值为 none、capitalize、uppercase、lowercase,默认为 none。该属性取值一览表,如表 7-13 所示。

表 7-13 text-transform 取值一览表

属性值	描　　述	属性值	描　　述
none	无转换	uppercase	将每个单词转换成大写
capitalize	将每个单词的第 1 个字母转换成大写	lowercase	将每个单词转换成小写

该属性会改变元素中英文字母的大小写,而不论源文档中文本的大小写,如例 7-34
所示。

【例 7-34】 text-transform 的简单应用

```html
<!DOCTYPE html>
<html lang = "en">
<head>
    <meta charset = "UTF-8">
    <title>text-transform的简单应用</title>
    <style>
        .capitalize span{text-transform:capitalize;}
        .uppercase span{text-transform:uppercase;}
        .lowercase span{text-transform:lowercase;}
    </style>
</head>
<body>
    <ul class = "test">
        <li>
            <strong>将每个单词的首字母转换成大写</strong>
            <div>原 文: <span> how do you do </span></div>
            <div class = "capitalize">转换后: <span>How Do You Do.</span></div>
        </li>
        <li>
            <strong>转换成大写</strong>
            <div>原 文: <span>HOW DO YOU DO.</span></div>
            <div class = "uppercase">转换后: <span>HOW DO YOU DO.</span></div>
        </li>
        <li>
            <strong>转换成小写</strong>
            <div>原 文: <span>HOW ARE YOU.</span></div>
            <div class = "lowercase">转换后: <span>how are you.</span></div>
        </li>
    </ul>
</body>
</html>
```

在浏览器中的显示效果如图 7-52 所示。

图 7-52 文本转换应用效果

7. 字符间距

letter-spacing 属性用来增加或减少字符或汉字之间的距离,默认值为 0。该属性接受一个正的长度值或负的长度值;当设置一个正的长度值时,字符之间的间隔会增加;当设置一个负的长度值时,字符之间的间隔会减少,让字符挤得更紧,甚至出现重叠现象。

对于字数较少,却又要突出表现的内容,如诗词等,可以根据需要,适当地增加字符间距,让内容稍微稀疏一点,这样会比较美观,如例 7-35 所示。

【例 7-35】 letter-spacing 属性应用

```
<!DOCTYPE html>
<html lang = "en">
<head>
    <meta charset = "UTF-8">
    <title> letter-spacing 属性应用</title>
    <style>
        h1 { letter-spacing: 10px;}
        p { letter-spacing: 3px;}
    </style>
</head>
<body>
    <h1>静夜思</h1>
    <h2>唐·李白</h2>
    <p>床前明月光,疑是地上霜。</p>
    <p>举头望明月,低头思故乡。</p>
</body>
</html>
```

在浏览器中的显示效果如图 7-53 所示。

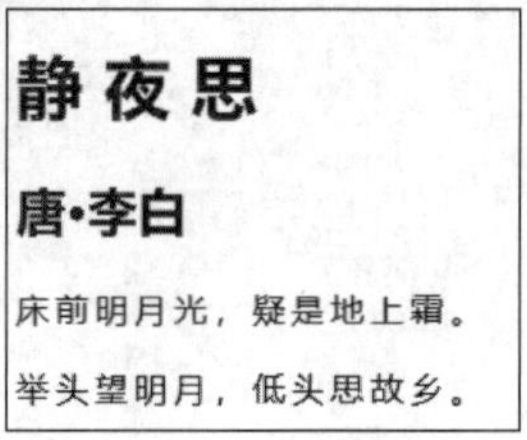

8. 文本阴影

在 CSS3 之前,除非使用图片,否则无法给文本添加阴影效果。现在,使用 text-shadow 属性,为文本添加一个或多个阴影及模糊效果。

基本语法格式如下:

```
text-shadow: h-shadow v-shadow blur color;
```

图 7-53 字符间距应用

各参数的解释如下。

(1) h-shadow:必需的参数,表示水平阴影的位置,允许负值。

(2) v-shadow:必需的参数,垂直阴影的位置,允许负值。

(3) blur:可选的参数,模糊的距离。

(4) color:可选的参数,阴影的颜色。

霓虹灯效果的文本阴影,如例 7-36 所示。

【例 7-36】 文本阴影应用

```
<!DOCTYPE html>
<html lang = "en">
<head>
    <meta charset = "UTF - 8">
    <title>文本阴影应用</title>
    <style>
     h1 {
       text - shadow:0 0 3px #FF0000;
     }
    </style>
</head>
<body>
    <h1>霓虹灯效果的文本阴影!</h1>
</body>
</html>
```

在浏览器中的显示效果如图 7-54 所示。

图 7-54 文本阴影应用效果

9. 文本溢出

text-overflow 属性用来设置当容器内的文本溢出时,如何处理溢出的内容,取值为 clip、ellipsis,默认值为 clip。

(1) clip 表示文本溢出时,简单地把溢出的部分裁剪掉。

(2) ellipsis 表示文本溢出时,在溢出的地方显示一个省略标记(…)。

在使用 text-overflow 属性时,一定要给容器定义宽度,否则文本只会撑开容器,而不会溢出。

事实上,text-overflow 属性只能定义文本溢出时的效果,并不具备其他样式功能,所以无论 text-overflow 属性取值是 clip,还是 ellipsis,都要让 text-overflow 属性生效,并且必须强制文本在一行内显示(white-space:nowrap),同时隐藏溢出的内容(overflow:hidden)。

如果省略 overflow:hidden,则文本会横向溢出容器;如果省略 white-space:nowrap,则文本在横向到达容器边界时会自动换行,即便定义了容器的高度,也不会出现省略号,而是把多余的文本裁切掉;如果省略 text-overflow:ellipsis,则多余的文本会被裁切掉,即相当于 text-overflow:clip。

下面给出了未设置 text-overflow 属性、text-overflow 属性取值为 clip 和 ellipsis 时的效果对比,如例 7-37 所示。

【例 7-37】 文本溢出应用

```html
<!DOCTYPE html>
<html lang = "en">
<head>
    <meta charset = "UTF - 8">
    <title>文本溢出应用</title>
    <style>
        p {width: 304px; height: 18px; line - height: 14px; font - family: Arial; font - size:
14px; border:1px solid #444;}
        .clip {text - overflow: clip;}
        .ellipsis {text - overflow: ellipsis;}
        .clip, .ellipsis {overflow: hidden; white - space: nowrap;}
    </style>
</head>
<body>
    <p>未设置 text - overflow 属性时,文本完整显示,可能会溢出容器</p>
    <p class = "clip">text - overflow 属性取值 clip 且文本溢出时,只是简单地把溢出的部分裁
剪掉</p>
    <p class = "ellipsis">text - overflow 属性取值 ellipsis 且文本溢出时,在溢出的地方显示一
个省略号</p>
</body>
</html>
```

在浏览器中的显示效果如图 7-55 所示。

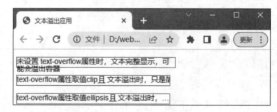

图 7-55 文本溢出应用效果

从图 7-55 可以看出,第 1 个段落的内容完整地被显示,但溢出到容器的外边,第 2 个段落只是简单地把溢出的部分裁剪掉,第 3 个段落在溢出的地方显示了一个省略号。

10. 文本颜色

网页中结构和内容仅是一方面,没有色彩的页面再精致也很难吸引人。在 CSS 中 color 属性用于定义文本的颜色。

基本语法如下:

```
color : 指定颜色
```

其取值方式有 3 种:

(1) 预定义的颜色值,如 red、green、blue 等。

(2) 十六进制值,如#FF0000、#FF6600、#29D794 等。在实际工作中,十六进制值是最常用的定义颜色的方式。

（3）rgb()函数，使用 rgb(r,g,b)或 rgb(r%,g%,b%)，字母 r、g、b 分别表示颜色分量红色、绿色、蓝色，前者的参数取值为 0～255，后者的参数取值为 0～100。如红色可以表示为 rgb(255,0,0)或 rgb(100%,0%,0%)。

使用技巧：颜色取值，可以利用 QQ 截屏(快捷键 Ctrl＋Shift＋A)功能获取当前鼠标屏幕位置的颜色 RGB 值和十六进制值，将鼠标移动到想查看的屏幕颜色上即可获得相应的 RGB 值和十六进制值。

注意：如果使用 RGB 代码的百分比颜色值，则取值为 0 时也不能省略百分号，而必须写为 0%。

3 种取值方式设置文本的颜色，如例 7-38 所示。

【例 7-38】 文本颜色应用

```
<!DOCTYPE html>
<html lang = "en">
<head>
<meta charset = "UTF-8">
<title>文本颜色应用</title>
    <style>
    body {color:red}
    h1 {color:#00ff00}
    p.ex {color:rgb(0,0,255)}
    </style>
</head>
<body>
    <h1>这是 heading 1</h1>
    <p>该段落的文本是红色的。在 body 选择器中定义了本页面中的默认文本颜色。</p>
    <p class = "ex">该段落中的文本是蓝色的。</p>
</body>
</html>
```

在浏览器中的显示效果如图 7-56 所示。

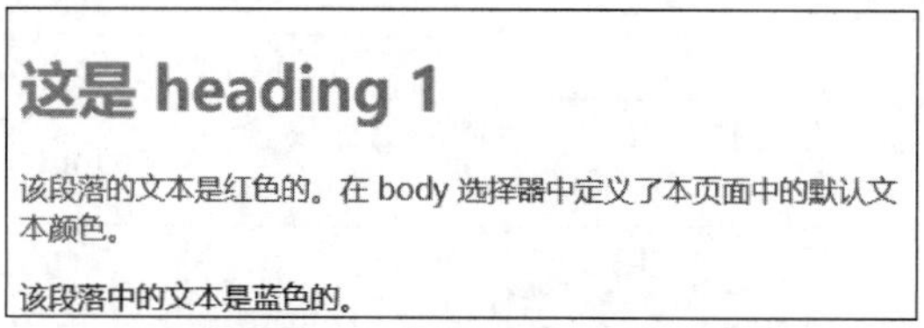

图 7-56　文本颜色应用效果

文字颜色在 CSS3 中可以采取半透明的格式。

语法格式如下：

```
rgba(r,g,b,a)
```

其中，a 是 alpha，透明的意思，取值范围为 0～1，它规定了对象的不透明度，如例 7-39 所示。

【例 7-39】 颜色透明度

```
<! DOCTYPE html>
< html lang = "en">
< head>
    < meta charset = "UTF - 8">
    < title>颜色透明度</title>
</head>
< body>
    < ul>
        < li style = "color:rgba(165, 42 ,42, 1)">100 % 透明度</li>
        < li style = "color:rgba(165, 42 ,42, 0.5)">50 % 透明度</li>
        < li style = "color:rgba(165, 42 ,42, 0.3)">30 % 透明度</li>
        < li style = "color:rgba(165, 42 ,42, 0.1)">10 % 透明度</li>
    </ul>
</body>
</html>
```

在浏览器中的显示效果如图 7-57 所示。

- 100%透明度
- 50%透明度
- 30%透明度
- 10%透明度

图 7-57 颜色透明度效果

7.10.3 CSS 字体

CSS 规范清楚地认识到,字体选择是一个常见而且很重要的特性,所以设置字体的属性就是样式表中最常见的用途之一。

在 CSS 中,通过 font 属性可以设置丰富多彩的文字样式,如表 7-14 所示。

表 7-14 CSS 字体属性一览表

属 性 名	描 述	示 例
font-family	设置字体类型	font-family:隶书;
font-size	设置字号大小	font-size:12px;
font-style	设置字体风格	font-style:italic;
font-weight	设置字体的粗细	font-weight:bold;
font-variant	设置小型的大写字母字体	font-variant:small-caps;
font	简写属性,其作用是把所有针对字体的属性设置在一个声明中	font:italic bold 36px "宋体";

1. 字体类型

font-family 属性用于设置字体。网页中常用的字体有宋体、微软雅黑、黑体等,例如将网页中所有段落文本的字体设置为微软雅黑,可以使用如下 CSS 样式代码:

```
p{ font - family:"微软雅黑";}
```

基本语法格式如下:

```
font - family:字体 1,字体 2,…;
```

属性值可以是多种字体名称，以逗号隔开。浏览器依次查找字体，只要存在就使用该字体，如果不存在，则将会继续找下去，以此类推。

如果字体名中包含空格、♯、$ 等符号，则该字体必须加英文状态下的单引号或双引号，例如 font-family："Times New Roman"，字体引用一般可以不加引号。

2．字号大小

font-size 属性用于设置字号，该属性的值可以使用相对长度单位，也可以使用绝对长度单位，其中，相对长度单位是相对于周围的参照元素进行设置大小，允许用户在浏览器中更改字号大小，字体相对单位 em、％、rem 等；绝对长度单位使用的是固定尺寸，不允许用户在浏览器中更改文本大小，采用了物理量单位，px(像素)、pt(点，1pt 相当于 1/72in)、in(英寸)、cm(厘米)、mm(毫米)等，示例代码如下：

```
p{font - size: 30px;}
h1{font - size: 2em;}
h2{font - size: 120 % ;}
```

3．字体风格

在 CSS 中，通过 font-style 属性设置文本的字体风格，如设置斜体、倾斜或正常字体。

基本语法格式如下：

```
font - style: normal | italic | oblique;
```

normal 表示正常文本；oblique 表示正常文本的倾斜版本；italic 表示斜体，斜体是一种单独的字体风格。

4．字体粗细

在 CSS 中，通过 font-weight 属性来设置字体的粗细值。

基本语法格式如下：

```
font - weight: normal | bold | bolder | lighter | 整数;
```

normal 为正常粗细；bold 为粗体；bolder 为特粗体；lighter 为细体。数字必须是 100 的整数倍，取值范围为 100～900，值越大文字越粗。400 等同于 normal，700 等同于 bold。

5．字体变形

有时，希望一篇文章中的英文单词或英文字母，无论是小写还是大写，统一变成大写，此种情况就可以使用 font-variant 属性实现。

font-variant 属性用来使英文字母变为小型大写字母。

基本语法格式如下：

```
font - variant: normal | small - caps;
```

默认值 normal 为正常的字体；small-caps 让字母变成小型大写字母，这意味着所有的小写字母均会被转换为大写,但字号更小。

6. 复合属性

font 属性用于对字体样式进行综合设置,其基本语法格式如下:

```
font: font - style font - weight font - variant font - size/line - height font - family;
```

使用 font 属性时,必须按照如上的排列顺序,并且 font-size 和 font-family 是不可忽略的。每个参数仅允许有一个值。忽略的将使用其参数对应的独立属性的默认值。

多个属性以空格隔开,如果其中的属性没有规定,则可以省略不写,代码如下:

```
p{
    font - style: italic;
    font - weight: bolder;
    font - size: 20px;
    font - family: "黑体";
}
```

上述代码使用 font 属性可以简写,代码如下:

```
p{font: italic bold 20px "黑体"}
```

二者的效果完全相同。

设置字号大小、样式、风格、粗细及复合属性,如例 7-40 所示。

【例 7-40】 字体样式综合应用

```
<! DOCTYPE html >
< html lang = "en">
< head >
    < meta charset = "UTF - 8">
    <title>字体属性应用</title>
    < style >
        .style01{font - family: "楷体","Times New Roman";}
        .style02{font - size: 20px}
        .style03{font - style: italic}
        .style04{font - weight: bold}
        p span{font - variant:small - caps;}
        .style06{font: italic 28px 幼圆}
    </style >
</head >
< body >
    < p class = "style01">字体类型为 楷体</p>
    < p class = "style02">字号大小为 20px</p>
    < p class = "style03">字体风格为 斜体</p>
    < p class = "style04">字体粗细程度为 粗体</p>
    < p class = "style05"> HOW DO YOU DO & < span > how do you do.</span ></p>
    < p class = "style06">将字体设置为斜体、大小为 28px、字体为幼圆</p>
</body >
</html >
```

在浏览器中的显示效果如图 7-58 所示。

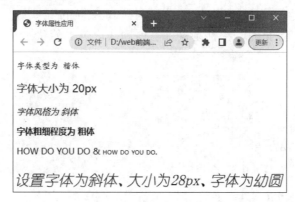

图 7-58 字体属性应用效果

7.10.4 CSS 按钮式链接

6min

在任何浏览器下,默认的链接都太过平淡,不能满足大多数人的需求,尤其是希望有特大单击区域的链接,例如制作主导航链接、手风琴菜单、按钮等链接时,默认的链接更是无能为力,而按钮式链接便可担此重任。

链接默认为行内元素,只能通过链接文本来激活链接。要想让链接像按钮一样拥有较大的单击区域,其实很简单。只需为链接添加合适的内边距,并设置类似按钮的背景和边框,如例 7-41 所示。

【例 7-41】 按钮式链接

```
<!DOCTYPE html>
<html lang = "en">
<head>
    <meta charset = "UTF - 8">
    <title>按钮式链接</title>
    <style>
        a {
            padding: 10px 18px;
            color: #fff;
            font - size: 14px;
            font - weight: bold;
            border - radius: 4px;
            background: #f74c4c;
            text - decoration: none;
        }
    </style>
</head>
<body>
    <a href = "#">加入购物车</a>
</body>
</html>
```

在浏览器中的显示效果如图 7-59 所示。

为了提高页面的可访问性,跟普通超链接一样,也要为按钮式链接定义其他两种状态下的样式,一种是鼠标悬停和获取焦点的状态,另一种是激活状态。

图 7-59 按钮式链接

```
a:hover, a:focus {
    background: #f14b00;
}
a:active {
    background: #f1004b;
}
```

15min

7.10.5 CSS 列表样式

在网页中的很多地方会用到列表,例如导航菜单、新闻列表、商品分类等。我们除了可以使用 HTML 中的一些属性来对列表进行简单设置外,在 CSS 中也提供了几种专门用来设置和格式化列表的属性,如表 7-15 所示。

表 7-15　CSS 列表样式属性一览表

属 性 名	描　　述
list-style-type	设置列表项标志的类型
list-style-position	设置列表中列表项标志的位置
list-style-image	将图像设置为列表项标志
list-style	列表项的简写方式

1. list-style-type

list-style-type 属性用来定义列表所使用的项目符号的类型,属性的常用可选值如表 7-16 所示。

表 7-16　list-style-type 取值一览表

属 性 值	描　　述	属 性 值	描　　述
none	无标记符号	decimal-leading-zero	以 0 打头的数字,如 01、02、03、04、05
disc	默认值,实心圆	lower-alpha	小写英文字母,如 a、b、c、d、e
circle	空心圆	upper-alpha	大写英文字母,如 A、B、C、D、E
square	实心正方形	lower-roman	小写罗马数字,如 ⅰ、ⅱ、ⅲ、ⅳ、ⅴ
decimal	数字 1、2、3、4、5	upper-roman	大写罗马数字,如 Ⅰ、Ⅱ、Ⅲ、Ⅳ、Ⅴ

使用 list-style-type 属性改变无序列表、有序列表中列表项前标记的样式,如例 7-42 所示。

【例 7-42】 列表类型应用

```
<!DOCTYPE html>
<html lang = "en">
<head>
    <meta charset = "UTF-8">
    <title>列表类型应用</title>
    <style>
        .disc {
            list-style-type: disc;
        }
        .circle {
            list-style-type: circle;
        }
        .decimal-leading-zero {
            list-style-type: decimal-leading-zero;
        }
        lower-alpha {
            list-style-type: lower-alpha;
        }
        .upper-roman {
            list-style-type: upper-roman;
        }
    </style>
</head>
<body>
    <ul>
        <li class = "disc">disc:默认值,实心圆</li>
        <li class = "circle">circle:空心圆</li>
        <li class = "decimal-leading-zero">decimal-leading-zero:以 0 打头的数字 01、02
</li>
        <li class = "lower-alpha">lower-alpha:小写英文字母 a、b、c、d、e</li>
        <li class = "upper-roman">upper-roman:大写罗马数字Ⅰ、Ⅱ、Ⅲ、Ⅳ、Ⅴ</li>
    </ul>
</body>
</html>
```

在浏览器中的显示效果如图 7-60 所示。

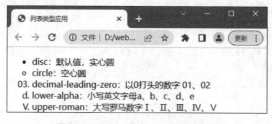

图 7-60　list-style-type 属性演示

2. list-style-position

使用 list-style-position 属性可以设置在何处放置列表项前的标记,常用属性值如表 7-17 所示。

表 7-17   list-style-position 属性取值一览表

属 性 值	描 述
outside	默认值,列表项目标记放置在文本以外,并且环绕文本而不根据标记对齐
inside	列表项目标记放置在文本以内,并且环绕文本根据标记对齐

outside 表示列表项目符号放置在内容以外,列表项以内容为准对齐; inside 表示列表项目符号放置在内容以内,列表项以项目符号为准对齐,如例 7-43 所示。

【例 7-43】 列表位置应用

```html
<!DOCTYPE html>
<html lang = "en">
<head>
    <meta charset = "UTF - 8">
    <title>列表位置应用</title>
    <style>
        ol {
            list - style - type: lower - roman;
        }
        li {
            background: #ccc;
            margin - bottom: 2px;
        }
        .ol_one {
            list - style - position: inside;
        }
        .ol_two {
            list - style - position: outside;
        }
    </style>
</head>
<body>
    <ol class = "ol_one">
        <li>CSS 链接</li>
        <li>CSS 边框</li>
        <li>CSS 表格</li>
    </ol>
    <ol class = "ol_two">
        <li>CSS 链接</li>
        <li>CSS 边框</li>
        <li>CSS 表格</li>
    </ol>
</body>
</html>
```

在浏览器中的显示效果如图 7-61 所示。

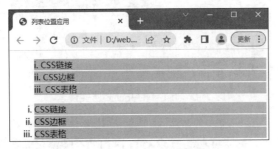

图 7-61 list-style-position 属性演示

3. list-style-image

通过 list-style-image 属性可以将列表项前的标记替换为一张图像,以此取代默认的列表项目符号。

基本语法格式如下:

```
list - style - image: url()
```

使用自定义图片制作列表的标志图标,一般采用的图片大小在 20×20px 以内,如例 7-44 所示。

【例 7-44】 列表图片应用

```
<! DOCTYPE html >
< html lang = "en">
< head >
    < meta charset = "UTF - 8">
    < title >列表图片应用</title >
    < style >
        ul{ list - style - image:url(images/bang.gif)};
    </style >
</head >
< body >
    < ul >
        < li class = "num01">《Vue + Spring Boot 前后端分离实战》</li >
        < li class = "num02">《剑指大前端全栈工程师》</li >
        < li class = "num03">《前端三剑客》</li >
    </ul >
</body >
</html >
```

在浏览器中的显示效果如图 7-62 所示。

4. list-style

list-style 属性是上述 3 个属性(list-style-type、list-style-position、list-style-image)的简写,使用 list-style 可以同时设置上面的 3 个属性,其语法格式如下:

```
list - style: list - style - type || list - style - position || list - style - image;
```

图 7-62　list-style-image 属性演示

提示：在使用 list-style 属性时，需要按照上面的顺序来为参数赋值，只要遵守参数的顺序，即使忽略其中的一项或多项也是可以的，例如 list-style：one；list-style：circle inside；，被忽略的参数会设置为参数对应的默认值。

15min

7.10.6　CSS 表格样式

在网页中我们通常使用表格来展示一些数据，例如成绩表、财务报表等，但是在默认情况下表格的样式并不美观，甚至不符合页面的风格。CSS 中提供了一些属性，通过这些属性可以修改表格的样式，从而大大改善表格的外观。

和 CSS 表格相关的属性如表 7-18 所示。

表 7-18　和 CSS 表格相关的属性

属　　性	描　　述
table-layout	设置表格的布局方式，分别为固定表格布局和自动表格布局
border-collapse	将表格中单元格的边框样式设置为双线或单线
border-spacing	设置表格中双线边框的分割距离
caption-side	设置表格标题位置
empty-cells	设置表格中空单元格的显示方式

1. table-layout

table-layout 属性用来设置表格的布局方式，包括固定表格布局和自动表格布局。

固定表格布局允许浏览器更快地对表格进行布局。在固定表格布局中，表格的水平宽度仅取决于列宽度、表格边框宽度、单元格间距等因素，与单元格中的内容无关；在自动表格布局中，列的宽度视单元格中的内容（没有换行的最宽内容）而定，也就是说如果某个单元格的宽度为 100px，但单元格中内容所占据的宽度要大于 100px，这就会导致单元格中的内容将单元格撑大。

table-layout 属性的 3 种取值如表 7-19 所示。

表 7-19　table-layout 属性的 3 种取值

属　性　值	描　　述
auto	默认值，自定表格布局，表示表格中每列的宽度视单元格中的内容而定
fixed	固定表格布局，单元格的宽度由样式设置决定
inherit	从父元素继承 table-layout 属性的值

为表格设置不同的边框距离,如例 7-45 所示。

【例 7-45】　table-layout 属性应用

```
<!DOCTYPE html>
<html lang = "en">
<head>
    <meta charset = "UTF - 8">
    <title>table - layout 属性应用</title>
    <style>
        table{width: 100 % ;}
        .fixed{table - layout: fixed;}
        .auto{table - layout: auto;}
    </style>
</head>
<body>
    <table border = "1" class = "fixed">
        <caption>固定列宽的表格</caption>
        <tr>
            <td>年份</td><td>第一季度</td><td>第二季度</td><td>说明</td>
        </tr>
        <tr>
            <td>2023</td><td>200</td><td>500</td><td>今年年景不错,收益可观</td>
        </tr>
    </table>
    <br>
    <table border = "1" class = "auto">
        <caption>随内容自动调整列宽的表格</caption>
        <tr>
            <td>年份</td><td>第一季度</td><td>第二季度</td><td>说明</td>
        </tr>
        <tr>
            <td>2023</td><td>200</td><td>500</td><td>今年年景不错,收益可观</td>
        </tr>
    </table>
</body>
</html>
```

在浏览器中的显示效果如图 7-63 所示。

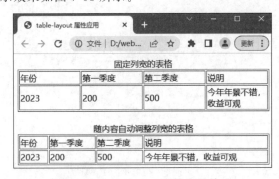

图 7-63　table-layout 属性应用效果

2. border-collapse

border-collapse 属性用来定义单元格边框的显示方式,该属性有 3 种属性值,如表 7-20 所示。

表 7-20　border-collapse 属性的 3 种取值

属 性 值	描　　述
separate	默认值,边框为分开的双层线条效果
collapse	边框会合并为单一线条的边框
inherit	从父元素继承 border-collapse 属性的值

【例 7-46】 border-collapse 属性应用

```html
<!DOCTYPE html>
<html lang = "en">
<head>
    <meta charset = "UTF-8">
    <title>border-collapse 属性应用</title>
    <style>
        .separate{border-collapse: separate;}
        .collapse{border-collapse: collapse;}
    </style>
</head>
<body>
    <table border = "1" class = "separate">
    <caption>双线边框效果</caption>
    <tr>
        <td>年份</td><td>第一季度</td><td>第二季度</td><td>说明</td>
    </tr>
    <tr>
        <td>2021</td><td>100</td><td>-300</td><td>疫情,负增长</td>
    </tr>
    <tr>
        <td>2022</td><td>-200</td><td>500</td><td>疫情,负增长</td>
    </tr>
    <tr>
        <td>2023</td><td>200</td><td>500</td><td>今年年景不错,收益可观</td>
    </tr>
    </table>
    <br>
    <table border = "1" class = "collapse">
    <caption>折叠边框效果</caption>
    <tr>
        <td>年份</td><td>第一季度</td><td>第二季度</td><td>说明</td>
    </tr>
    <tr>
        <td>2021</td><td>100</td><td>-300</td><td>疫情,负增长</td>
    </tr>
    <tr>
```

```
        <td>2022</td><td>-200</td><td>500</td><td>疫情,负增长</td>
      </tr>
      <tr>
        <td>2023</td><td>200</td><td>500</td><td>今年年景不错,收益可观</td>
      </tr>
    </table>
</body>
</html>
```

在浏览器中的显示效果如图 7-64 所示。

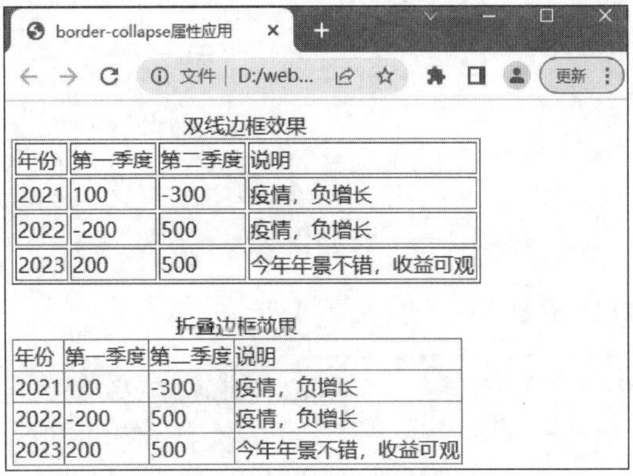

图 7-64　**border-collapse 属性应用效果**

3. border-spacing

border-spacing 属性可以设置相邻单元格边框之间的距离(仅在 border-collapse 属性为 separate 时才有效),它的效果等同于<table>标签的 cellspacing 属性(border-spacing:0;等同于 cellspacing="0")。

基本语法格式如下:

```
border-spacing: length length;
```

参数 length 由数值和单位组成,不允许使用负值。第 1 个 length 参数表示相邻边框的横向间距,第 2 个 length 参数表示相邻边框的纵向间距。

【例 7-47】　border-spacing 属性应用

```
<!DOCTYPE html>
<html lang="en">
<head>
    <meta charset="UTF-8">
    <title>border-spacing 属性应用</title>
    <style>
        .style{border-spacing: 50px 10px;}
    </style>
</head>
```

```
< body >
    < table border = "1" class = "style">
        < caption>单元格边框之间的距离</caption>
        < tr >
            < td >年份</td>< td >第一季度</td>< td >第二季度</td>< td >第二季度</td>
        </tr >
        < tr >
            < td > 2021 </td >< td > 100 </td >< td > 300 </td >< td > 500 </td >
        </tr >
        < tr >
            < td > 2022 </td >< td > 200 </td >< td > 500 </td >< td > 700 </td >
        </tr >
        < tr >
            < td > 2023 </td >< td > 200 </td >< td > 500 </td >< td > 800 </td >
        </tr >
    </table >
</body>
</html >
```

在浏览器中的显示效果如图 7-65 所示。

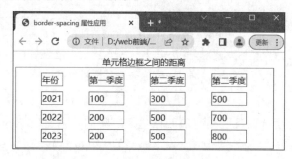

图 7-65　border-spacing 属性应用效果

4. caption-side

caption-side 属性可以设置表格标题的位置,属性的可选值如表 7-21 所示。

表 7-21　caption-side 属性的 3 种取值

属 性 值	描 述
top	默认值,将表格标题定位在表格正上方
bottom	将表格标题定位在表格正下方
inherit	从父元素继承 caption-side 属性的值

【例 7-48】　caption-side 属性应用

```
<! DOCTYPE html >
< html lang = "en">
< head >
    < meta charset = "UTF - 8">
    < title > caption - side 属性应用</title>
```

```
        <style>
            .style{caption-side:bottom;}
        </style>
    </head>
    <body>
        <table border = "1" class = "style">
            <caption>标题显示在表格底端</caption>
            <tr>
                <td>年份</td><td>第一季度</td><td>第二季度</td><td>第二季度</td>
            </tr>
            <tr>
                <td>2021</td><td>100</td><td>300</td><td>500</td>
            </tr>
            <tr>
                <td>2022</td><td>200</td><td>500</td><td>700</td>
            </tr>
            <tr>
                <td>2023</td><td>200</td><td>500</td><td>800</td>
            </tr>
        </table>
    </body>
</html>
```

在浏览器中的显示效果如图 7-66 所示。

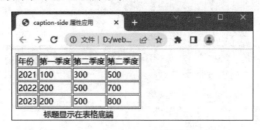

图 7-66　caption-side 属性应用效果

5. empty-cells

empty-cells 属性用来设置当某个单元格中没有内容时,是否显示这个空单元格(仅在 border-collapse 属性为 separate 时才有效),属性的可选值如表 7-22 所示。

表 7-22　empty-cells 属性的 3 种取值

属 性 值	描 述
hide	隐藏空单元格周围的边框
show	默认值,显示空单元格周围的边框
inherit	从父元素继承 empty-cells 属性的值

【例 7-49】　empty-cells 属性应用

```
<!DOCTYPE html>
<html lang = "en">
```

```
< head >
    < meta charset = "UTF - 8">
    < title > empty - cells 属性应用</title>
    < style >
        . style{empty - cells:hide;}
    </style>
</head>
< body >
    < table border = "1" class = "style">
        <caption>隐藏空单元格的边框效果</caption>
        < tr >
            < td >年份</td>< td >第一季度</td>< td >第二季度</td>< td >第三季度</td>
        </tr>
        < tr >
            < td > 2021 </td>< td > 100 </td>< td > 300 </td>< td > 500 </td>
        </tr>
        < tr >
            < td > 2022 </td>< td > 200 </td>< td > 500 </td>< td > 700 </td>
        </tr>
        < tr >
            < td > 2023 </td>< td > 200 </td>< td > 500 </td>< td ></td>
        </tr>
    </table>
</body>
</html>
```

在浏览器中的显示效果如图 7-67 所示。

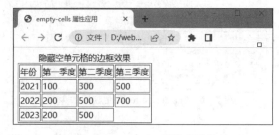

图 7-67   empty-cells 属性应用效果

7.10.7   CSS 边框

CSS 中的边框是围绕着元素内容和内边距的一条或多条线段,可以自定义这些线段的样式、宽度及颜色。CSS 边框有关属性如表 7-23 所示。

▶️ 17min

表 7-23   CSS 边框有关属性一览表

属　　性	描　　述	属　　性	描　　述
border-style	设置边框的样式	border-color	设置边框的颜色
border-width	设置边框的宽度	border	上述所有属性的综合简写

1. border-style

border-style 属性用于设置不同风格的边框样式,该属性常用取值如表 7-24 所示。

表 7-24 border-style 取值一览表

属 性 值	描 述	属 性 值	描 述
none	无轮廓	double	双线轮廓
hidden	隐藏边框	groove	三维凹槽轮廓
dotted	点状轮廓	ridge	三维凸槽轮廓
dashed	虚线轮廓	inset	三维凹边轮廓
solid	实线轮廓	outset	三维凸边轮廓

border-style 属性有以下不同的用法:

(1) 如果提供全部的 4 个参数,则会按照上、右、下、左的顺序分别设置边框 4 条边的样式,如 p{border-style:solid dotted dashed double}。

(2) 如果提供 3 个参数,则第 1 个参数会作用在上边框,第 2 个参数会作用在左、右两条边框上,第 3 个参数会作用在下边框上,如 p{border-style : solid dotted dashed }。

(3) 如果提供两个参数,则第 1 个参数会作用在上、下两条边框上,第 2 个参数会作用在左、右两条边框上,如 p{border-style:solid dotted}。

(4) 如果只提供一个参数,则这个参数将同时作用在 4 条边框上,如 p{border-style:solid}。

除了可以使用 border-style 属性设置元素的边框样式外,还可以使用下面的属性分别设置元素上、下、左、右 4 条边框的样式。

(1) border-bottom-style:设置下边框的样式。

(2) border-top-style:设置上边框的样式。

(3) border-left-style:设置左边框的样式。

(4) border-right-style:设置右边框的样式。

注意:如果 border-width 等于 0,则本属性将失去作用。

实现 CSS 属性 border-style 不同取值的显示效果,如例 7-50 所示。

【例 7-50】 使用 border-style 属性设置边框

```
<!DOCTYPE html>
<html lang = "en">
<head>
    <meta charset = "UTF-8">
    <title>Document</title>
    <style>
        p{width: 200px}
        .none{border-style:none}
        .dotted{border-style:dotted}
        .solid{border-style:solid}
```

```
        .groove{border - style:groove}
        .ridge{border - style:ridge}
        .fore{border - style : solid dotted dashed double}
        .two{border - style : solid dotted }
    </style>
</head>
< body >
    < p class = "none">无边框效果</p>
    < p class = "dotted">点状边框效果</p>
    < p class = "solid">实线边框效果</p>
    < p class = "groove">三维凹槽轮廓</p>
    < p class = "ridge">三维凸槽轮廓</p>
    < p class = "fore">4 个参数值</p>
    < p class = "two">两个参数值</p>
</body >
</html>
```

在浏览器中的显示效果如图 7-68 所示。

2. border-width

border-width 属性用于设置边框的宽度,该属性的取值可以是长度值或关键字,如表 7-25 所示。

与 border-style 属性相同,border-width 属性同样支持多种不同的用法:

(1) 如果提供全部的 4 个参数,则会按照上、右、下、左的顺序分别设置边框 4 条边的宽度。

(2) 如果提供 3 个参数,则第 1 个参数会作用在上边框,第 2 个参数会作用在左、右两条边框上,第 3 个参数会作用在下边框上。

图 7-68　border-style 属性演示

表 7-25　border-width 取值一览表

属 性 值	描 述	属 性 值	描 述
thin	较窄的边框	thick	较宽的边框
medium	中等宽度的边框	长度值	自定义像素值宽度的边框

(3) 如果提供两个参数,则第 1 个参数会作用在上、下两条边框上,第 2 个参数会作用在左、右两条边框上。

(4) 如果只提供一个参数,则这个参数将同时作用在 4 条边框上。

除了可以使用 border-width 属性设置元素的边框宽度外,还可以使用下面的属性分别设置元素上、下、左、右 4 条边框的宽度。

(1) border-bottom-width:设置下边框的宽度。

(2) border-top-width:设置上边框的宽度。

(3) border-left-width:设置左边框的宽度。

（4）border-right-width：设置右边框的宽度。

实现 CSS 属性 border-width 不同取值的显示效果，如例 7-51 所示。

【例 7-51】 使用 border-width 设置边框的宽度

```
<!DOCTYPE html>
<html lang = "en">
<head>
    <meta charset = "UTF - 8">
    <title>使用 border - width 设置边框的宽度</title>
    <style>
        p{width: 200px;border - style:solid }
        .one{border - width: 1px}
        .thin{border - width: thin}
        .medium{border - width: medium}
        .test{border - width: thin 10px}
    </style>
</head>
<body>
    <p class = "one">边框宽度为 1px</p>
    <p class = "thin">边框宽度为 thin</p>
    <p class = "medium">边框宽度为 medium</p>
    <p class = "test">边框宽度取两个值</p>
</body>
</html>
```

在浏览器中的显示效果如图 7-69 所示。

3. border-color

border-color 属性用于设置边框的颜色，与 color 的用法
类似。

同 border-style 属性相同，border-color 属性同样支持多
种不同的用法：

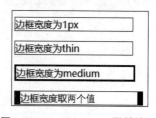

图 7-69 border-width 属性演示

（1）如果提供全部的 4 个参数，则会按照上、右、下、左的
顺序分别设置边框 4 条边的颜色。

（2）如果提供 3 个参数，则第 1 个参数会作用在上边框，第 2 个参数会作用在左、右两
条边框上，第 3 个参数会作用在下边框上。

（3）如果提供两个参数，则第 1 个参数会作用在上、下两条边框上，第 2 个参数会作用
在左、右两条边框上。

（4）如果只提供一个参数，则这个参数将同时作用在 4 条边框上。

除了可以使用 border-color 属性设置元素的边框颜色外，还可以使用下面的属性分别
设置元素上、下、左、右 4 条边框的颜色。

（1）border-bottom-color：设置下边框的颜色。

（2）border-top-color：设置上边框的颜色。

（3）border-left-color：设置左边框的颜色。

（4）border-right-color：设置右边框的颜色。

【例 7-52】 使用 border-color 设置边框的颜色

```
<! DOCTYPE html >
< html lang = "en">
< head >
    < meta charset = "UTF - 8">
    < title>使用 border - color 设置边框的颜色</title >
    < style >
        div{
            width:194px;
            height: 291px;
            border - style: solid;
            border - width: 50px;
            border - top - color: #ff0000;
            border - right - color: gray;
            border - bottom - color: rgb(120,50,20);
            border - left - color: blue;
            / * 等价于简写属性 * /
            / * border - color: #ff0000 gray rgb(120,50,20) blue; * /
        }
    </style >
</ head >
< body >
    < div >< img src = "images/girl.png" width = "194"height = "291" ></div >
</body >
</html >
```

在浏览器中的显示效果如图 7-70 所示。

图 7-70 **border-color** 属性演示

4. border

边框 border 是一个复合属性,可以一次设置边框的粗细、样式和颜色。

基本语法格式如下:

```
border:[ border - width ] [ border - style ] [ border - color ]
```

一个 border 属性是由 3 个小属性综合而成的。如果某个小属性后面是空格隔开的多个值,就是上、右、下、左的顺序,示例代码如下:

```
border - bottom: 9px #F00 dashed ;
border: 9px #F00 dashed ;
```

利用 border 属性画一个三角形,如例 7-53 所示。

【例 7-53】 border 属性画三角形应用

(1) 当将盒子的 width 和 height 设置为 0 时,代码如下:

```
<!DOCTYPE html >
< html lang = "en">
< head >
    < meta charset = "UTF - 8">
    < title > border 简写属性应用</title>
    < style >
        div{
            width: 0px;
            height: 0px;
            border: 50px solid green;
            border - top - color: red;
        }
    </style >
</head >
< body >
    < div ></div >
</body >
</html >
```

在浏览器中的显示效果如图 7-71 所示。

(2) 将 border 的底部取消,代码如下:

```
< style >
    div{
        width: 0px;
        height: 0px;
        border: 50px solid green;
        border - top - color: red;
        border - bottom: none;
    }
</style >
```

在浏览器中的显示效果如图 7-72 所示。

图 7-71 盒子的应用效果

图 7-72 去掉 border 底部

（3）最后将 border 的左边和右边设置为白色，代码如下：

```
<style>
    div{
        width: 0px;
        height: 0px;
        border: 50px solid white;
        border-top-color: red;
        border-bottom: none;
    }
</style>
```

在浏览器中的显示效果如图 7-73 所示。

这样，一个三角形就画好了。

图 7-73 border 的左右两边设为白色

7.10.8 CSS 盒模型

盒子模型是网页设计中经常用的一种思维模型，由 4 部分构成，从内到外分别为内容区（content）、内边距（padding）、边框（border）和外边距（margin），CSS 为这 4 部分提供了一系列相关属性，通过对这些属性的设置可以丰富盒子的表现效果。

网页中的每个元素都可以看作如图 7-74 所示一个盒子模型。

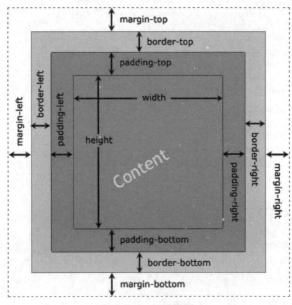

图 7-74 盒子模型

转换到我们日常生活中,可以拿酒来对比,如图 7-75 所示。

酒是内容,内边距是盒子中的填充物,边框是盒子的厚度,而外边距是酒堆在一起所留的空隙。在网页中,内容常指文字、图片等信息或元素。

图 7-75　酒盒子

1. 内容区

内容区是整个盒子模型的中心,其中存放了盒子的主要内容,这些内容可以是文本、图像等资源。内容区有 width、height、overflow 这 3 个属性,其中 width 和 height 属性用来指定盒子内容区域的宽度和高度,当内容信息过多且超出内容区所设置的范围时,则可以使用 overflow 属性设置溢出内容的处理方式,overflow 属性有以下 4 个可选值。

(1) hidden:表示隐藏溢出的部分。

(2) visible:表示显示溢出的部分(溢出的部分将显示在盒子外部)。

(3) scroll:表示为内容区添加一个滚动条,可以通过滑动这个滚动条来查看内容区的全部内容。

(4) auto:表示由浏览器决定如何处理溢出部分。

例 7-54 将演示盒子模型中的内容区。

【例 7-54】　盒子模型内容区的演示

```html
<!DOCTYPE html>
<html>
<head>
    <style>
        div {
            background: #CFF;
        }
        div.box-one {
            width: 100px;
            height: 100px;
        }
    </style>
</head>
<body>
    <div>
        <div class="box-one">盒子模型</div>
    </div>
</body>
</html>
```

在浏览器中的显示效果如图 7-76 所示。

图 7-76 中左侧的盒子模型示意图是通过浏览器的调试工具查看的,可以按快捷键 F12 打开,或者在页面中右击,在弹出的菜单中选择"检查"选项即可。

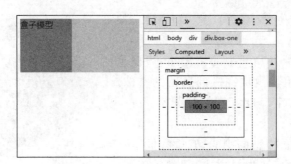

图 7-76　内容区演示

2. 内边距

1) 设置各边的内边距

在 CSS 中可以使用 padding 属性设置 HTML 元素的内边距。元素的内边距也可以被理解为元素内容周围的填充物,因为内边距不影响当前元素与其他元素之间的距离,所以它只能用于增加元素内容与元素边框之间的距离。

padding 属性值可以是长度值或百分比,但不可以是负数。

基本语法格式如下:

```
padding:长度值 | 百分比值
```

padding 属性可以设置 4 个参数值,分别表示上、右、下、左 4 条边,详解如下:

(1) 如果提供全部 4 个参数值,则将按上、右、下、左的顺序作用于 4 条边。

(2) 如果只提供一个参数值,则将用于全部的 4 条边。

(3) 如果提供两个参数值,则第 1 个用于上、下,第 2 个用于左、右。

(4) 如果提供 3 个参数值,则第 1 个用于上,第 2 个用于左、右,第 3 个用于下。

2) 单边内边距

如果只需为 HTML 元素的某个边设置内边距,则可以使用单边内边距属性,如表 7-26 所示。

表 7-26　padding 属性的 4 种单边内边距属性一览表

属　　性	描　　述	属　　性	描　　述
padding-top	设置元素的上内边距	padding-bottom	设置元素的下内边距
padding-right	设置元素的右内边距	padding-left	设置元素的左内边距

测试 HTML 元素使用内边距属性 padding 的效果,如例 7-55 所示。

【例 7-55】　盒子模型内边距应用

```
<!DOCTYPE html>
<html>
<head>
```

```
< style >
    div {
        background: ♯CFF;
    }
    div. box – one {
        width: 100px;
        height: 100px;
        padding: 20px;
    }
</ style >
</ head >
< body >
    < div >
        < div class = "box – one">盒子模型</ div >
    </ div >
</ body >
</ html >
```

在浏览器中的显示效果如图 7-77 所示。

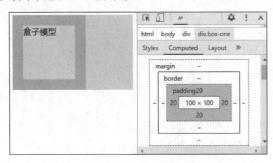

图 7-77 内边距演示

3. 外边距

1) 设置各边外边距

在 CSS 中,可以使用 margin 属性设置 HTML 元素的外边距,表示盒子边框与页面边界或其他盒子之间的距离。margin 属性值可以是长度值、百分比或 auto,可以使用负值,属性值设置的效果是围绕在元素边框的"空白"。

基本语法格式如下:

```
margin:长度值 | 百分比值 | auto
```

其中,auto 表示采用默认值,由浏览器计算边距。

设置边界需要设置 4 个参数值,分别表示上、右、下、左 4 条边,详解如下:

(1) 如果提供全部 4 个参数值,则将按上、右、下、左的顺序作用于 4 条边。

(2) 如果只提供一个参数值,则将用于全部的 4 条边。

(3) 如果提供两个参数值,则第 1 个用于上、下,第 2 个用于左、右。

（4）如果提供 3 个参数值，则第 1 个用于上，第 2 个用于左、右，第 3 个用于下。

2）单边外边距

如果只需为 HTML 元素的某个边设置外边距，则可以使用 margin 属性的 4 种单边外边距属性，如表 7-27 所示。

表 7-27　margin 属性的 4 种单边外边距属性一览表

属　　性	描　　述	属　　性	描　　述
margin-top	设置元素的上外边距	margin-bottom	设置元素的下外边距
margin-right	设置元素的右外边距	margin-left	设置元素的左外边距

测试 HTML 元素使用外边距属性 margin 的不同效果，如例 7-56 所示。

【例 7-56】　盒子模型外边距的应用

```html
<! DOCTYPE html >
< html >
< head >
    < style >
        div {
            border: 1px solid black;
            background: #CFF;
        }
        div. box - one {
            width: 100px;
            height: 100px;
            border: 10px dashed red;
            padding: 20px;
            margin: 15px;
            background: #CCC;
        }
        div. box - two {
            width: 50px;
            height: 50px;
            border: 10px dotted black;
            padding: 20px;
            margin: 20px;
            background: yellow;
        }
    </style >
</head >
< body >
    < div >
        < div class = "box - one">盒子模型</div >
        < div class = "box - two"></div >
    </div >
</body >
</html >
```

在浏览器中的显示效果如图 7-78 所示。

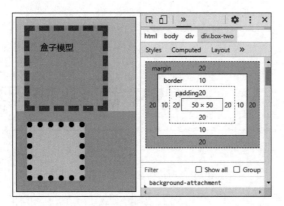

图 7-78　外边距演示

4. 盒子大小

盒子的大小指的是盒子的宽度和高度。大多数初学者容易将宽度和高度误解为 width 和 height 属性，然而在默认情况下 width 和 height 属性只是设置内容部分的宽和高。盒子真正的宽和高按下面公式计算：

盒子的宽度＝内容宽度＋左填充＋右填充＋左边框＋右边框＋左边距＋右边距

盒子的高度＝内容高度＋上填充＋下填充＋上边框＋下边框＋上边距＋下边距

还可以用带属性的公式表示：

$$盒子的宽度＝width(content)＋2*(padding＋border＋margin)$$

$$盒子的高度＝height(content)＋2*(padding＋border＋margin)$$

第 8 章

CSS 高级应用

网页的布局会直接影响一个网站的整体美观程序,本章主要介绍使用 CSS 实现网页布局。
本章学习重点:

- 掌握页面排版布局
- 掌握 CSS 定位
- 掌握浮动布局

8.1 DIV+CSS 页面布局

绝大多数的模具工作是由 DIV+CSS 来完成的,因为表格布局复杂页面时需要频繁地嵌套,代码比较复杂、难以维护,而使用 DIV+CSS 布局,内容和表现可以分离,代码干净整洁、可读性好、便于维护,并且样式代码可以复用,从而提高了开发效率,同时分离后美工和网站开发人员也可以协同合作,进一步提高了开发效率和整体网站的质量。

利用 DIV+CSS 整体布局淘宝首页,如图 8-1 所示。

图 8-1 淘宝首页效果图

根据淘宝首页效果图模拟实现实际布局整体页面结构,运用层的嵌套关系,这样有助于我们更好地理解 DIV+CSS 布局,如例 8-1 所示。

【例 8-1】 DIV+CSS 布局淘宝首页

· HTML5 代码如下:

```
<! DOCTYPE html >
< html lang = "en">
< head >
    < meta charset = "UTF - 8">
    < title >淘宝首页</title>
    < link rel = "stylesheet" href = "css/taobao.css"> <!-- 引入外部样式 -->
</head>
< body >
< div class = "wrapper">
    <!-- 导航条 -->
    < div class = "top - nav - wrap">
        < div class = "top - nav">
            < div >导航条</div>
            < div >广告图</div>
        </div>
    </div>
    <!-- 搜索部分 -->
    < div class = "search - wrap">
        < div class = "search">
            < div >搜索部分</div>
        </div>
    </div>
    <!-- 主体部分 -->
    < div class = "mian - wrap">
        <!-- 主体导航条部分 -->
        < div class = "mian - nav">
            < div >主体导航条部分</div>
        </div>
        <!-- 主体部分 -->
        < div class = "mian - box">
            <!-- 先两栏布局 -->
            < div class = "mian">
                < div class = "mian - inner">
                    < div class = "inner - lf">
                        < div >主体分类栏</div>
                    </div>
                    < div class = "inner - cer">
                        < div >主体轮播图</div>
                    </div>
                    < div class = "inner - rt">
                        < div >主体右侧展示</div>
                    </div>
                </div>
                < div class = "mian - bottom">
```

```
                    <div>主体底部信息</div>
                </div>
            </div>
            <div class = "box - rt">
                <div class = "member">
                    <div>登录注册部分</div>
                </div>
                <div class = "massage">
                    <div>信息部分</div>
                </div>
                <div class = "notice">
                    <div>公告</div>
                </div>
                <div class = "mobule">
                    <div>图标</div>
                </div>
                <div class = "app">
                    <div> apps </div>
                </div>
            </div>
        </div>
    </div>
</div>
</body>
</html>
```

- CSS 样式代码(css/taobao.css)如下:

```
* {
    margin: 0;
    padding: 0;
}
div{
    color: #fff;
    font - size: 16px;
}
html,body{
    width:100 % ;
    height: 100 % ;
}
.wrapper {
    width: 100 % ;
    height: 100 % ;
}
/* 导航条部分 */
.wrapper .top - nav - wrap
{
    width: 100 % ;
    height: 105px;
}
```

```
.wrapper .top - nav {
    width: 1190px;
    height: 105px;
    margin: 0 auto;
    background - color: green;
    border: 1px solid #000;
}
/* 搜索部分 */
.wrapper .search - wrap{
    width:100%;
    height: 97px;
}
.wrapper .search{
    width: 1190px;
    height: 97px;
    background - color: #ff5500;
    margin: 0 auto;
    border: 1px solid #000;
}
/* 主休部分 */
.wrapper .mian - wrap{
    width: 1190px;
    height: 663px;
    margin: 0 auto;
    border: 1px solid #000;
}
.wrapper .mian - wrap .mian - nav{
    width: 100%;
    height: 30px;
    background - color:green;
}
.wrapper .mian - wrap .mian - box .mian{
    width: 890px;
    height: 632px;
    float: left;
}
.mian - wrap .mian - box .mian .mian - inner{
    width: 890px;
    height: 522px;
    background - color: pink;
}
.mian - wrap .mian - box .mian .mian - inner .inner - lf{
    width: 190px;
    height: 100%;
    float: left;
    background - color: #ff5500;
}
.mian - wrap .mian - box .mian .mian - inner .inner - cer{
```

```
    width: 520px;
    height: 100%;
    float: left;
    border:1px solid #000;
}
.mian-wrap .mian .mian-inner .inner-rt {
    padding: 0 8px;
    width: 160px;
    height: 100%;
    float: left;
    background-color: rgb(110, 110, 65);
}
.mian-wrap .mian .mian-bottom{
    width: 890px;
    height: 110px;
    background-color:purple;
}
.wrapper .mian-box .box-rt{
    width: 290px;
    height: 632px;
    float: left;
    margin-left: 8px;
    background-color: blue;
}
.wrapper .mian-box .box-rt .member{
    width: 290px;
    height: 132px;
    background-color: #ff5500;
}
.wrapper .mian-box .box-rt .massage{
    width: 290px;
    height: 26px;
    background-color: pink;
}
.wrapper .mian-box .box-rt .notice{
    width: 290px;
    height: 98px;
    padding-top:10px;
    background-color:orange;
}
.wrapper .mian-box .box-rt .mobule{
    width: 290px;
    height: 230px;
    background-color:red;
}
```

在浏览器中的显示效果如图 8-2 所示。

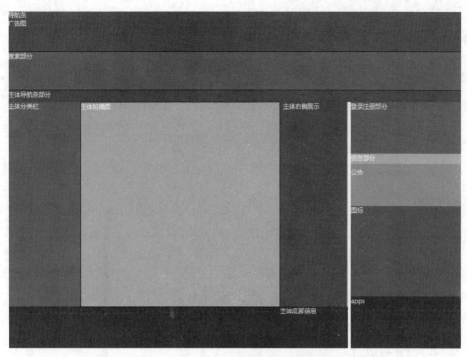

图 8-2　DIV＋CSS 布局淘宝首页结构图

8.2　定位

▶ 18min

在 CSS 中，通过定位（position）属性可以实现网页标签的精确定位。标签的定位属性主要包括定位模式（如表 8-1 所示）和边偏移（如表 8-2 所示）两部分。

表 8-1　定位模式

属　性　值	描　　述
static	静态定位（默认定位方式）
relative	相对定位，相对于其原文档流的位置进行定位
absolute	绝对定位，相对于其上一个已经定位的父标签进行定位
fixed	固定定位，相对于浏览器窗口进行定位

表 8-2　边偏移

边偏移属性	描　　述
top	顶端偏移量，定义标签相对于其父标签上边线的距离
bottom	底部偏移量，定义标签相对于其父标签下边线的距离
left	左侧偏移量，定义标签相对于其父标签左边线的距离
right	右侧偏移量，定义标签相对于其父标签右边线的距离

在 CSS 中,position 属性用于定义标签的定位模式,使用 position 属性定位标签的基本语法格式如下:

```
选择器{position:属性值;}
```

通过边偏移属性可以精确定义定位标签的位置,边偏移属性取值为数值或百分比。

标签的定位类型主要包括静态定位、相对定位、绝对定位和固定定位,对它们的具体介绍如下。

8.2.1　静态定位

static 是 position 属性的默认值,表示静态定位,静态定位是所有元素的默认定位方式,使用静态定位的元素会按照元素正常的位置显示。所谓静态位置就是各个元素在 HTML 文档流中默认的位置,即网页中所有元素默认的都是静态定位,其实就是标准流的特性。

在静态定位状态下,无法通过边偏移属性(top、bottom、left 或 right)来改变元素的位置。

一般使用它来清除定位。一个原来有定位的盒子,当不再需要加定位时,就可以加静态定位让其失效。

8.2.2　相对定位

相对定位是将元素相对于它在标准流中的位置进行定位,当 position 属性的取值为 relative 时,可以将元素定位于相对位置。

对元素设置相对定位后,可以通过边偏移属性改变元素的位置,如图 8-3 所示。

相对定位最重要的一点是它可以通过边偏移移动位置,但是它在文档流中的位置仍然保留,如图 8-4 所示,即展示一个相对定位的效果。

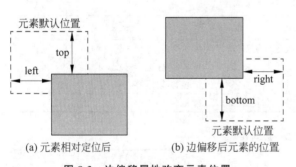

图 8-3　边偏移属性改变元素位置

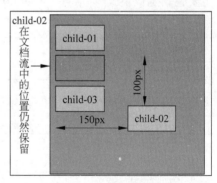

图 8-4　相对定位效果展示

【例 8-2】　相对定位应用

```
<!DOCTYPE html>
<html lang="en">
```

```
< head >
    < meta charset = "UTF - 8">
    < title >相对定位应用</title>
    < style >
        div {
            margin:10px;
            padding:5px;
            font - size:12px;
            line - height:25px;
        }
        # father {
            border:1px # 666 solid;
            padding:0px;
        }
        # first {
            background - color: # FC9;
            border:1px # B55A00 dashed;
            position:relative;        / * 相对定位 * /
            top: - 20px;
            loft:20px;
        }
        # second {
            background - color: # CCF;
            border:1px # 0000A8 dashed;
        }
        # third {
            background - color: # C5DECC;
            border:1px # 395E4F dashed;
            position:relative;        / * 相对定位 * /
            right:20px;
            bottom:20px;
        }
    </style>
</head>
< body >
    < div id = "father">
        < div id = "first">第 1 个盒子</div>
        < div id = "second">第 2 个盒子</div>
        < div id = "third">第 3 个盒子</div>
    </div>
</body>
</html>
```

在浏览器中的应显示效果如图 8-5 所示。

注意：相对定位的元素可以移动并与其他元素重叠，但会保留元素默认位置处的空间（相对定位不脱标）。

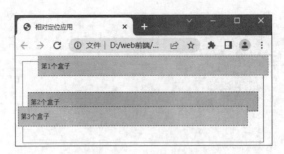

图 8-5　相对定位应用

8.2.3　绝对定位

当 position 属性的取值为 absolute 时,可以将标签的定位模式设置为绝对定位。绝对定位是将标签依据最近的已经定位(绝对、固定或相对定位)的父标签进行定位,例如 position:relative;或 position:absolute;及 position:fixed;,那么它就会相对于它的父元素来定。若所有父标签都没有定位,则会以浏览器窗口为基准进行定位。

然而在网页设计中,一般需要子标签相对于其父标签的位置保持不变,也就是让子标签依据其父标签的位置进行绝对定位,此时如果父标签不需要定位,则该怎么办呢?

对于上述情况,可直接将父标签设置为相对定位,但不对其设置偏移量,然后对子标签应用绝对定位,并通过偏移属性对其进行精确定位。这样父标签既不会失去其空间,同时还能保证子标签依据父标签准确定位。

使用绝对定位的元素会脱离原来的位置,不再占用网页上的空间。与相对定位相同,使用绝对定位的元素同样会与页面中的其他元素重叠,另外使用绝对定位的元素可以有外边距,并且外边距不会与其他元素的外边距重叠。

【例 8-3】　绝对定位应用

```html
<!DOCTYPE html>
<html lang = "en">
<head>
    <meta charset = "UTF - 8">
    <title>绝对定位应用</title>
    <style>
        body{margin:0px;}
        div {
            padding:5px;
            font - size:12px;
            line - height:25px;
        }
        #father {
            border:1px #666 solid;
            margin:10px;
            position:relative;
```

```
        }
        #first {
            background - color: #FC9;
            border:1px #B55A00 dashed;
        }
        # second {
            background - color: #CCF;
            border:1px #0000A8 dashed;
            position:absolute;           /* 绝对定位是相对于父元素来讲的 */
            right:30px;
        }
        # third {
            background - color: #C5DECC;
            border:1px #395E4F dashed;
        }
    </style>
</head>
< body >
    < div id = "father">
        < div id = "first">第 1 个盒子</div >
        < div id = "second">第 2 个盒子</div >
        < div id = "third">第 3 个盒子</div >
    </div >
</body >
</html >
```

在浏览器中的显示效果如图 8-6 所示。

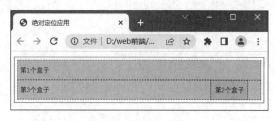

图 8-6　绝对定位应用

注意：绝对定位最重要的一点是，它可以通过边偏移移动位置，但是它完全脱标，完全不占位置。

8.2.4　固定定位

当 position 属性的取值为 fixed 时，即可将元素的定位模式设置为固定定位。固定定位就是将元素相对于浏览器窗口进行定位，使用固定定位的元素不会因为浏览器窗口的滚动而移动，就像是固定在页面上一样，我们经常在网页上看到的返回顶部按钮就是使用固定定位实现的。

当对元素设置固定定位后，它将脱离标准文档流的控制，始终依据浏览器窗口来定义自己的显示位置。不管浏览器滚动条如何滚动，也不管浏览器窗口的大小如何变化，该元素都会始终显示在浏览器窗口的固定位置。

固定定位有以下两大特点：

(1) 固定定位的元素跟父元素没有任何关系，只认浏览器。

(2) 固定定位完全脱标，不占有位置，不随着滚动条滚动。

【例 8-4】 固定定位

```html
<!DOCTYPE html>
<html lang="en">
<head>
    <meta charset="UTF-8">
    <title>固定定位</title>
    <style>
        body {
            height: 3000px;
        }
        .father {
            width: 200px;
            height: 200px;
            background-color: pink;
            margin: 100px auto;
        }
        img {
            position: fixed;      /* 固定定位,定位在右上角 */
            top: 0;
            right: 0;
        }
    </style>
</head>
<body>
    <div class="father">
        <img src="images/sun.png" width="100" alt="">
    </div>
</body>
</html>
```

在浏览器中的显示效果如图 8-7 所示。

图 8-7　固定定位

8min

8.3　元素堆叠

通常可能会认为 HTML 网页是个二维的平面,因为页面中的文本、图像或者其他元素都是按照一定顺序排列在页面上的,每个元素之间都有一定的间隙,不会重叠,然而,实际的网页其实是三维的,元素之间可能会发生堆叠(重叠)现象,可以通过 CSS 中的 z-index 属性设置元素的堆叠顺序,如图 8-8 所示。

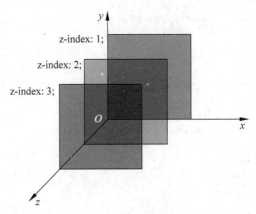

图 8-8　元素堆叠演示

z-index 属性的值为整数,可以为正数,也可以为负数,默认值为 0。在 z 轴方向上,定位元素就会按各自 z-index 属性的值,从小到大依次排列。z-index 属性的值越大,元素离用户越近。

关于元素的层级关系有以下几点需要注意:

(1) z-index 的默认属性值是 0,取值越大,定位元素在层叠元素中越居上。

(2) 如果取值相同,则根据书写顺序,后来居上。

(3) 后面数字一定不能加单位。

(4) z-index 属性仅在元素定义了 position 属性且属性值不为 static 时才有效,即只有相对定位、绝对定位、固定定位时可指定此属性。

【例 8-5】 扑克牌叠放效果

```html
<!DOCTYPE html>
<html lang = "en">
<head>
    <meta charset = "UTF - 8">
    <title>扑克牌叠放效果</title>
    <style>
        div{
            width: 200px;
            height: 500px;
```

```
        position: absolute;
    }
    #jack{
        background: url(images/jack.png) no-repeat;
        background-size: 182px;
        left: 100px;
        top: 100px;
        z-index: 1;
    }
    #queen{
        background: url(images/queen.png) no-repeat;
        background-size: 170px;
        left: 180px;
        top: 100px;
        z-index: 2;
    }
    #king{
        background: url(images/king.png) no-repeat;
        background-size: 182px;
        left: 260px;
        top: 100px;
        z-index: 3;
    }

    </style>
</head>
<body>
    <div id="jack"></div>
    <div id="queen"></div>
    <div id="king"></div>
</body>
</html>
```

在浏览器中的显示效果如图 8-9 所示。

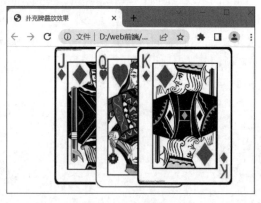

图 8-9   扑克牌叠放效果

▶ 25min

8.4　浮动

浮动可以使一个元素脱离自己原本的位置，并在父元素的内容区中向左或向右移动，直到碰到父元素内容区的边界或者其他浮动元素为止。另外，在浮动元素之后定义的文本或者行内元素都将环绕在浮动元素的一侧，从而可以实现文字环绕的效果，类似于 Word 中的图文混排。

CSS 的定位机制有 3 种：普通流（标准流）、浮动和定位，如图 8-10 所示。

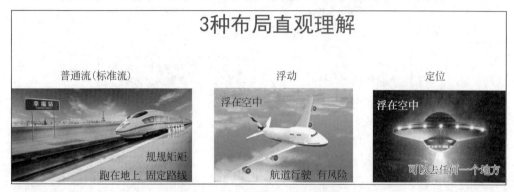

图 8-10　CSS 的 3 种定位机制

普通流实际上就是一个网页内标签元素按照从上到下、从左到右排列顺序。例如，块级元素会独占一行，行内元素会按顺序依次前后排列，按照这种大前提的布局排列绝对不会出现例外的情况，这种布局叫作普通流布局。

8.4.1　浮动的原理

浮动的详细特性：

（1）浮动以后使元素脱离了文档流（在页面中不占据位置）。

（2）浮动在碰到父元素的边框或者浮动元素的边框时就会停止。

（3）浮动只有左右浮动，没有上下浮动。

（4）浮动以后块级元素在同一行显示，行内元素可以设置宽和高。

（5）当元素没有设置宽度和高度时，宽度由内容撑开，如图 8-11 所示，当把框 1 向右浮动时，它脱离文档流并且向右移动，直到它的右边缘碰到包含框的右边缘。

再看图 8-12，当框 1 向左浮动时，它脱离文档流并且向左移动，直到它的左边缘碰到包含框的左边缘。因为它不再处于文档流中，所以它不占据空间，实际上覆盖住了框 2，使框 2 从视图中消失。如果把所有 3 个框都向左移动，则框 1 向左浮动直到碰到包含框，另外两个框向左浮动直到碰到前一个浮动框。

如图 8-13 所示，如果包含框太窄，则无法容纳水平排列的 3 个浮动元素，此时其他浮动块向下移动，直到有足够的空间。如果浮动元素的高度不同，则当它们向下移动时可能会被其他浮动元素"卡住"。

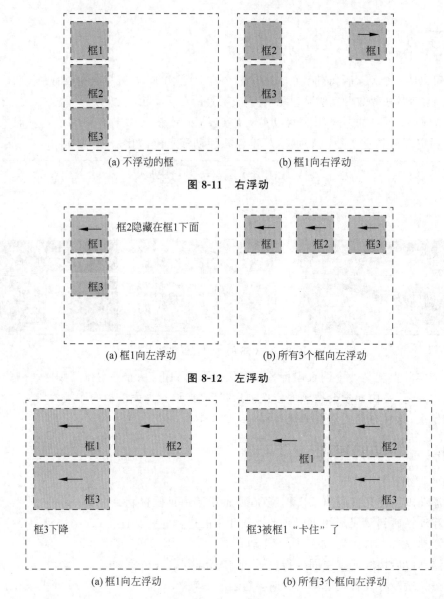

(a) 不浮动的框　　　　　　　　　　(b) 框1向右浮动

图 8-11　右浮动

(a) 框1向左浮动　　　　　　　　　　(b) 所有3个框向左浮动

图 8-12　左浮动

(a) 框1向左浮动　　　　　　　　　　(b) 所有3个框向左浮动

图 8-13　浮动

8.4.2　浮动应用

在 CSS 中,通过 float 属性来定义浮动,可以使元素向左或向右浮动,直到它的外边缘碰到包含框或另一个浮动框的边框为止。实际上任何元素都可以应用浮动效果。该属性的常用取值如表 8-3 所示。

表 8-3 float 属性取值一览表

属 性 值	描　　　述
left	元素向左浮动
right	元素向右浮动
none	元素不浮动(默认值)

浮动布局有以下几个特征：

(1) 声明浮动效果后,浮动元素会自动生成一个块级框,因此可以设置浮动元素的宽和高,如例 8-6 所示。

【例 8-6】 为行内元素声明浮动

```
<! DOCTYPE html >
< html lang = "en">
< head >
    < meta charset = "UTF - 8">
    < title>为行内元素声明浮动</title>
    < style >
        span{
            width: 300px;
            height: 200px;
            border: 1px solid red;
        }
        # float{float:right;}
    </style >
</head >
< body >
    < img src = "images/vue.png" width = "200px" alt = "">
    < span id = "float">行内元素浮动效果</span >
</body >
</html >
```

在浏览器中的显示效果如图 8-14 所示。

图 8-14　行内元素浮动效果

浮动元素应该明确定义大小。如果浮动元素没有定义宽度和高度,则它会自动收缩到仅能包住内容为止。例如,如果浮动元素内部包含一张图片,则浮动元素大小和图片大小一致；如果包含的是文本，则浮动元素将和文本一样宽，而当块级元素没有定义宽度时，则会自动显示为100%。

（2）浮动元素只能改变水平方向的展示方式，而不能改变垂直方向，如例8-7所示。

【例 8-7】 设置图片浮动

```html
<!DOCTYPE html>
<html lang="en">
<head>
    <meta charset="UTF-8">
    <title>设置图片浮动</title>
    <style>
        div {
            margin:10px;
            padding:5px;
        }
        #father {
            border:1px #000 solid;
        }
        .layer01 {
            border:1px #F00 dashed;
            float:right;
        }
        .layer02 {
            border:1px #00F dashed;
            float:right;
        }
        .layer03 {
            border:1px #060 dashed;
            float:left;
        }
        .layer04 {
            border:1px #666 dashed;
            font-size:12px;
            line-height:23px;
        }
    </style>
</head>
<body>
    <div id="father">
        <div class="layer01"><img src="images/photo-1.jpg"
            alt="日用品" /></div>
        <div class="layer02"><img src="images/photo-2.jpg"
            alt="图书" /></div>
        <div class="layer03"><img src="images/photo-3.jpg"
            alt="鞋子" /></div>
        <div class="layer04">浮动的盒子可以向左浮动,也可以向右浮动,
    直到它的外边缘碰到包含框或另一个浮动盒子为止。本网页中共有三张图片,
    分别代表日用品图片、图书图片和鞋子图片。这里使用这三张图片和本段文字
    来演示讲解浮动在网页中的应用,根据需要图片所在的 div 分别向左浮动、向右浮动,
    或者不浮动。</div>
```

```
    </div>
</body>
</html>
```

在浏览器中的显示效果如图 8-15 所示。

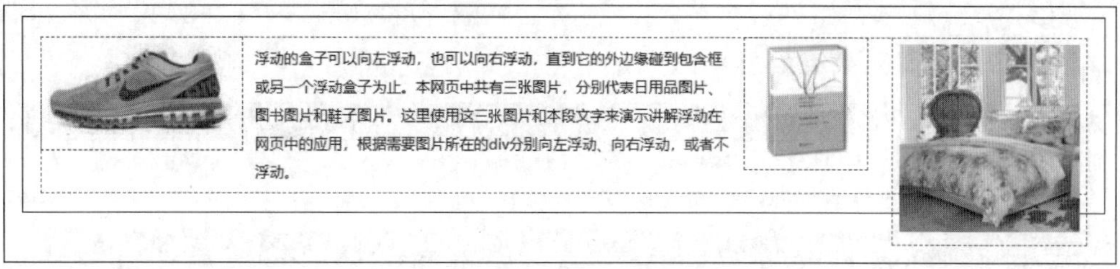

浮动的盒子可以向左浮动，也可以向右浮动，直到它的外边缘碰到包含框或另一个浮动盒子为止。本网页中共有三张图片，分别代表日用品图片、图书图片和鞋子图片。这里使用这三张图片和本段文字来演示讲解浮动在网页中的应用，根据需要图片所在的div分别向左浮动、向右浮动，或者不浮动。

图 8-15　图片浮动效果

（3）浮动元素可以并列显示，如果一行宽度不足以放下浮动元素，则该元素会自动下移到足够的空间位置，如例 8-8 所示。

【例 8-8】 导航栏制作

```
<!DOCTYPE html >
< html lang = "en">
< head >
    < meta charset = "UTF - 8">
    < title >导航栏制作</title >
    < style >
        ul{/ * 清除列表样式 * /
            margin: 0;
            padding: 0;
            list - style - type: none;        / * 清除列表类型样式 * /
        }
        ♯nav{width: 100 % ; height: 32px; }  / * 定义列表的宽和高 * /
        ♯nav li{                             / * 定义列表项样式 * /
            float: left;                     / * 浮动列表项 * /
            width: 9 % ;                     / * 定义百分比宽 * /
            padding: 0 5 % ;                 / * 内边距 * /
            margin: 0 2px;                   / * 外边距 * /
            background: red;
            color: white;
            font - size: 16px;
            line - height: 32px;             / * 垂直居中,当行高等于盒子(♯nav)高度时垂直居中 * /
            text - align: center;            / * 水平居中 * /
        }
    </style >
</head >
< body >
    < ul id = "nav">
        <li >美 丽 说</li >
        <li >聚美优品</li >
```

```
        <li>蘑菇街</li>
        <li>唯品会</li>
        <li>淘宝网</li>
    </ul>
</body>
</html>
```

在浏览器中的显示效果如图 8-16 所示。

图 8-16 导航栏效果

8.4.3 清除浮动

浮动本质上是用来实现一些文字混排效果的,但是如果被拿来做布局用,则会出现一些问题。由于浮动元素不再占用原文档流的位置,所以它会对后面的元素排版产生影响,为了解决这些问题,此时就需要在该元素中清除浮动。

清除浮动主要为了解决父级元素因为子级浮动而引起内部高度为 0 的问题。

在 CSS 中,clear 属性用于清除浮动,该属性的常用取值如表 8-4 所示。

表 8-4 clear 属性取值一览表

属 性 值	描 述
left	不允许左侧有浮动元素(清除左侧浮动的影响)
right	不允许右侧有浮动元素(清除右侧浮动的影响)
both	同时清除左右两侧浮动的影响
none	允许两边都可以有浮动对象

W3C 推荐的做法是在浮动元素末尾添加一个空的标签,例如< div style="clear:both"></div>,或者其他标签。

这种方式通俗易懂,书写方便。在实际工作中清除浮动常用的 4 种方法如下。

先看一个例子:现在有两个 div,div 本身没有任何属性。每个 div 中都有 li,这些 li 都是浮动的。

```
<style>
    div li{float: left;list-style: none;margin: 10px;}
</style>

<div>
```

```
<ul>
    <li>HTML</li>
    <li>CSS</li>
    <li>JS</li>
</ul>
</div>
<div>
    <ul>
        <li>大前端</li>
        <li>前后端分离</li>
        <li>面试技巧</li>
    </ul>
</div>
```

本以为这些 li 列表项会被分为两排,但是展示效果却显示在一行,如图 8-17 所示。

图 8-17　列表项效果图

造成这种结果的原因是第 2 个 div 中的 li 列表项紧靠第 1 个 div 中最后一个 li 列表项了,因为 div 没有设置高度,不能给自己浮动的子元素一个容器。

(1) 清除浮动方法 1:给浮动元素祖先元素加上高度。

只要浮动在一个有高度的盒子中,那么这个浮动就不会影响后面的浮动元素,所以给祖先元素设置高度,代码如下:

```
<style>
    div{height: 30px}/*为祖先元素设置高度*/
    div li{float: left;list-style: none;margin: 10px;}
</style>

<div>
    <ul>
        <li>HTML</li>
        <li>CSS</li>
        <li>JS</li>
    </ul>
</div>
<div>
    <ul>
        <li>大前端</li>
        <li>前后端分离</li>
        <li>面试技巧</li>
    </ul>
</div>
```

没有高度的容器是不能关注浮动元素的。设置高度后的显示效果如图 8-18 所示。

图 8-18　清除浮动效果

（2）清除浮动的方法 2：clear：both。

clear：both；指清除左右浮动，即清除别人对我的影响，代码如下：

```
<style>
        div li{float: left;list - style: none;margin: 10px;}
</style>

<div>
    <ul>
        <li>HTML</li>
        <li>CSS</li>
        <li>JS</li>
    </ul>
</div>
<div style = "clear: both"><!-- 清除浮动 -->
    <ul>
        <li>大前端</li>
        <li>前后端分离</li>
        <li>面试技巧</li>
    </ul>
</div>
```

（3）清除浮动方法 3：隔墙法与内墙法。

隔墙法是通过块级元素这堵墙将两个父类分隔，可以通过设置墙的高度来控制间隙，代码如下：

```
<style>
        div li{float: left;list - style: none;margin: 10px;}
</style>

<div>
    <ul>
        <li>HTML</li>
        <li>CSS</li>
        <li>JS</li>
    </ul>
</div>
```

```
<p style = "height: 10px;clear: both"></p><!-- 隔墙法 -->
<div>
    <ul>
        <li>大前端</li>
        <li>前后端分离</li>
        <li>面试技巧</li>
    </ul>
</div>
```

内墙法顾名思义是将墙修在父类里面,代码如下:

```
<style>
        div li{float: left;list - style: none;margin: 10px;}
</style>

<div>
    <ul>
        <li>HTML</li>
        <li>CSS</li>
        <li>JS</li>
    </ul>
    <p style = "height: 10px;clear: both"></p><!-- 内墙法 -->
</div>
<div>
    <ul>
        <li>大前端</li>
        <li>前后端分离</li>
        <li>面试技巧</li>
    </ul>
</div>
```

(4) 清除浮动方法 4:overflow:hidden。

overflow:hidden 的本意是将所有溢出盒子的内容隐藏,但是,我们发现它也能够用于浮动的清除,代码如下:

```
<style>
    div{overflow: hidden}
    div li{float: left;list - style: none;margin: 10px;}
</style>

<div>
    <ul>
        <li>HTML</li>
        <li>CSS</li>
        <li>JS</li>
    </ul>
</div>
<div>
    <ul>
```

```
      <li>大前端</li>
      <li>前后端分离</li>
      <li>面试技巧</li>
    </ul>
</div>
```

11min

8.5 display 和 overflow 属性

1. display 属性

根据 CSS 规范的规定,每个网页元素都有一个 display 属性,用于确定该元素的类型。每个元素都有默认的 display 属性值,例如 div 元素,它的默认 display 属性值为 block,称为块元素,而 span 元素的默认 display 属性值为 inline,称为行内(内联)元素。

块元素与行元素是可以转换的,也就是说 display 的属性值可以由我们来改变。display 常用属性值如表 8-5 所示。

表 8-5 display 常用属性值

属 性 值	描 述
none	此元素不会被显示
block	此元素将显示为块级元素,此元素前后会带有换行符
inline	此元素会被显示为行内元素,元素前后没有换行符
inline-block	行内块元素(CSS2.1 新增的值)
table	此元素会作为块级表格来显示(类似于< table >)

例 8-9 把块级元素转换为行内元素显示。

【例 8-9】 块级元素转换为行内元素

```
<!DOCTYPE html >
< html lang = "en">
< head >
    < meta charset = "UTF - 8">
    < title>块级元素转换为行内元素</title>
    < style >
        p {display: inline}          / * 块级元素转换为行内元素 * /
        div {display: none}          / * 元素隐藏 * /
    </style >
</head >
< body >
    <p>本例中的样式表把段落元素设置为行内元素,</p>
    <p>所以 div 元素不会显示出来!</p>
    < div>div 元素的内容不会显示出来!</div>
</body >
</html>
```

在浏览器中的显示效果如图 8-19 所示。

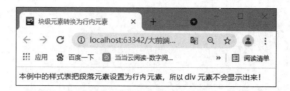

图 8-19 块级元素转换为行内元素的效果

例 8-10 把行内元素转换为块级元素显示。

【例 8-10】 行内元素转换为块级元素

```
<!DOCTYPE html>
<html lang = "en">
<head>
    <meta charset = "UTF - 8">
    <title>行内元素转换为块级元素</title>
    <style>
        span{ display: block }      / * 行内元素转换为块级元素 * /
    </style>
</head>
<body>
    <span>本例中的样式表把 span 元素设置为块级元素。</span>
    <span>两个 span 元素之间产生了一个换行行为。</span>
</body>
</html>
```

在浏览器中的显示效果如图 8-20 所示。

图 8-20 行内元素转换为块级元素

当 display 属性值为 none 时表示隐藏对象,与它相反的是 block,除了可转换为块级元素之外,同时还有显示元素的意思,如例 8-11 所示。

【例 8-11】 鼠标经过显示二维码

```
<!DOCTYPE html>
<html lang = "en">
<head>
    <meta charset = "UTF - 8">
    <title>鼠标经过时显示二维码</title>
    <style>
        div {
            width: 100px;
            height: 100px;
            background - color: pink;
```

```
                    text – align: center;
                    line – height: 100px;
                    margin: 10px auto;          /* 垂直距离为 10,水平居中 */
                }
            div img {
                    display: none;              /* 隐藏二维码 */
                }
            div:hover img {                     /* 鼠标经过 div 时 img 图片会显示出来 */
                    display: block;             /* 显示二维码 */
                }
        </style>
    </head>
    <body>
        <div>
            扫二维码加我
            <img src = "images/me.png" width = "200" alt = "">
        </div>
    </body>
</html>
```

在浏览器中的显示效果如图 8-21 所示。

(a) 初始加载状态 　　　　　　　　　　　　　　(b) 鼠标经过时的状态

图 8-21　鼠标经过时显示二维码应用效果

2. overflow 属性

overflow 属性定义了当元素溢出规定内容区域时所发生的事情。当一个元素固定为某个大小且在内容区放不下时,就可以用 overflow 来解决。

overflow 属性的取值如表 8-6 所示。

表 8-6　overflow 属性的取值

属　性　值	描　　　　　述
visible	默认值,对溢出内容不做处理,内容可能会超出容器
hidden	隐藏溢出容器的内容且不出现滚动条
scroll	内容会被修剪,但是浏览器会显示滚动条以便查看其余的内容
auto	自动,即超出时会出现滚动条,不超出时就没有滚动条

overflow 属性的几种取值演示如例 8-12 所示。

【例 8-12】　overflow 属性应用

```html
<!DOCTYPE html>
<html lang = "en">
<head>
    <meta charset = "UTF - 8">
    <title>overflow 属性应用</title>
    <style type = "text/css">
        div{
        width: 200px;
        height: 150px;
        background: #ab3795;
        overflow:visible;     /* 默认值 */
        }
    </style>
</head>
<body>
    <h3>少年闰土</h3>
<div>深蓝的天空中挂着一轮金黄的圆月,下面是海边的沙地,
    都种着一望无际的碧绿的西瓜。其间有一个十一二岁的少年,
    项带银圈,手捏一柄钢叉,向一匹猹尽力地刺去。
    那猹却将身一扭,反从他的胯下逃走了。</div>
</body>
</html>
```

在浏览器中的显示效果如图 8-22 所示。

图 8-22　overflow 属性值为 visible 的应用效果

由图 8-22 可知,元素的内容不被隐藏,在规定内容区外部也可见。

第9章 CSS3 新增进阶技术

元素的样式效果新增内容主要包括 CSS3 边框、背景、变形、动画等,使页面更加绚丽多彩。减少了 JavaScript 代码的书写,在 CSS3 之前,实现相同效果需要大段的 JavaScript 代码,而使用 CSS3 新增的属性,便可以很容易实现。

本章学习重点:

- 掌握 CSS3 边框和背景效果的应用
- 掌握 CSS3 转换与动画效果的应用
- 综合运用响应式布局及多列的应用
- 应用 CSS3 高级技巧完成页面特效

9.1 CSS3 特效边框

15min

19min

CSS3 新增了 3 种边框特效,分别是圆角边框、有阴影效果的边框和图像边框,如表 9-1 所示。

表 9-1　CSS3 特效边框效果一览表

属性值	描述
border-radius	设置圆角的边框
box-shadow	设置带阴影效果的边框
border-image	设置带背景图像的边框

1. 圆角边框

在 Web 页面上,圆角效果是美化页面的常用手法之一,圆角给页面添加曲线之美,让页面不那么生硬。在 CSS3 中,专门针对圆角效果增加了一个 border-radius 属性,通过该属性便可以轻松实现圆角效果,设计师不必再为圆角而伤透脑筋。

基本语法格式如下:

```
border-radius: <length> | <percentage>
```

各参数的解释如下。

（1）＜length＞：用长度值设置对象的圆角半径长度，不允许负值。

（2）＜percentage＞：用百分比设置对象的圆角半径长度，不允许负值。

border-radius 属性可以接受 1～4 个值，规则如下。

（1）4 个值：第 1 个值为左上角，第 2 个值为右上角，第 3 个值为右下角，第 4 个值为左下角。

（1）3 个值：第 1 个值为左上角，第 2 个值为右上角和左下角，第 3 个值为右下角。

（2）2 个值：第 1 个值为左上角与右下角，第 2 个值为右上角与左下角。

（3）1 个值：4 个圆角值相同。

border-radius 属性实际上是一种简写形式，也可以单独对每个角进行设置，如表 9-2 所示。

表 9-2 圆角边框属性一览表

属 性 名	描 述
border-radius	所有 4 条边角 border-*-*-radius 属性的缩写
border-top-left-radius	定义左上角的弧度
border-top-right-radius	定义右上角的弧度
border-bottom-right-radius	定义右下角的弧度
border-bottom-left-radius	定义左下角的弧度

使用 border-radius 系列属性为元素设置圆角边框效果，如例 9-1 所示。

【例 9-1】 圆角边框效果

```
<!DOCTYPE html>
<html lang = "en">
<head>
    <meta charset = "UTF - 8">
    <title>圆角边框效果</title>
    <style>
        #rcorners1 {
            border - radius: 25px;          /* 4 个角的弧度都是 25px */
            background: #73AD21;
            padding: 20px;
            width: 200px;
            height: 50px;
        }
        #rcorners2 {
            border - radius: 25px;
            border: 2px solid #73AD21;
            padding: 20px;
            width: 200px;
            height: 50px;
        }
        #rcorners3 {
            border - radius: 25px;
            background: url(images/banner1.jpg);
            background - position: left top;
```

```
                background - repeat: repeat;
                padding: 20px;
                width: 190px;
                height: 50px;
            }
        </style>
</head>
< body >
        < p >拥有指定背景颜色的元素的圆角:</p>
        < p id = "rcorners1">背景圆角</p>
        < p >带边框元素的圆角:</p>
        < p id = "rcorners2">边框圆角</p>
        < p >拥有背景图片的元素的圆角:</p>
        < p id = "rcorners3">背景图片圆角 </p>
</body>
</html>
```

在浏览器中的显示效果如图 9-1 所示。

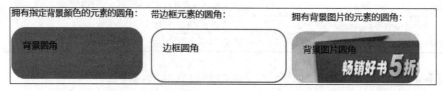

图 9-1　圆角边框效果

2. 盒阴影

在网页制作中,经常需要对盒子添加阴影效果。使用 CSS3 中的 box-shadow 属性可以轻松地添加阴影,其基本语法格式如下:

```
box - shadow: h - shadow v - shadow blur spread color outset;
```

在上面的语法格式中,box-shadow 属性共包含 6 个参数值,各参数的含义如下。

(1) h-shadow:必需的参数,水平阴影的位置,允许负值。

(2) v-shadow:必需的参数,垂直阴影的位置,允许负值。

(3) blur:可选参数,模糊距离。

(4) spread:可选参数,阴影的尺寸。

(5) color:可选参数,阴影的颜色,如果不设置,则默认为黑色。

(6) inset:可选参数,关键字,将外部投影(默认 outset)改为内部投影。inset 阴影在背景之上,内容之下。

使用 box-shadow 属性为元素设置边框阴影效果,如例 9-2 所示。

【例 9-2】 爱护眼睛

```
<!DOCTYPE html >
< html lang = "en">
```

```
< head >
    < meta charset = "UTF - 8">
    < title>爱护眼睛</title>
    < style >
        img{
            width: 200px;
            padding:20px;/ * 内边距 20px * /
            border - radius:50 % ;/ * 将图像设置为圆形效果 * /
            border:1px solid ♯666;
            box - shadow:5px 5px 10px 2px ♯999 inset;
        }
    </style >
</head >
< body >
    < img src = "images/eye.jpeg" alt = "">
</body >
</html >
```

在浏览器中的显示效果如图 9-2 所示。

图 9-2 爱护眼睛

box-shadow 向框添加一个或多个阴影,该属性是由逗号分隔的阴影列表,如例 9-3 所示。

【**例 9-3**】 水晶图片

```
<! DOCTYPE html >
< html >
< head >
    < title>水晶图片</title>
    < style >
        div {
            width: 249px;
            height: 249px;
            line - height: 249px;
            background - color: pink;
            margin: 100px;
            background: url( images/shui.jpg) 0 0 no - repeat;
            font - size: 30px;
```

```
                    text – align: center;
                    color: rgba(255, 255, 255, 0.7);          /* 颜色半透明 */
                    border – radius: 50 %;                     /* 变成一个圆角 */
                    box – shadow: 5px 5px 10px 16px rgba(255,255,255, 0.4) inset,
                    5px 4px 10px rgba(0,0,0,0.3);              /* 内阴影 */
                }
        </style>
    </head>
    <body>
        <div>水晶图片</div>
    </body>
</html>
```

在浏览器中的显示效果如图 9-3 所示。

图 9-3　水晶图片

3. 图像边框

为了实现丰富多彩的边框效果,在 CSS3 中,新增了 border-image 属性,这个新属性允许指定一张图像作为元素的边框。

图像边框的相关属性如表 9-3 所示。

表 9-3　图像边框的相关属性一览表

属　性　名	描　　　述
border-image-source	用在边框的图片的路径
border-image-slice	图片边框向内偏移
border-image-width	图片边框的宽度
border-image-outset	边框图像区域超出边框的量
border-image-repeat	图像边框是否应平铺(repeated)、铺满(rounded)或拉伸(stretched)
border-image	复合属性

1) border-image-source

border-image-source 属性用来定义边框要使用的图像,通过该属性可以指定一张图像来替换边框的默认样式,当 border-image-source 属性的值为 none 或者指定的图像不可用时,会显示边框默认的样式。

另外,border-image-source 属性除了可以使用图像来替换边框的默认样式外,还可以使用渐变来定义边框样式,该属性的语法格式如下:

```
border - image - source:none | < image >
```

其中,none 为 border-image-source 属性的默认值,表示不使用图像来替换边框的默认样式;< image > 为使用 url() 函数指定的图像路径或者使用 linear-gradient() 函数定义的渐变色,用来替换默认的边框样式。

需要注意的是,如果只设置了 border-image-source 属性而其他属性使用缺省值,则边框素材不会被划分为九宫格,而是将整个素材按照边框宽度缩放至合适尺寸后安放在边框四角。

【例 9-4】　使用图片替换默认边框

```
<! DOCTYPE html >
< html >
< head >
    < style >
        div {
            width: 200px;
            border: 27px solid;
            padding: 10px;
            border - image - source: url(images/border.png);
        }
    </style >
</head >
< body >
    < div >使用图片替换默认边框</div >
</body >
</html >
```

在浏览器中的显示效果如图 9-4 所示。

2) border-image-slice

border-image-slice 属性用来分割通过 border-image-source 属性加载的图像,该属性的语法格式如下:

使用图片替换默认边框

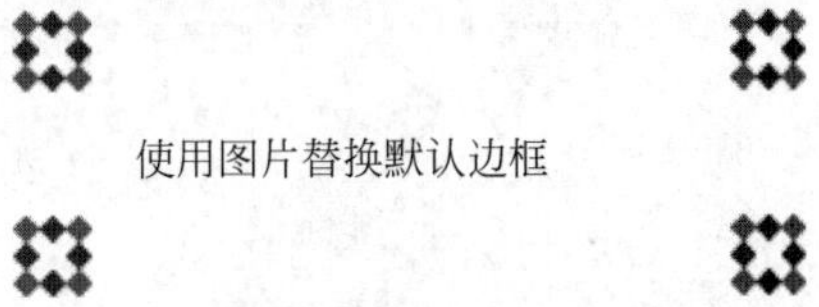

图 9-4　使用图片替换默认边框

```
border - image - slice:[ < number > | < percentage > ]{1,4} && fill?
```

border-image-slice 属性可以接收以下 3 种类型的值。

(1) < number >:数值,用具体数值指定图像分割的位置,数值代表图像的像素位置或向量坐标,不允许负值。

(2) < percentage >:百分比,相对于图像尺寸的百分比,图像的宽度影响水平方向,高度影响垂直方向。

(3) fill：保留边框图像的中间部分。

border-image-slice 属性用来设置边框素材的切割尺寸，依次是上横切割线、右竖切割线、下横切割线、左竖切割线。数值分别代表从上、右、下、左边缘向素材中心延伸的像素/百分比数，并将图像分成 4 个角、4 条边和中间区域等 9 部分，中间区域始终是透明的(没图像填充)，除非加上关键字 fill，如图 9-5 所示。

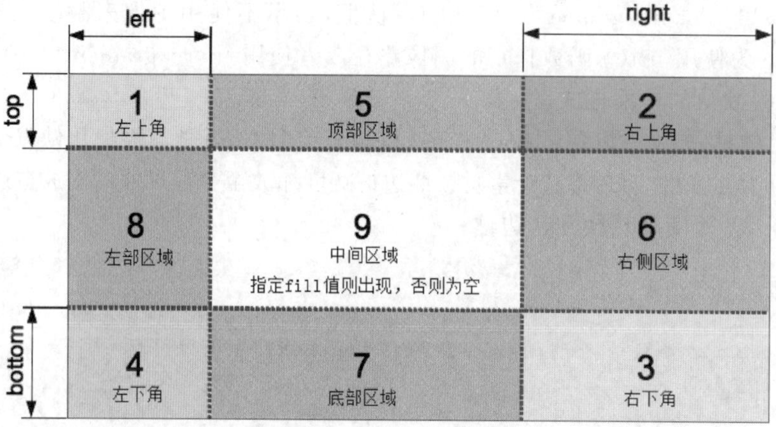

图 9-5　图片分割区域

除 fill 关键字外，border-image-slice 属性可以接受 1~4 个参数值：

(1) 如果提供全部 4 个参数值，则将按上、右、下、左的顺序对图像进行分割。

(2) 如果提供 3 个参数值，则第 1 个参数用于上方，第 2 个参数用于左、右两侧，第 3 个参数用于下方。

(3) 如果提供两个参数值，则第 1 个参数用于上方和下方，第 2 个参数用于左、右两个。

(4) 如果只提供一个参数值，则上、右、下、左都将使用该值进行分割。

【例 9-5】 图片分割

```html
<!DOCTYPE html>
<html>
<head>
    <style>
        div {
            width: 200px;
            border: 27px solid;
            padding: 10px;
            border-image-source: url(images/border.png);
            border-image-slice: 27;
        }
    </style>
</head>
<body>
    <div>使用图片替换默认边框</div>
</body>
</html>
```

在浏览器中的显示效果如图 9-6 所示。

3）border-image-width

border-image-width 属性用来设置通过 border-image-source 属性加载的图像厚度（宽度），该属性的语法格式如下：

图 9-6　图片分割效果

```
border - image - width:[ < length > | < percentage > | < number > | auto ]{1,4}
```

语法说明如下。

（1）< length >：使用数值加单位的形式指定图像边框的宽度，不允许为负值。

（2）< percentage >：用百分比的形式指定图像边框的宽度，参照图像边框区域的宽和高进行换算，不允许负值。

（3）< number >：使用浮点数指定图像边框的宽度，该值对应 border-width 的倍数，例如值为 2，则参数的实际值为 2×border-width，不允许负值。

（4）auto：由浏览器自动设定，当 border-image-width 设置为 auto 时，它的实际值与 border image slice 有相同的值。

提示：border-image-width 属性的默认值为 1，也就是说当省略 border-image-width 属性的值时，该属性的值会被设置为 1×border-width，相当于会直接使用 border-width 的值。

border-image-width 属性同样可以接受 1～4 个参数值：

（1）如果提供全部 4 个参数值，则将按照上、右、下、左的顺序设置图像边框 4 个方向上的宽度。

（2）如果提供 3 个参数值，则第 1 个参数用于上边框，第 2 个参数用于左、右两条边框，第 3 个参数用于下边框。

（3）如果提供两个参数值，则第 1 个参数用于上、下两条边框，第 2 个参数用于左、右两条边框。

（4）如果只提供一个参数值，则上、右、下、左都将使用该值设置图像边框的宽度。

【例 9-6】　设置图像边框的宽度

```
<! DOCTYPE html >
< html >
< head >
    < style >
        div {
            width: 200px;
            border: 27px solid;
            padding: 10px;
            border - image - source: url(images/border.png);
            border - image - slice: 27;
            border - image - width: 10px 1 0.5 15px;
        }
    </style>
```

```
</head>
<body>
    <div>使用图片替换默认边框</div>
</body>
</html>
```

图 9-7 设置图像边框的宽度

在浏览器中的显示效果如图 9-7 所示。

4) border-image-outset

border-image-outset 属性用来定义图像边框相对于边框边界向外偏移的距离(使图像边框延伸到盒子模型以外),该属性的语法格式如下:

```
border-image-outset:[<length> | <number> ]{1,4}
```

语法说明如下。

(1) <length>:用具体的数值加单位的形式指定图像边框向外偏移的距离,不允许为负值。

(2) <number>:用浮点数指定图像边框向外偏移的距离,该值表示 border-width 的倍数,例如值为 2,则表示偏移量为 $2 \times$ border-width,不允许为负值。

border-image-outset 属性同样可以接受 1~4 个参数值:

(1) 如果提供全部 4 个参数值,则将按上、右、下、左的顺序作用于 4 条边。

(2) 如果提供 3 个参数值,则第 1 个参数将用于上边框,第 2 个参数将用于左、右两条边框,第 3 个参数将用于下边框。

(3) 如果提供两个参数值,则第 1 个参数将用于上、下两条边框,第 2 个参数将用于左、右两条边框。

(4) 如果只提供一个参数值,则该参数将同时作用于 4 条边。

【例 9-7】 边框边界向外的偏移量

```
<!DOCTYPE html>
<html>
<head>
    <style>
        div {
            width: 200px;
            border: 27px solid;
            padding: 10px;
            margin: 30px 0px 0px 30px;
            border-image-source: url(images/border.png);
            border-image-slice: 27;
            border-image-outset: 25px;
            background-color: #CCC;
        }
    </style>
```

```
</head>
<body>
    <div>使用图片替换默认边框</div>
</body>
</html>
```

在浏览器中的显示效果如图 9-8 所示。

使用图片替换默认边框

图 9-8　边框边界向外的偏移量

5) border-image-repeat

border-image-repeat 属性用来设置如何填充使用 border-image-slice 属性分割的图像边框，例如平铺、拉伸等，该属性的语法格式如下：

```
border - image - repeat:[ stretch | repeat | round | space ]{1,2}
```

语法说明如下。

（1）stretch：将被分割的图像使用拉伸的方式来填充满边框区域。

（2）repeat：将被分割的图像使用重复平铺的方式来填充满边框区域，当图像碰到边界时，超出的部分会被截断。

（3）round：与 repeat 关键字类似，不同之处在于，当背景图像不能以整数次平铺时，会根据情况缩放图像。

（4）space：与 repeat 关键字类似，不同之处在于，当背景图像不能以整数次平铺时，会用空白间隙填充在图像周围。

border-image-repeat 属性能够接受 1~2 个参数值：

（1）如果提供两个参数值，则第 1 个参数将用于水平方向，第 2 个参数将用于垂直方向。

（2）如果只提供一个参数值，则将在水平和垂直方向都应用该值。

【例 9-8】　图像边框的填充

```
<!DOCTYPE html>
<html>
<head>
    <style>
        div {
            width: 200px;
            border: 27px solid;
```

```
                padding: 10px;
                border - image - source: url(images/border.png);
                border - image - slice: 27;
                border - image - repeat: round repeat;
            }
        </style>
</head>
<body>
    <div>使用图片替换默认边框</div>
</body>
</html>
```

在浏览器中的显示效果如图 9-9 所示。

图 9-9　图像边框的填充

6) border-image

了解完 border-image-source、border-image-slice、border-image-width、border-image-outset 和 border-image-repeat 这几个属性,我们再来看一看 border-image 属性。border-image 属性是 5 个 border-image- * 属性的简写,通过 border-image 属性可以同时设置 5 个 border-image- * 属性。

【例 9-9】　border-image 简写属性

```
<! DOCTYPE html >
< html >
< head >
    < style >
        div {
            width: 200px;
            border: 27px solid;
            padding: 10px;
            border - image: url( images/border.png) 27 round;
        }
    </style>
</head>
< body >
    <div>使用图片替换默认边框</div>
</body>
</html>
```

在浏览器中的显示效果如图 9-10 所示。

图 9-10 **border-image** 简写属性演示

9.2 背景渐变

▶ 22min

CSS3 渐变(gradients)可以使颜色在两个或多个指定的颜色之间平稳地过渡。以前,必须使用图像实现这些效果,但是,通过 CSS3 渐变,可以减少下载的时间和宽带的使用。此外,渐变效果的元素在放大时看起来效果更好,因为渐变是由浏览器生成的。

CSS3 定义了 4 种类型的渐变:

(1)线性渐变。

(2)径向渐变。

(3)圆锥渐变。

(4)重复渐变。

通过 CSS 创建的渐变元素可以按任意比例放大或缩小,而且不会降低质量。

1. 线性渐变

线性渐变指的是颜色沿一条直线进行渐变(例如由上到下、从左到右等),要创建线性渐变,至少需要定义两个色标(色标指的是想要平滑过渡的颜色),若要创建更加复杂的渐变效果,则需要定义更多的色标。

创建线性渐变的基本语法格式如下:

```
background:linear - gradient(direction, color - stop1, color - stop2, …);
```

参数说明如下:

(1)direction 可选值用于定义渐变的方向(例如从左到右、从上到下),可以是具体角度(例如 90deg),也可以通过 to 加 left、right、top、bottom 等关键字来表示渐变方向。

to left:表示从右到左,相当于 270deg;

to right:表示从左到右,相当于 90deg;

to top:表示从下到上,相当于 0deg;

to bottom:默认值,表示从上到下,相当于 180deg;

to right bottom:表示从左上到右下;

to right top:表示从左下到右上;

to left bottom:表示从右上到左下;

to left top:表示从右下到左上。

(2)color-stop1、color-stop2、…:表示定义的多个色标,在每个色标中除了可以定义颜色外,还可以通过数值加单位或者百分比的形式定义颜色的起止位置。

使用 linear-gradient()函数定义线性渐变,如例 9-10 所示。

【例 9-10】 线性渐变

```html
<!DOCTYPE html>
<html>
<head>
    <style>
        div {
            width: 210px;
            height: 50px;
            float: left;
            margin: 10px;
        }
        .one {
            background: linear - gradient(to right bottom, red, blue 70px);
        }
        .two {
            background: linear - gradient(190deg, #000, #FFF);
        }
        .three {
            background: linear - gradient(red, green, blue);
        }
        .four {
            background: linear - gradient(to right, red, orange, yellow, green, blue, indigo,
violet);
        }
    </style>
</head>
<body>
    <div class = "one"></div>
    <div class = "two"></div>
    <div class = "three"></div>
    <div class = "four"></div>
</body>
</html>
```

在浏览器中的显示效果如图 9-11 所示。

图 9-11　线性渐变效果

2. 径向渐变

径向渐变与线性渐变类似,不同之处在于径向渐变是由中心向外延伸渐变,可以指定中心点的位置,也可以设置渐变的形状。

定义径向渐变的基本语法格式如下:

```
background:radial - gradient(shape size at position, color - stop1, color - stop2, ...);
```

参数说明如下。

(1) at:一个关键字,需要放置在参数 position 的前面。

(2) position:指定渐变起点的坐标,可以使用数值加单位、百分比或者关键字(例如 left、bottom 等)等形式指定渐变起点的坐标。如果提供两个参数,则第 1 个参数用来表示横坐标,第 2 个参数用来表示纵坐标;如果只提供一个参数,则第 2 个参数将被默认设置为 50%,即 center。

(3) shape:指定渐变的形状,可选值为 circle(圆形)、ellipse(椭圆)。

(4) size:指定渐变形状的大小,除了可以使用具体的数值来指定 circle、ellipse 的半径外,还可以使用下面所示的关键字来指定渐变形状的大小。

closest-side:将径向渐变的半径长度指定为从圆心到离圆心最近的边;

closest-corner:将径向渐变的半径长度指定为从圆心到离圆心最近的角;

farthest-side:默认值,将径向渐变的半径长度指定为从圆心到离圆心最远的边;

farthest-corner:将径向渐变的半径长度指定为从圆心到离圆心最远的角。

(5) color-stop1、color-stop2、…:表示定义的多个色标,在每个色标中除了可以定义颜色外,还可以通过数值加单位或者百分比的形式定义颜色的起止位置。

使用 radial-gradient()函数定义径向渐变,如例 9-11 所示。

【例 9-11】 径向渐变

```
<!DOCTYPE html >
< html >
< head >
    < style >
        div {
            width: 210px;
            height: 100px;
            float: left;
            margin: 10px;
            border: 1px solid black;
        }
        .one {
            background: radial - gradient(circle at 50 %, red, yellow, lime);
        }
        .two {
            background: radial - gradient(ellipse 100px 30px at 30 %, red, yellow, lime);
        }
```

```
        .three {
            background: radial - gradient(circle 100px at 50 %, red 10 %, yellow 50 %, lime
100px);
        }
        .four {
            background: radial - gradient(circle closest - corner at 50px 30px, red, yellow,
lime);
        }
    </style>
</head>
< body >
    < div class = "one"></div >
    < div class = "two"></div >
    < div class = "three"></div >
    < div class = "four"></div >
</body >
</html >
```

在浏览器中的显示效果如图 9-12 所示。

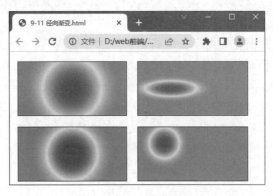

图 9-12　径向渐变效果

3. 圆锥渐变

圆锥渐变类似于径向渐变,两者都有一个中心点作为色标的源点,不同的是圆锥渐变是围绕中心点旋转的,而不是从中心点向往辐射。

定义圆锥渐变的基本语法格式如下:

```
background:conic - gradient(from angle at position, start - color, ..., last - color);
```

语法说明如下。

(1) from:一个关键字,需要放置在参数 angle 之前。

(2) angle:定义圆锥渐变的起始角度,可以为空,默认值为 0deg。

(3) at:一个关键字,需要放置在参数 position 之前。

(4) position:定义圆锥渐变锥心的坐标,可以使用数值加单位、百分比或者关键字(例如 left、bottom 等)等形式指定锥心的坐标。如果提供两个参数,则第 1 个参数用来表示横坐标,第 2 个参数用来表示纵坐标;如果只提供一个参数,则第 2 个参数将被默认设置为 50%,即 center(居中)。

(5) start-color、…、last-color:表示定义的多个色标,在每个色标中除了可以定义颜色外,还可以通过百分比或者角度来定义颜色的起始位置。

使用 conic-gradient()定义圆锥渐变,如例 9-12 所示。

【例 9-12】 圆锥渐变

```
<!DOCTYPE html >
< html >
< head >
    < style >
        div {
            width: 210px;
            height: 100px;
            float: left;
            margin: 10px;
            border: 1px solid black;
        }
        .one {
            background: conic - gradient(at 50%, red, orange, yellow, green, blue, indigo,
violet, red);
        }
        .two {
            background: conic - gradient(red 0deg 30deg, orange 30deg 50deg, yellow 50deg
200deg, green 200deg 300deg, blue 300deg 360deg);
        }
        .three {
            background: conic - gradient(from 90deg, red 0% 55%, yellow 55% 90%, lime
90% 100%);
        }
        .four {
            background: conic - gradient(#fff 0.25turn, #000 0.25turn 0.5turn, #fff
0.5turn 0.75turn, #000 0.75turn);
        }
    </style >
</head >
< body >
    < div class = "one"></div >
    < div class = "two"></div >
    < div class = "three"></div >
    < div class = "four"></div >
</body >
</html >
```

在浏览器中的显示效果如图 9-13 所示。

4. 重复渐变

在 CSS 中,还可以使用 repeating-linear-gradient()、repeating-radial-gradient()和 repeating-conic-gradient()等函数来分别创建线性渐变、径向渐变和圆锥渐变的重复渐变,所谓重复渐

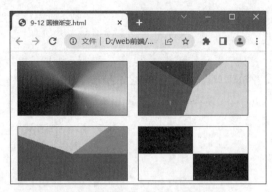

图 9-13　圆锥渐变效果

变就是指将渐变的过程重复多次，以铺满整个元素。

提示：repeating-linear-gradient()、repeating-radial-gradient()和 repeating-conic-gradient()函数的语法分别与 linear-gradient()、radial-gradient()和 conic-gradient()函数的语法相同。

使用 repeating-linear-gradient()、repeating-radial-gradient()和 repeating-conic-gradient()3 个函数定义重复渐变，如例 9-13 所示。

【例 9-13】　重复渐变

```
<!DOCTYPE html>
<html>
<head>
    <style>
        div {
            width: 210px;
            height: 100px;
            float: left;
            margin: 10px;
            border: 1px solid black;
        }
        .one {
            background: repeating-linear-gradient(190deg, #000 0px 10px, #FFF 10px
20px);
        }
        .two {
            background: repeating-radial-gradient(circle 100px at 50%, red 0% 10%,
yellow 10% 30%, lime 30% 40%);
        }
        .three {
            background: repeating-conic-gradient(#69f 0 36deg, #fd44ff 36deg 72deg);
        }
        .four {
            background: conic-gradient(#fff 0.25turn, #000 0.25turn 0.5turn, #fff
0.5turn 0.75turn, #000 0.75turn) top left / 25% 25% repeat;
        }
    </style>
```

```
</head>
<body>
    <div class="one"></div>
    <div class="two"></div>
    <div class="three"></div>
    <div class="four"></div>
</body>
</html>
```

在浏览器中的显示效果如图 9-14 所示。

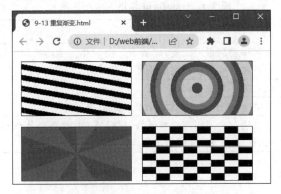

图 9-14　重复渐变效果

9.3　转换

CSS3 中的转换允许对元素进行旋转、缩放、移动或倾斜。它分为二维转换和三维转换。

在 CSS2 中，如果要对一些图片转换角度，则依赖于图片、Flash 或 JavaScript 才能完成，但是现在借助 CSS3 就可以轻松倾斜、缩放、移动及翻转元素。通过 CSS 变形，可以让元素生成静态视觉效果，也可以很容易结合 CSS3 的过渡和动画产生动画效果。

9.3.1　二维转换

CSS 2D Transform 表示二维转换，目前主流浏览器对 transform 属性的支持情况如图 9-15 所示。

属性					
transform	36.0 4.0 -webkit-	10.0 9.0 -ms-	16.0 3.5 -moz-	3.2 -webkit-	23.0 15.0 -webkit- 12.1 10.5 -o-

图 9-15　浏览器版本对 transform 属性的支持情况

解释说明：

紧跟在 -webkit-、-ms- 或 -moz- 前的数字为支持该前缀属性的第 1 个浏览器版本号。

如 Chrome 4.0～36.0 版本支持使用前缀 -webkit-,写成 -webkit-transform 的形式,其他浏览器类比。

CSS 中的二维转换允许在二维空间中执行一些基本的变换操作,例如移动、旋转、缩放或扭曲等,变换后的元素与绝对定位的元素类似,不会影响周围的元素,但可以和周围的元素重叠,不同的是,转换后的元素在页面中仍然会占用转换之前的空间。

通常的属性包含了属性名和属性值,而 transform 的属性值是用函数来定义的。transform 的属性值有 5 种方法,如表 9-4 所示。

表 9-4　transform 属性方法一览表

函　数　名	描　　　述
translate(x,y)	元素移动到指定位置,即基于 x 坐标和 y 坐标重新定位元素
rotate(deg)	元素顺时针旋转指定的角度,负数表示逆时针旋转
scale(x,y)	元素尺寸缩放指定的倍数
skew(xdeg,ydeg)	围绕 x 轴和 y 轴将元素翻转指定的角度
matrix(n,n,n,n,n,n)	该方法包含了矩阵变换函数,根据填入的数据的不同可以实现元素的旋转、缩放、移动(平移)和倾斜功能

基本语法格式如下:

```
transform:函数名(x轴值,y轴值);
```

1. 移动 translate()

translate(x,y)方法,根据左(x 轴)和顶部(y 轴)位置给定的参数,从当前元素位置移动。

基本语法格式如下:

```
transform: translate(x,y);
```

如 div{transform:translate(50px,100px);} 是从左边元素移动 50 像素,并从顶部移动 100 像素。

如果省略 y,则默认 y 轴上的移动距离为 0。

也可以单独使用 translateX()或 translateY()方法指定水平或垂直方向上的移动距离。

指定水平方向平移的语法格式如下:

```
transform: translateX(x);
```

指定垂直方向平移的语法格式如下:

```
transform: translateY(y);
```

使用 transform 属性的 translate()方法对元素进行二维平移,如例 9-14 所示。

【例 9-14】　二维转换：移动

```
<!DOCTYPE html>
<html lang = "en">
<head>
    <meta charset = "UTF-8">
    <title>二维转换：移动</title>
    <style>
        .box{
            width: 200px;
            height: 200px;
            background: red;
            margin: 30px;
        }
        .box:hover{                                /* 鼠标指针悬停触发 */
        transform: translate(5px, -5px);           /* Safari and Chrome 前缀是为了更好地兼
                                                       容浏览器 */
            -webkit-transform:translate(5px, -5px);
        box-shadow: 10px 10px 5px #ddd;            /* 设置盒子阴影 */
        }
    </style>
</head>
<body>
    <div class = "box">贝西奇谈</div>
</body>
</html>
```

在浏览器中的显示效果如图 9-16 所示。

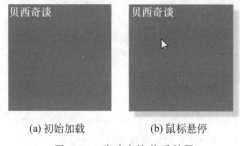

(a) 初始加载　　　　(b) 鼠标悬停

图 9-16　移动变换前后效果

2. 旋转 rotate()

通过 rotate(deg)方法可使元素顺时针旋转给定的角度。允许负值,元素将逆时针旋转。它以 deg 为单位,代表旋转的角度。

基本语法格式如下：

```
transform: rotate(<angle>);
```

其中,<angle>表示顺时针旋转指定角度。

使用 transform 属性的 rotate()方法对元素进行二维旋转,如例 9-15 所示。

【例9-15】 二维转换：旋转

```html
<!DOCTYPE html>
<html lang = "en">
<head>
    <meta charset = "UTF-8">
    <title>二维转换: 旋转</title>
    <style>
        .box{
            width: 200px;
            height: 200px;
            background: red;
            margin: 100px;
        }
        .box:hover{                              /*鼠标指针悬停触发*/
            transform: rotate(-45deg);
            box-shadow: 10px 10px 5px #ddd;   /*设置盒子阴影*/
        }
    </style>
</head>
<body>
    <div class = "box">贝西奇谈</div>
</body>
</html>
```

在浏览器中的显示效果如图9-17所示。

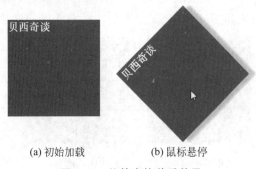

(a) 初始加载   (b) 鼠标悬停

图9-17 旋转变换前后效果

3. 缩放 scale()

scale(x,y)函数能够缩放元素的大小,该函数包含两个参数值,分别用来定义宽和高缩放比例。

基本语法格式如下:

```
transform: scale(x,y);
```

参数值可以是正数、负数和小数。正数值基于指定的宽度和高度放大元素。负数值不会缩小元素,而是翻转元素(如文字被反转),然后缩放元素。小数可以缩小元素。如果第2

个参数省略,则第2个参数值等于第1个参数值。

使用 transform 属性的 scale() 方法对元素进行二维缩放,如例 9-16 所示。

【例 9-16】 二维转换:缩放

```html
<!DOCTYPE html>
<html lang = "en">
<head>
    <meta charset = "UTF-8">
    <title>二维转换:缩放</title>
    <style>
        .box{
            width: 200px;
            height: 200px;
            background: red;
            margin: 100px;
        }
        .box:hover{                              /* 鼠标指针悬停触发 */
            transform: scale(0.6,1.2);
            -ms-transform:scale(0.6,1.2);        /* IE 9 */
            -webkit-transform:scale(0.6,1.2);    /* Safari and Chrome */
            box-shadow: 10px 10px 5px #ddd;      /* 设置盒子阴影 */
        }
    </style>
</head>
<body>
    <div class = "box">贝西奇谈</div>
</body>
</html>
```

在浏览器中的显示效果如图 9-18 所示。

4. 翻转 skew()

skew(xdeg,ydeg)可用于在页面上翻转元素。

基本语法格式如下:

```
transform:skew(<angle>,<angle>);
```

(a)初始加载 (b)鼠标悬停

图 9-18 缩放变换前后效果

<angle>表示角度值,两个参数值,分别表示 x 轴和 y 轴倾斜的角度,如果第2个参数值为空,则默认为0,参数为负表示向相反方向倾斜。

也可以单独使用 skewX() 或 skewY() 方法指定水平或垂直方向上的翻转情况。

(1) skewX(<angle>):表示只在 x 轴(水平方向)倾斜。

(2) skewY(<angle>):表示只在 y 轴(垂直方向)倾斜。

使用 transform 属性的 skew() 方法对元素进行二维翻转,如例 9-17 所示。

【例 9-17】 二维转换：翻转

```
<!DOCTYPE html>
<html lang = "en">
<head>
    <meta charset = "UTF - 8">
    <title>二维转换：翻转</title>
    <style>
        .box{
            width: 200px;
            height: 200px;
            background: red;
            margin: 100px;
        }
        .box:hover{                                      /* 鼠标指针悬停触发 */
            transform: skew(30deg,20deg);
            - ms - transform:skew(30deg,20deg);          /* IE 9 */
            - webkit - transform:skew(30deg,20deg);      /* Safari and Chrome */
            box - shadow: 10px 10px 5px #ddd;            /* 设置盒子阴影 */
        }
    </style>
</head>
<body>
    <div class = "box">贝西奇谈</div>
</body>
</html>
```

在浏览器中的显示效果如图 9-19 所示。

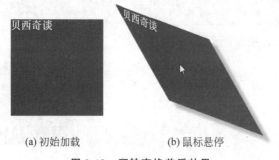

(a) 初始加载   (b) 鼠标悬停

图 9-19　翻转变换前后效果

5. 矩阵变换 matrix()

matrix(n,n,n,n,n,n)是矩阵函数，调用该函数可以非常灵活地实现各种变换效果，如旋转、缩放、移动(平移)和倾斜。

基本语法格式如下：

```
transform:matrix(n,n,n,n,n,n);
```

其中，第 1 个参数控制 x 轴缩放，第 2 个参数控制 x 轴倾斜，第 3 个参数控制 y 轴倾斜，第 4

个参数控制 y 轴缩放,第 5 个参数控制 x 轴移动,第 6 个参数控制 y 轴移动。

使用 transform 属性的 matrix() 方法对元素进行二维矩阵变换,如例 9-18 所示。

【例 9-18】 二维转换：矩阵变换

```
<!DOCTYPE html>
<html lang = "en">
<head>
    <meta charset = "UTF-8">
    <title>二维转换：矩阵变换</title>
    <style>
        .box{
            width: 200px;
            height: 200px;
            background: red;
            margin: 100px;
        }
        .box:hover{                                    /* 鼠标指针悬停触发 */
            transform:matrix(0.866,0.5, -0.5,0.866,0,0);
            -ms-transform:matrix(0.866,0.5, -0.5,0.866,0,0);  /* IE 9 */
        /* Safari and Chrome */
            -webkit-transform:matrix(0.866,0.5, -0.5,0.866,0,0);
            box-shadow: 10px 10px 5px #ddd;            /* 设置盒子阴影 */
        }
    </style>
</head>
<body>
    <div class = "box">贝西奇谈</div>
</body>
</html>
```

在浏览器中的显示效果如图 9-20 所示。

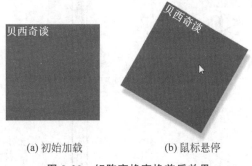

(a) 初始加载   (b) 鼠标悬停

图 9-20 矩阵变换变换前后效果

9.3.2 三维转换

在 CSS 中,除了可以对页面中的元素进行二维转换外,也可以对象元素进行三维转换。与二维转换相同,三维转换同样不会影响周围的元素,而且可以与其他元素重叠。CSS3 中

11min

13min

的三维坐标系其实就是指立体空间,立体空间是由 3 个轴共同组成的,如图 9-21 所示。

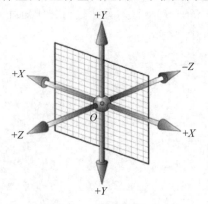

图 9-21　三维坐标系

CSS3 的三维转换主要包含的函数如下。

(1) 透视：perspective。

(2) 三维移动：translate3d(x,y,z)。

(3) 三维旋转：rotate3d(x,y,z)。

(4) 三维呈现 transform-style。

1. 透视 perspective

如果想要在网页产生三维效果,则需要透视(理解成三维物体投影在二维平面内)。模拟人类的视觉位置,可认为只用一只眼睛去看。距离视觉点越近的物体在计算机平面成像越大,越远成像越小(近大远小视觉效果),如图 9-22 所示。

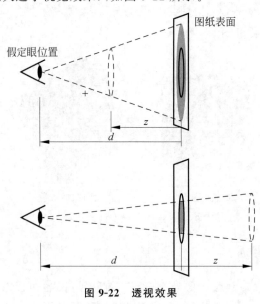

图 9-22　透视效果

2. 三维移动 translate3d(x,y,z)

三维移动在二维移动的基础上多加了一个可以移动的方向,也就是 z 轴方向。

基本语法格式如下:

```
transform:translate3d(x,y,z)
```

其中 x、y、z 分别指要移动的所在轴方向上的距离。

也可以单独使用 translateX()、translateY()、translateZ()函数指定其中一个方向上的移动。如例 9-19 所示,通过比较原图和三维位移图,比较移动前后的不同效果。

【例 9-19】 三维转换(移动)

```
<!DOCTYPE html>
<html lang = "en">
<head>
    <meta charset = "UTF - 8">
    <title>三维转换(移动)</title>
    <style>
        body {
            perspective: 600px;/*给父盒子添加透视效果*/
        }
        div {
            width: 200px;
            height: 200px;
            background - color: pink;
            margin: 100px auto;
        }
        div:hover {/*鼠标悬停*/
            /*transform: translateX(100px);*/
            /*transform: translateY(100px);*/
            transform: translateZ(300px);
            /*透视是眼睛到屏幕的距离,透视只是一种展示形式,是有三维效果的意思*/
            /*translateZ是物体到屏幕的距离,Z用来控制物体近大远小的具体情况*/
            /*translateZ越大,我们看到的物体越近,物体越大*/
            /*transform: translate3d(x, y, z); x和y可以是px,也可以是%,但是z只
                能是px*/
        }
    </style>
</head>
<body>
    <div></div>
</body>
</html>
```

在浏览器中的显示效果如图 9-23 所示。

3. 三维旋转:rotate3d(x,y,z,deg)

三维旋转只可以让元素在三维平面内沿着 x 轴、y 轴、z 轴或者自定义轴进行旋转。

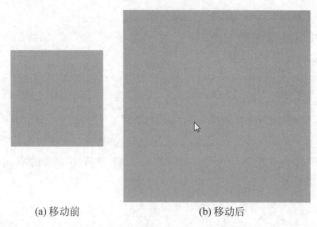

(a) 移动前   (b) 移动后

图 9-23　三维转换(移动)前后效果

基本语法格式如下:

```
transform:rotate3d(x,y,z,deg)
```

各参数的解释如下。

(1) x:是 0~1 的数值,描述围绕 x 轴旋转的向量值。

(2) y:是 0~1 的数值,描述围绕 y 轴旋转的向量值。

(3) z:是 0~1 的数值,描述围绕 z 轴旋转的向量值。

(4) deg:沿着自定义轴旋转 deg 角度。

如 transform:rotate3d(1,0,0,45deg)就是沿着 x 轴旋转 45deg。

也可以单独使用 rotate3dX()、rotate3dY()、rotate3dZ()函数指定其中一个方向上的旋转。如例 9-20 所示,通过比较原图和三维旋转图,比较旋转前后的不同效果。

【**例 9-20**】　三维转换(旋转)

```
<! DOCTYPE html >
< html lang = "en">
< head >
    < meta charset = "UTF - 8">
    <title>三维转换(旋转)</title>
    < style >
        div {
            width: 224px;
            height: 224px;
            margin: 100px auto;
            position: relative;
        }
        div img {
            position: absolute;
            top: 0;
            left: 0;
```

```
        }
        div img:first - child {
            z - index: 1;
            backface - visibility: hidden;        /* 如果不是正面对向屏幕,就隐藏 */
        }
        div:hover img {                            /* 鼠标悬停 */
            transform: rotateY(180deg);
        }
    </style>
</head>
< body >
    < div >
        < img src = "images/qian.svg" alt = ""/>
        < img src = "images/hou.svg" alt = ""/>
    </div>
</body>
</html>
```

在浏览器中的显示效果如图 9-24 所示。

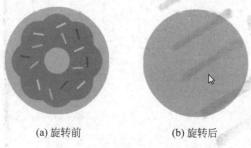

(a) 旋转前　　　　　　　　　　(b) 旋转后

图 9-24　三维转换(旋转)前后效果

4. 三维呈现 transform-style

控制子元素是否开启三维立体环境。transform-style: flat;表示子元素不开启三维立体空间,默认值。transform-style: preserve-3d;表示子元素开启立体空间。

呈现代码写给父级,但是影响的是子盒子,如例 9-21 所示。

【例 9-21】　三维呈现

```
<!DOCTYPE html >
< html lang = "en">
< head >
    < meta charset = "UTF - 8">
    < title >三维呈现</title>
    < style >
        body{
            perspective: 500px;
        }
        . box{
            position: relative;
            width: 200px;
```

```
        height: 200px;
        margin: 100px auto;
        transition: all 2s;              /* 过渡 */
        /* 让子元素保持三维立体空间环境 */
        transform - style: preserve - 3d;
    }
    .box:hover{                          /* 鼠标悬停 */
        transform: rotateY(60deg);
    }
    .box div{
        position: absolute;
        top: 0;
        left: 0;
        width: 100 % ;
        height: 100 % ;
        background - color: chartreuse;
    }
    .box div:last - child{
        background - color: blue;
        transform: rotateX(60deg);
    }
    </style>
</head>
< body >
    < div class = "box">
        < div ></div >
        < div ></div >
    </div >
</body >
</html >
```

在浏览器中的显示效果如图 9-25 所示。

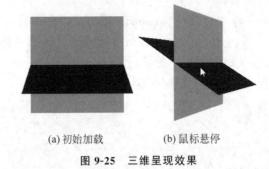

(a) 初始加载   (b) 鼠标悬停

图 9-25 三维呈现效果

9.4 过渡与动画

9.4.1 过渡

通过过渡 transition 可以在指定时间内将元素从原始样式平滑变化为新的样式。如鼠标悬停后,背景色在 1s 内由白色平滑地过渡到红色。

目前主流浏览器对 transition 属性的支持情况如图 9-26 所示。

属性					
transition	26.0 4.0 -webkit-	10.0	16.0 4.0 -moz-	6.1 3.1 -webkit-	12.1 10.5 -o-

图 9-26　浏览器版本对 transition 属性的支持情况

解释说明:

紧跟在 -webkit-、-ms- 或 -moz- 前的数字为支持该前缀属性的第 1 个浏览器版本号。如 Chrome 4.0~26.0 版本支持使用前缀 -webkit-,写成 -webkit-transition 的形式,其他浏览器类比。

过渡 transition 包含 4 种属性,如表 9-5 所示。

表 9-5　transition 属性一览表

属　　　性	描　　　述
transition-property	规定应用过渡的 CSS 属性的名称
transition-duration	定义过渡效果花费的时间。默认为 0
transition-timing-function	规定过渡效果的时间曲线,默认为 ease
transition-delay	规定过渡延迟时间,默认为 0
transition	简写属性,用于在一个属性中设置 4 个过渡属性

1. 过渡属性 transition-property

transition-property 属性用于指定需要过渡发生的 CSS 属性。

基本语法格式如下:

```
transition - property: none|all|property;
```

各参数的解释如下。

(1) none: 没有指定任何样式。

(2) all: 默认值,表示指定元素所有支持 transition-property 属性的样式。

(3) property: 设置过渡的 CSS 属性,如果是多个属性,则用逗号隔开。

同时设置元素的宽度和高度发生过渡,代码如下:

```
p{transition - property: width, height};
```

在实际工作中一般取默认值。

2. 过渡持续时间 transition-duration

transition-duration 属性用于指定过度持续的时间,必须赋值属性。

基本语法格式如下:

```
transition - duration: < time >;
```

该属性的单位为秒或毫秒。

3. 过渡函数 transition-timing-function

transition-timing-function 属性用于设置过渡函数。

基本语法格式如下:

```
transition - timing - function:linear | ease | ease - in | ease - out | ease - in - out | cubic -
bezier;
```

各参数的解释如下。

(1) linear:线性过渡,等同于贝塞尔曲线(0.0,0.0,1.0,1.0)。

(2) ease:平滑过渡,等同于贝塞尔曲线(0.25,0.1,0.25,1.0)。

(3) ease-in:由慢到快,等同于贝塞尔曲线(0.42,0,1.0,1.0)。

(4) ease-out:由快到慢,等同于贝塞尔曲线(0,0,0.58,1.0)。

(5) ease-in-out:由慢到快再到慢,等同于贝塞尔曲线(0.42,0,0.58,1.0)。

(6) cubic-bezier(< number >,< number >,< number >,< number >):特定的贝塞尔曲线类型,4 个数值需要在[0,1]区间内。

4. 过渡延迟 transition-delay

transition-delay 属性用于指定过渡后多长时间开始执行过渡效果。

基本语法格式如下:

```
transition - delay:< time >;
```

5. 复合属性 transition

transition 属性是一个简写属性,用于设置 4 个过渡属性。

基本语法格式如下:

```
transition:property duration timing - function delay;
```

参数之间使用空格隔开,如有未声明的参数,则取其默认值。

注意:如果只提供一个时间参数,则默认为 transition-duration 属性值。

使用 transition 各个属性实现过渡效果,如例 9-22 所示。

【例 9-22】 过渡

```
<!DOCTYPE html >
< html lang = "en">
< head >
    < meta charset = "UTF - 8">
    < title >过渡</title >
    < style >
        .box{
            width: 200px;
            height: 200px;
            background - color: red;
```

```
                margin: 50px;
                /* 等价于 transition:transform 1s, box - shadow 1s, width
                    1s, background - color 1s ; */
                /* transition: all 1s linear 1s; */
                transition - property: all;
                transition - duration: 1s;                /* 持续 1s */
                transition - timing - function:linear;     /* 线性过渡 */
                transition - delay:1s;                     /* 延迟 1s */
            }
        .box:hover{                                        /* 鼠标悬停 */
            transform: translate(0, - 10px);
            box - shadow: 0 15px 30px rgba(0,0,0,.3);
            width: 300px;
            background - color: green;
        }
    </style>
</head>
<body>
    <div class = "box"></div>
</body>
</html>
```

在浏览器中的显示效果如图 9-27 所示。

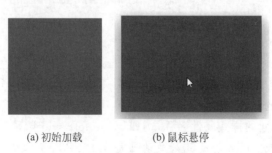

　　　(a) 初始加载　　　　　　　(b) 鼠标悬停

图 9-27　过渡效果

9.4.2　动画

13min

13min

　　利用 transition 属性可以实现简单的过渡动画,但过渡动画仅能指定开始和结束两种状态,整个过程都由特定的函数来控制,不是很灵活。本节将介绍一种更为复杂的动画——animation。

　　CSS 中的动画类似于 Flash 中的逐帧动画,表现细腻并且非常灵活,使用 CSS 中的动画可以取代许多网页中的动态图像、Flash 动画或者 JavaScript 实现的特殊效果。

1. @keyframes 规则

　　要创建 CSS 动画,首先需要了解 @keyframes 规则。@keyframes 规则用来定义动画各个阶段的属性值,类似于 Flash 动画中的关键帧,语法格式如下:

```
@keyframes animationName {
    from {
        properties: value;
    }
    percentage {
        properties: value;
    }
    to {
        properties: value;
    }
}
//或者
@keyframes animationName {
    0% {
        properties: value;
    }
    percentage {
        properties: value;
    }
    100% {
        properties: value;
    }
}
```

语法说明如下。

（1）animationName：表示动画的名称。

（2）from：定义动画的开头，相当于 0%。

（3）percentage：定义动画的各个阶段，为百分比值，可以添加多个。

（4）to：定义动画的结尾，相当于 100%。

（5）properties：不同的样式属性名称，例如 color、left、width 等。

例如，将在动画完成 25%、完成 50% 及动画完成 100% 时更改< div >元素的背景颜色，示例代码如下：

```
< style >
/* 动画代码 */
@keyframes example {
    0% {background-color: red;}
    25% {background-color: yellow;}
    50% {background-color: blue;}
    100% {background-color: green;}
}

/* 应用动画的元素 */
div {
    width: 100px;
    height: 100px;
    background-color: red;
```

```
            animation－name: example;
            animation－duration: 4s;
        }
</style>

<div></div>
```

动画创建好后,还需要将动画应用到指定的 HTML 元素。要将动画应用到指定的 HTML 元素需要借助 CSS 属性,CSS 中提供了如下所示的动画属性。

(1) animation-name:设置需要绑定到元素的动画名称。

(2) animation-duration:设置完成动画所需要花费的时间,单位为秒或毫秒,默认为 0。

(3) animation-timing-function:设置动画的速度曲线,默认为 ease。

(4) animation-fill-mode:设置当动画不播放时(动画播放完或延迟播放时)的状态。

(5) animation-delay:设置动画开始之前的延迟时间,默认为 0。

(6) animation-iteration-count:设置动画被播放的次数,默认为 1。

(7) animation-direction:设置是否在下一周期逆向播放动画,默认为 normal。

(8) animation-play-state:设置动画是正在运行还是暂停,默认为 running。

(9) animation:所有动画属性的简写属性。

下面就来详细介绍上述属性的使用方法。

2. animation-name

animation-name 属性用来将动画绑定到指定的 HTML 元素,专门用于指定需要发生的动画名称,必须与规则@keyframes 配合使用,因为动画名称由@keyframes 定义。

基本语法格式:

```
animation－name:none | <identifier>;
```

各参数的解释如下。

(1) none:不引用任何动画名称。

(2) <identifier>:定义一个或多个动画名称(标识)。

【例 9-23】　跳动的小球

```
<!DOCTYPE html>
<html>
<head>
    <style>
        @keyframes ball {
            0% { top: 0px; left: 0px;}
            25% { top: 0px; left: 350px;}
            50% { top: 200px; left: 350px;}
            75% { top: 200px; left: 0px;}
            100% { top: 0px; left: 0px;}
```

```
        }
        div {
            width: 100px;
            height: 100px;
            border - radius: 50 % ;
            border: 3px solid black;
            position: relative;
            animation - name: ball;
        }
    </style>
</head>
< body >
    < div ></div >
</body>
</html>
```

注意：要想让动画成功播放，还需要定义 animation-duration 属性，否则会因为 animation-duration 属性的默认值为 0，而导致动画不会被播放。

3. animation-duration

animation-duration 属性用来设置动画完成一个周期所需要花费的时间，单位为秒或者毫秒。在例 9-23 中添加动画时间属性，代码如下：

```
<! DOCTYPE html >
< html >
< head >
    < style >
        @keyframes ball {
            0 % { top: 0px; left: 0px;}
            25 % { top: 0px; left: 350px;}
            50 % { top: 200px; left: 350px;}
            75 % { top: 200px; left: 0px;}
            100 % { top: 0px; left: 0px;}
        }
        div {
            width: 100px;
            height: 100px;
            border - radius: 50 % ;
            border: 3px solid black;
            position: relative;
            animation - name: ball;
            animation - duration: 2s;
        }
    </style>
</head>
< body >
    < div ></div >
</body>
</html>
```

在浏览器中的显示效果如图 9-28 所示。

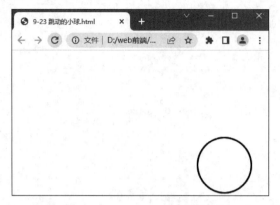

图 9-28 **animation-duration 属性演示**

提示：*动画若想成功播放，必须定义 animation-name 和 animation-duration 属性。*

4．animation-timing-function

animation timing function 属性用来设置动画播放的速度曲线，通过速度曲线的设置可以使动画播放得更为平滑。animation-timing-function 属性的设置如表 9-6 所示。

表 9-6 **animation-timing-function 属性一览表**

属 性	描 述
linear	动画从开始到结束的速度是相同的
ease	默认值，动画以低速开始，然后加快，在结束前变慢
ease-in	动画以低速开始
ease-out	动画以低速结束
ease-in-out	动画以低速开始，并以低速结束
cubic-bezier(n，n，n，n)	定义动画的播放速度，参数的取值范围为 0～1

在例 9-23 中添加动画播放速度的属性，代码如下：

```
<!DOCTYPE html>
<html>
<head>
    <style>
        @keyframes ball {
            0% {left: 0px;}
            50% {left: 350px;}
            100% {left: 0px;}
        }
        div {
            width: 100px;
            height: 100px;
            border-radius: 50%;
```

```
                border: 3px solid black;
                text-align: center;
                line-height: 100px;
                position: relative;
                animation-name: ball;
                animation-duration: 2s;
            }
            .one {
                animation-timing-function: ease;
            }
            .two {
                animation-timing-function: ease-in;
            }
            .three {
                animation-timing-function: ease-out;
            }
            .four {
                animation-timing-function: ease-in-out;
            }
        </style>
</head>
<body>
        <div class="one">ease</div>
        <div class="two">ease-in</div>
        <div class="three">ease-out</div>
        <div class="four">ease-in-out</div>
</body>
</html>
```

在浏览器中的显示效果如图 9-29 所示。

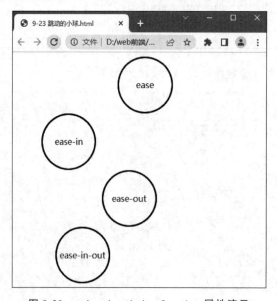

图 9-29 animation-timing-function 属性演示

5. animation-fill-mode

animation-fill-mode 属性用来设置当动画不播放时(开始播放之前或播放结束后)动画的状态(样式),属性的设置如表 9-7 所示。

表 9-7　animation-fill-mode 属性一览表

属　　性	描　　述
none	不改变动画的默认行为
forwards	当动画播放完成后,保持动画最后一个关键帧中的样式
backwards	在 animation-delay 所指定的时间段内,应用动画第 1 个关键帧中的样式
both	同时遵循 forwards 和 backwards 的规则

调整或修改例 9-23 中的代码,代码如下:

```html
<!DOCTYPE html>
<html>
<head>
    <style>
        @keyframes box {
            0% {transform: rotate(0);}
            50% {transform: rotate(0.5turn);}
            100% {transform: rotate(1turn);}
        }
        div {
            width: 100px;
            height: 100px;
            border-radius: 50%;
            float: left;
            border: 3px solid black;
            text-align: center;
            line-height: 100px;
            position: relative;
            animation-name: box;
            animation-duration: 2s;
            animation-iteration-count: 1;
            animation-fill-mode: forwards;
        }
    </style>
</head>
<body>
    <div>forwards</div>
</body>
</html>
```

在浏览器中的显示效果如图 9-30 所示。

6. animation-delay

animation-delay 属性用来定义动画开始播放前的延迟时间,单位为秒或者毫秒,属性的语法格式如下:

图 9-30　animation-fill-mode 属性演示

```
animation - delay: time;
```

其中,参数 time 就是动画播放前的延迟时间,参数 time 既可以为正值也可以为负值。当参数值为正时,表示延迟指定时间开始播放;当参数为负时,表示跳过指定时间,并立即播放动画。

调整或修改例 9-23 中的代码,代码如下:

```
<!DOCTYPE html>
<html>
<head>
    <style>
        @keyframes ball {
            0% {left: 0px;}
            50% {left: 350px;}
            100% {left: 0px;}
        }
        div {
            width: 100px;
            height: 100px;
            border - radius: 50%;
            border: 3px solid black;
            text - align: center;
            line - height: 100px;
            position: relative;
            animation - name: ball;
            animation - duration: 2s;
        }
        .one {
            animation - delay: 0.5s;
        }
        .two {
            animation - delay: - 0.5s;
        }
    </style>
</head>
<body>
    <div class = "one">0.5s</div>
    <div class = "two">- 0.5s</div>
</body>
</html>
```

在浏览器中的显示效果如图 9-31 所示。

7. animation-iteration-count

animation-iteration-count 属性用来定义动画播放的次数,属性的设置如表 9-8 所示。

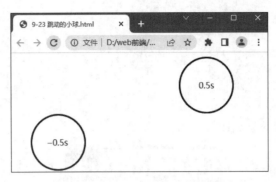

图 9-31　animation-delay 属性演示

表 9-8　animation-iteration-count 属性一览表

属　性	描　述
n	使用具体数值定义动画播放的次数,默认值为 1
infinite	表示动画无限次播放

调整或修改例 9-23 中的代码,代码如下:

```html
<!DOCTYPE html>
<html>
<head>
    <style>
        @keyframes box {
            0% {transform: rotate(0);}
            50% {transform: rotate(0.5turn);}
            100% {transform: rotate(1turn);}
        }
        div {
            width: 100px;
            height: 100px;
            float: left;
            border: 3px solid black;
            text-align: center;
            line-height: 100px;
            position: relative;
            animation-name: box;
            animation-duration: 2s;
        }
        .one {
            animation-iteration-count: 1;
        }
        .two {
            margin-left: 50px;
            animation-iteration-count: infinite;
        }
    </style>
```

```
</head>
<body>
    <div class = "one">1</div>
    <div class = "two">infinite</div>
</body>
</html>
```

在浏览器中的显示效果如图 9-32 所示。

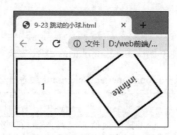

图 9-32　animation-iteration-count 属性演示

8. animation-direction

animation-direction 属性用来设置是否轮流反向播放动画,属性的设置如表 9-9 所示。

表 9-9　animation-direction 属性一览表

属　　性	描　　述
normal	以正常的方式播放动画
reverse	以相反的方向播放动画
alternate	播放动画时,奇数次(1、3、5 等)正常播放,偶数次(2、4、6 等)反向播放
alternate-reverse	播放动画时,奇数次(1、3、5 等)反向播放,偶数次(2、4、6 等)正常播放

调整或修改例 9-23 中的代码,代码如下:

```
<!DOCTYPE html>
<html>
<head>
    <style>
        @keyframes box {
            0% {transform: rotate(0);}
            50% {transform: rotate(0.5turn);}
            100% {transform: rotate(1turn);}
        }
        div {
            width: 100px;
            height: 100px;
            float: left;
            border: 3px solid black;
            text-align: center;
            line-height: 100px;
            position: relative;
```

```
            animation-name: box;
            animation-duration: 2s;
            animation-iteration-count: infinite;
        }
        .one {
            animation-direction: reverse;
        }
        .two {
            margin-left: 50px;
            animation-direction: alternate;
        }
    </style>
</head>
<body>
    <div class="one">reverse</div>
    <div class="two">alternate</div>
</body>
</html>
```

在浏览器中的显示效果如图9-33所示。

图 9-33　animation-direction 属性演示

9. animation-play-state

animation-play-state 属性用来设置动画是播放还是暂停,属性的设置如表9-10所示。

表 9-10　animation-play-state 属性一览表

属　　性	描　　述
paused	暂停动画的播放
running	正常播放动画

调整或修改例9-23中的代码,代码如下:

```
<!DOCTYPE html>
<html>
<head>
    <style>
        @keyframes box {
            0% {transform: rotate(0);}
            50% {transform: rotate(0.5turn);}
            100% {transform: rotate(1turn);}
```

```
        }
        div {
            width: 100px;
            height: 100px;
            float: left;
            border: 3px solid black;
            text-align: center;
            line-height: 100px;
            position: relative;
            animation-name: box;
            animation-duration: 2s;
            animation-iteration-count: infinite;
        }
        .one {
            animation-play-state: running;
        }
        .two {
            margin-left: 50px;
            animation-play-state: paused;
        }
    </style>
</head>
<body>
    <div class = "one"> running </div>
    <div class = "two"> paused </div>
</body>
</html>
```

图 9-34　animation-play-state 属性演示

在浏览器中的显示效果如图 9-34 所示。

10. animation

animation 属 性 是 animation-name、animation-duration、animation-timing-function、animation-delay、animation-iteration-count、animation-direction、animation-fill-mode、animation-play-state 几个属性的简写形式，通过 animation 属性可以同时定义上述的多个属性，语法格式如下：

```
animation: animation-name animation-duration animation-timing-function animation-delay
animation-iteration-count animation-direction animation-fill-mode animation-play-
state;
```

其中，每个参数分别对应上面介绍的各个属性，如果省略其中的某个或多个值，则将使用该属性对应的默认值。

使用 animation 动画相关属性实现心跳动画效果，如例 9-24 所示。

【例 9-24】 心跳动画

```
<! DOCTYPE html >
< html lang = "en">
< head >
    < meta charset = "UTF - 8">
    < title >心跳动画</title >
    < style >
        img{
            width: 310px;
            height: auto;
            /* animation:动画名称 花费时间 运动曲线 */
            animation: heart 0.5s infinite;
        }
        @keyframes heart{
            0%{
                transform: scale(1);
            }
            50%{
                transform: scale(1.1);
            }
            100%{
                transform: scale(1);
            }
        }
    </style >
</head >
< body >
    < img src = "images/xintiao.png" width = "310" alt = "loading" />
</body >
</html >
```

在浏览器中的显示效果如图 9-35 所示。

图 9-35 持续心跳动画

9.5　响应式

响应式布局可以看作流式布局和自适应布局设计理念的融合。其目标是确保一个页面在所有终端上(各种尺寸的 PC、iPad、手机)都能显示出令人满意的效果,搭配媒体查询技术分别为不同的屏幕分辨率定义布局。同时,在每个布局中,应用流式布局的理念,即页面元素宽度随着窗口的调整而自动适配。

响应式布局,简而言之,就是一个网站能够兼容多个终端,而不是为每个终端开发一个特定的版本,如图 9-36 所示。这个概念是为解决移动互联网浏览而诞生的。响应式布局可以为不同终端的用户提供更加舒适的界面和更好的用户体验,而且随着目前大屏幕移动设备的普及,越来越多的网站采用这种技术。

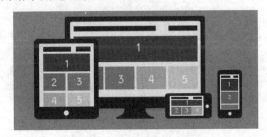

图 9-36　不同终端布局显示效果

9.5.1　媒体查询

媒体查询可以针对不同的屏幕尺寸设置不同的样式,它为每种类型的用户提供了最佳的体验,网站在任何尺寸设置下都能有最佳的显示效果。

以@media 开头来表示这是一条媒体查询语句。@media 的后面是一个或者多个表达式,如果表达式为真,则应用样式。

基本语法格式如下:

```
@media 媒体类型 逻辑操作符 (媒体功能) {
    /* CSS 样式 */
}
```

1. 逻辑操作符

操作符 not、and 和 only 可以用来构建复杂的媒体查询。

(1) and 操作符用来把多个媒体属性组合起来,合并到同一条媒体查询中。只有当每个属性都为真时,这条查询的结果才为真。

(2) not 操作符用来对一条媒体查询的结果进行取反。

(3) only 操作符表示仅在媒体查询匹配成功的情况下应用指定样式。可以通过它让选中的样式在老式浏览器中不被应用。

注意：若使用了 not 或 only 操作符，则必须明确指定一个媒体类型。

2. 媒体类型

媒体类型用于描述设备的类别，默认为 all 类型，如表 9-11 所示。

表 9-11　媒体类型一览表

类　型	描　述
all	用于所有多媒体类型设备
print	用于打印机
screen	用于计算机屏幕、平板、智能手机等
speech	用于屏幕阅读器

所有浏览器都支持值为 screen、print 及 all 的 media 属性。

3. 常用媒体功能

以下仅仅列举了一些常用的媒体功能：

（1）height 定义输出设备中的页面可见区域的高度。

（2）width 定义输出设备中的页面可见区域的宽度。

（3）max-height 定义输出设备中的页面最大可见区域的高度。

（4）max-width 定义输出设备中的页面最大可见区域的宽度。

（5）min-height 定义输出设备中的页面最小可见区域的高度。

（6）min-width 定义输出设备中的页面最小可见区域的宽度。

根据屏幕尺寸（屏幕尺寸代表不同终端）自动调整背景颜色，如例 9-25 所示。

【例 9-25】 媒体查询应用

```html
<!DOCTYPE html>
<html lang = "en">
<head>
    <meta charset = "UTF - 8">
    <title>媒体查询应用</title>
    <style>
        /* PC 端 */
        @media screen and (min - width: 992px){
            body{
                background - color: red;      /* 屏幕尺寸大于 992px,背景为红色 */
            }
        }
        /* iPad 端 */
        @media screen and (max - width: 992px) and (min - width: 768px){
            body{
                background - color: orange;    /* 屏幕尺寸大小为 768～992px,背景为橘黄色 */
            }
        }
        /* 移动端 */
        @media screen and (max - width: 768px){
```

```
                body{
                    background - color: blue;      / * 屏幕尺寸小于768px,背景为蓝色 * /
                }
            }
        </style>
    </head>
    < body >
    </body>
    </html>
```

在浏览器中的显示结果:不断改变浏览器窗口的大小,背景颜色也会随之发生改变。屏幕尺寸大于992px,背景为红色;屏幕尺寸大小为768~992px,背景为橘黄色;屏幕尺寸小于768px,背景为蓝色。

▶ 15min

9.5.2 响应式布局

响应式布局根据浏览器或屏幕的大小调整页面的布局方式。通俗地说,就是通过一套代码,可以无缝匹配符合计算机、平板、手机预览效果的前端技术,如例9-26所示。

虽然响应式布局应用得越来越广泛,但是从零开始去写一个响应式效果的网站对于程序员来讲是非常复杂的,因为当中包含了大量的逻辑、判断、适配内容,所以今天市面上看见的响应式网站,多数使用了一些开源的代码或者框架。如今应用比较广泛的响应式框架是Bootstrap。

【例 9-26】 响应式布局

```
<!DOCTYPE html >
< html lang = "en">
< head >
    < meta charset = "UTF - 8">
    < title >响应式布局</title>
    < style >
        .box{
            margin: 0 auto;
        }
        .box > div{
            width: 229px;
            height: 274px;
            background - color: pink;
            float: left;
            margin - right: 10px;
            margin - bottom: 10px;
        }
        / * PC 端 * /
        @media screen and (min - width: 992px){
            .box{
                width: 946px;
            }
```

```
            .box > div:last - child{
                margin - right: 0;
            }
        }
        / * iPad 端 * /
        @media screen and (min - width: 768px) and (max - width: 992px){
            .box{
                width: 468px;
            }
            .box > div:nth - child(2),.box > div:nth - child(4){
                margin - right: 0;
            }
        }
        / * 移动端 * /
        @media screen and (max - width: 768px){
            .box{
                width: 307px;
            }
            .box > div{
                width: 307px;
                height: 256px;
                margin - right: 0;
            }
        }
    </style>
</head>
< body >
    < div class = "box">
        < div ></div >
        < div ></div >
        < div ></div >
        < div ></div >
    </div >
</body >
</html >
```

在浏览器中的显示效果如图 9-37 所示。

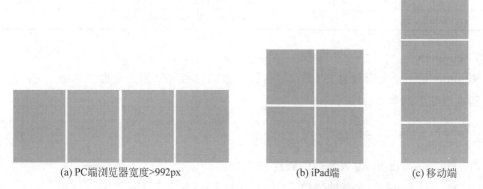

(a) PC端浏览器宽度>992px　　　　(b) iPad端　　　(c) 移动端

图 9-37　响应式布局在不同终端的显示效果

▶ 20min

9.5.3 多列布局

CSS3 中新出现的多列布局是传统 HTML 网页中块状布局模式的有力扩充。这种新语法能够让 Web 开发人员轻松地让文本呈现多列显示。它的显示如同 Word 中的多列,如图 9-38 所示。

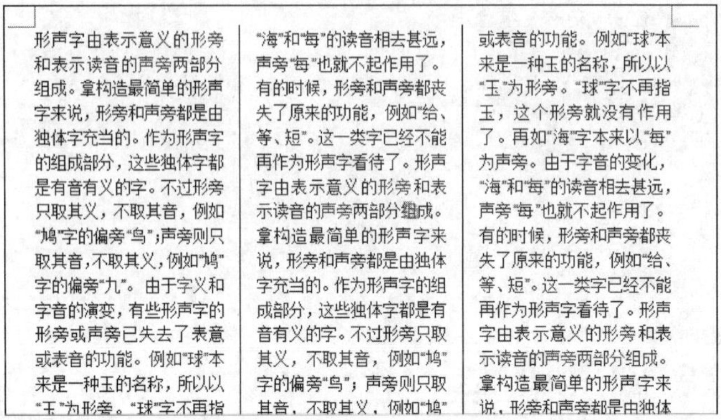

形声字由表示意义的形旁和表示读音的声旁两部分组成。拿构造最简单的形声字来说,形旁和声旁都是由独体字充当的。作为形声字的组成部分,这些独体字都是有音有义的字。不过形旁只取其意,不取其音,例如"鸠"字的偏旁"鸟";声旁则只取其音,不取其义,例如"鸠"字的偏旁"九"。由于字义和字音的演变,有些形声字的形旁或声旁已失去了表意或表音的功能。例如"球"本来是一种玉的名称,所以以"玉"为形旁。"球"字不再指

"海"和"每"的读音相去甚远,声旁"每"也就不起作用了。有的时候,形旁和声旁都丧失了原来的功能,例如"给、等、短"。这一类字已经不能再作为形声字看待了。形声字由表示意义的形旁和表示读音的声旁两部分组成。拿构造最简单的形声字来说,形旁和声旁都是由独体字充当的。作为形声字的组成部分,这些独体字都是有音有义的字。不过形旁只取其义,不取其音,例如"鸠"字的偏旁"鸟";声旁则只取其音,不取其义,例如"鸠"

或表音的功能。例如"球"本来是一种玉的名称,所以以"玉"为形旁。"球"字不再指玉,这个形旁就没有作用了。再如"海"字本来以"每"为声旁。由于字音的变化,"海"和"每"的读音相去甚远,声旁"每"也就不起作用了。有的时候,形旁和声旁都丧失了原来的功能,例如"给、等、短"。这一类字已经不能再作为形声字看待了。形声字由表示意义的形旁和表示读音的声旁两部分组成。拿构造最简单的形声字来说,形旁和声旁都是由独体

图 9-38 多列效果

CSS3 多列布局的相关属性,如表 9-12 所示。

表 9-12 CSS3 多列布局相关属性一览表

属 性 名	描 述
columns	设置列数和每列的宽度,复合属性
column-width	设置每列的宽度
column-count	设置列数
column-gap	设置列与列之间的间隙
column-rule	设置列与列之间的边框,复合属性
column-rule-width	设置列与列之间的边框厚度
column-rule-style	设置列与列之间的边框样式
column-rule-color	设置列与列之间的边框颜色
column-span	设置元素是否横跨所有列

1. columns

columns 是一个复合属性,用于设置目标元素的列数和每列的宽度。

基本语法格式如下:

```
columns:<column-width> <column-count>
```

(1) column-width:设置每列的宽度。

(2) column-count:设置的列数。

这两个属性在默认情况下均设置为"自动",这两个参数也可单独使用。

例如,将文本分为 3 列,每列宽度为 20 像素,代码如下:

```
div{columns: 20px 3;}
```

2. column-gap

column-gap 属性规定列与列之间的间隔。

基本语法格式如下:

```
column-gap:<length> | normal
```

其中,length 用长度值来定义列与列之间的间隙。不允许负值。默认值为 normal,表示根据 font-size 的值自动分配同等长度值的距离。假设该对象的 font-size 为 16px,则 normal 值为 16px,其他值以此类推。

例如,将列之间的间距指定为 40 像素,代码如下:

```
div { column-gap: 40px;}
```

3. column-rule

column-rule 是复合属性,用于设置列与列之间分割线的宽度、样式和颜色。要启用此功能,必须指定列间隔(column-gap)宽度,而且列间隔宽度与列规则相同或更大。

基本语法格式如下:

```
column-rule:<column-rule-width> <column-rule-style> <column-rule-color>
```

各参数的解释如下。

(1) column-rule-width:设置列与列之间分割线的宽度。

(2) column-rule-style:设置列与列之间分割线的样式同 border-style 属性值相同,如实线 solid、虚线 dashed。

(3) column-rule-color:设置列与列之间分割线的颜色。

例如,实现列与列之间分割线为 1 像素宽的红色实线效果,代码如下:

```
div { column-rule: 1px solid red;}
```

4. column-span

column-span 属性表示是否要跨越所有列。

基本语法格式如下:

```
column-span:none | all
```

其中,none 表示跨列;all 表示横跨所有列。

例如,<h2>元素跨所有列,代码如下:

```
h2 { column - span: all;}
```

CSS 多列布局允许我们轻松地定义多列文本,实现报纸、新闻排版效果,如例 9-27 所示。

【例 9-27】 多列布局

```
<!DOCTYPE html>
< html lang = "en">
< head >
    < meta charset = "UTF - 8">
    <title> 多列布局</title>
    < style >
        .box{
            column - count: 3;                  /* 3 列 */
            column - gap: 40px;                 /* 间隔 40px */
            column - rule: 3px dashed lightblue;  /* 分割线设置 */
        }
        h2 {
            column - span: all;                 /* 跨越所有行 */
        }
    </style >
</head >
< body >
    < div class = "box">
        < h2>用好三千亿 支小再发力</h2>
        "稳增长、保就业,重在保市场主体特别是量大面广的中小微企业"。为加大对中小微企业
        的帮扶政策力度,近日召开的国务院常务会议提出,今年再新增 3000 亿元支小再贷款额度,
        支持地方法人银行向小微企业和个体工商户发放贷款。更振奋人心的是,这新增的 3000 亿
        元支小再贷款额度将在今年年内发放完毕,并采取"先贷后借"模式,保障资金使用的精准
        性和直达性。
        当前,我国经济持续恢复增长,发展动力进一步增强,但经济恢复仍然不稳固、不均衡。中
        小微企业在促进经济增长、增加就业等方面具有重要意义。中小微企业发展仍然面临原材
        料价格居高不下、应收账款增加、疫情灾情影响等诸多难题。助力中小微企业和困难行业
        持续恢复,离不开金融活水的浇灌,其中,发挥好再贷款、再贴现和直达实体经济货币政策
        工具的牵引带动作用,显得尤为必要。
        再贷款是由中央银行贷款给商业银行,再由商业银行贷给普通客户的资金。由于再贷款提
        供的资金稳定、成本低、期限长,不仅能降低相关行业企业的资金成本,也能有效分散银行
        承担的风险,从而激发银行服务企业的积极性,对相关地区地方法人金融机构贷款的撬动
        效果明显,而"先贷后借"模式,即由商业银行针对符合再贷款使用范围的企业先行发放贷
        款,事后凭发放清单等资料向人民银行申请再贷款资金。
    </div>
</body >
</html>
```

在浏览器中的显示效果如图 9-39 所示。

用好三千亿 支小再发力

"稳增长、保就业，重在保市场主体特别是量大面广的中小微企业"。为加大对中小微企业的帮扶政策力度，近日召开的国务院常务会议提出，今年再新增3000亿元支小再贷款额度，支持地方法人银行向小微企业和个体工商户发放贷款。更振奋人心的是，这新增的3000亿元支小再贷款额度将在今年年内发放完毕，并采取"先贷后借"模式，保障资金使用的精准性和直达性。当前，我国经济持续恢

复增长，发展动力进一步增强，但经济恢复仍然不稳固、不均衡。中小微企业在促进经济增长、增加就业等方面具有重要意义。中小微企业发展仍然面临原材料价格居高不下、应收账款增加、疫情灾情影响等诸多难题。助力中小微企业和困难行业持续恢复，离不开金融活水的浇灌。其中，发挥好再贷款、再贴现和直达实体经济货币政策工具的牵引带动作用，显得尤为必要。再贷款是由中央银行贷款给商业银

行，再由商业银行贷给普通客户的资金。由于再贷款提供的资金稳定、成本低、期限长，不仅能够降低相关行业企业的资金成本，也能有效分散银行承担的风险，从而激发银行服务企业的积极性，对相关地区地方法人金融机构贷款的撬动效果明显，而"先贷后借"模式，即由商业银行针对符合再贷款使用范围的企业先行发放贷款，事后凭发放清单等资料向人民银行申请再贷款资金。

图 9-39　多列实现浏览报纸效果

9.6　CSS3 高级技巧

9.6.1　字体图标

在开发中经常会使用各种图标，为了节省资源，可能不会自己设计所需要的图标，这时字体图标（iconfont）是很好的选择。

字体图标的优点：

（1）可以做出跟图片一样可以做的事情，改变透明度、旋转度等。

（2）但是本质其实是文字，可以很随意地改变颜色、产生阴影、实现透明效果等。

（3）本身体积更小，但携带的信息并没有削减。

（4）支持大部分浏览器。

iconfont 字体图标的使用流程：

（1）首先，进入阿里巴巴的矢量图标库（http://www.iconfont.cn/），在这个图标库里可以找到很多图片资源，当然需要登录才能下载或者使用，用 GitHub 账号或者新浪微博账号登录都可以。

（2）登录以后，找到图标库，搜索一个想要的图标，然后添加到购物车，如图 9-40 所示。

图 9-40　删除字体图标

（3）根据自己的需求选择图标,这里选择添加入库(将需要的图标全部添加到购物车),操作完后可以看到图标已经添加进右上角的购物车里了,如图 9-41 所示。

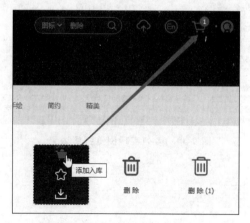

图 9-41 将图标添加到购物车

（4）在实际工作中,一般将购物车中的图标添加至项目,建立一个自己的图标库,将图标整合在一起,方便后续应用在自己的实际项目中,如图 9-42 所示。

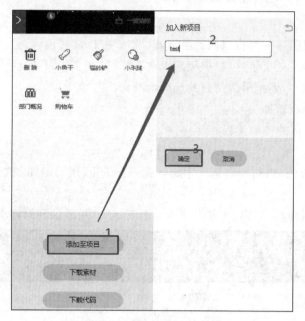

图 9-42 将图标添加至项目

（5）进入一个项目中,将字体文件下载到本地,如图 9-43 所示。

（6）将整个文件夹添加到项目中,在项目中引用文件中的 iconfont.css 文件,如例 9-28 所示。

图 9-43　将字体图标下载到本地

【例 9-28】　字体图标应用

```
<!DOCTYPE html>
<html lang = "en">
<head>
    <meta charset = "utf-8">
    <!-- 引入 iconfont.css 字体图标样式 -->
    <link rel = "stylesheet" href = "iconfont/iconfont.css"/>
    <title>字体图标</title>
</head>
<body>
<ul>
    <!-- iconfont 是默认类型,icon-shanchu 是图标对应的(Font class)类名 -->
    <li><i class = "iconfont icon-shanchu"></i>删除</li>
    <li><i class = "iconfont">&#xe612;</i>删除</li>
    <li><i class = "iconfont">&#xe708;</i>购物车</li>
    <li><i class = "iconfont">&#xe624;</i>小鱼干</li>
</ul>
</body>
</body>
</html>
```

在浏览器中的显示效果如图 9-44 所示。

是字体编码,可在下载的 demo.html 文件中查看,或者可以在阿里巴巴矢量图标库的网站上查看。

FontClass 是 Unicode 使用方式的一种变种,相比于 Unicode语意明确,书写更直观。可以很容易地分辨这个 icon 是什么。当然这两种方式实现的效果是相同的。

图 9-44　字体图标应用效果

15min

9.6.2　雪碧图

CSS 雪碧图,即 CSS Sprite,也有人叫它 CSS 精灵图,是一种图像拼合技术。该技术是将多个小图标和背景图像合并到一张图片上,如图 9-45 所示,然后利用 CSS 的背景定位来显示需要显示的图片部分。

CSS 雪碧图的制作过程如下。

(1) PS 手动拼图。

(2) 使用 Sprite 工具自动生成(CssGaga 或者 CssSprite.exe)。

雪碧图是用来减少 HTTP 请求数量并加速内容显示的。因为每请求一次,就会和服务器建立一次连接,而建立连接是需要额外的时间的。同时也解决了命名困扰问题,只需对一张图片命名,而非对数十个小图片命名。

图 9-45　雪碧图

使用雪碧图之前,需要知道雪碧图中各个图标的位置,如图 9-46 所示。

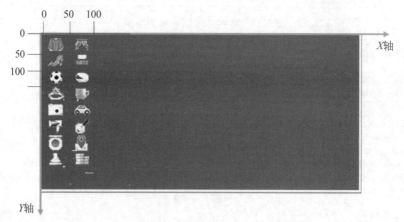

图 9-46　雪碧图坐标

从上面的图片不难看出雪碧图中各个小图标(icon)在整张雪碧图的起始位置,例如第一个图标(裙子)在雪碧图的起始位置为(0,0),第 2 个图标(鞋子)在雪碧图的起始位置为(0,50),第 3 个图标(足球)在雪碧图的起始位置为(0,100),以此类推可以得出各张图片相对于雪碧图的起始位置。

以上面的雪碧图为例(实际雪碧图中各个小图片的起始位置和上面的展示图不同)用一个 Demo 来阐述它的使用方法,如例 9-29 所示。

【例 9-29】　雪碧图应用

```
<! DOCTYPE html >
< html lang = "en">
< head >
    < meta charset = "UTF - 8">
```

```
<title>雪碧图应用</title>
<style>
    ul li {
        list - style: none;
        margin: 0;
        padding: 0;
    }
    a {
        color: #333;
        text - decoration: none;
    }
    .sidebar {
        width: 150px;
        border: 1px solid #ddd;
        background: #f8f8f8;
        padding: 0 10px;
        margin: 50px auto;
    }
    .sidebar li {
        border - bottom: 1px solid #eee;
        height: 40px;
        line - height: 40px;
        text - align: center;
    }
    .sidebar li a {font - size: 18px;}
    .sidebar li a:hover {color: #e91e63;}
    .sidebar li .spr - icon {
        display: block;
        float: left;
        height: 24px;
        width: 30px;
        background: url(images/css - sprite.png) no - repeat;    /* 雪碧图 */
        ;}
    .sidebar li .icon2 { background - position: 0px - 24px;}     /* 定位雪碧小图 */
    .sidebar li .icon3 { background - position: 0px - 48px;}
    .sidebar li .icon4 { background - position: 0px - 72px;}
    .sidebar li .icon5 {background - position: 0px - 96px;}
    .sidebar li .icon6 {background - position: 0px - 120px;}
    .sidebar li .icon7 { background - position: 0px - 144px;}
    .sidebar li .icon8 { background - position: 0px - 168px;}
</style>
</head>
<body>
<div>
    <ul class = "sidebar">
        <li><a href = ""><span class = "spr - icon icon1"></span>服装内衣
            </a></li>
        <li><a href = ""><span class = "spr - icon icon2"></span>鞋包配饰
            </a></li>
        <li><a href = ""><span class = "spr - icon icon3"></span>运动户外
            </a></li>
```

```
        <li><a href = ""><span class = "spr - icon icon4"></span>珠宝手表
            </a></li>
        <li><a href = ""><span class = "spr - icon icon5"></span>手机数码
            </a></li>
        <li><a href = ""><span class = "spr - icon icon6"></span>家电办公
            </a></li>
        <li><a href = ""><span class = "spr - icon icon7"></span>护肤彩妆
            </a></li>
        <li><a href = ""><span class = "spr - icon icon8"></span>母婴用品
            </a></li>
    </ul>
</div>
</body>
</html>
```

在浏览器中的显示效果如图 9-47 所示。

上面的例子已经阐述了如何使用雪碧图,只不过初学者可能会对雪碧图中的 background-position 属性值为负值有所疑惑。这个问题其实不难回答,细心的人应该很早就发现了使用负数的根源所在。这里以上面的 Demo 为例,来分析这个问题。上面的 span 标签是一个长和宽为 24×30px 的容器,在使用背景图时,背景图的初始位置会从容器的左上角开始铺满整个容器,然而容器的大小限制了背景图呈现的大小,超出容器的部分被隐藏起来。假如设置

图 9-47　雪碧图应用效果

background-position: 0 0,那么意味着,背景图像对于容器(span 标签)x 轴＝0;y 轴＝0 的位置作为背景图的起始位置来显示图片,所以如果需要在容器中显示第 2 个图标,则意味着雪碧图 x 轴方向要向左移动,向左移动雪碧图即它的值会被设置为负数,同理 y 轴方向也一样,如图 9-48 所示。

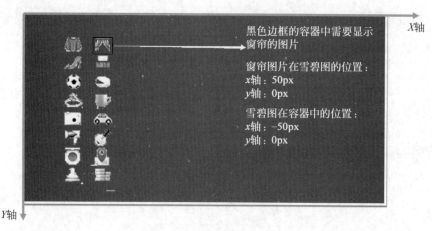

图 9-48　雪碧图定位原理

雪碧图的优点如下。

（1）加快网页加载速度：网页上的每张图片都要向浏览器请求下载图片，而浏览器接受的同时请求数是10个，一次能处理的请求数目是两个。

（2）后期维护简单：该工具可以直接通过选择图片进行图片的拼接，当然也可以自己挪动里面的图片，自己去布局雪碧图，更换图片时也只要更改一下图片的位置即可。直接生成代码，简单易用。

（3）CSS Sprites能减少图片的字节，笔者曾经比较过多次3张图片合并成1张图片的字节总是小于这3张图片的字节总和。

（4）解决了网页设计师在图片命名上的困扰，只需对一张集合的图片命名即可，不需要对每个小元素进行命名，从而提高了网页的制作效率。

（5）更换风格方便，只需在一张或几张图片上修改图片的颜色或样式，整个网页的风格就可以改变。维护起来更加方便。

雪碧图的缺点如下。

（1）在图片合并时，要把多张图片有序且合理地合并成一张图片，还要留好足够的空间，防止板块内出现不必要的背景；这些还好，最痛苦的是在宽屏、高分辨率屏幕下的自适应页面，如果图片不够宽，则很容易出现背景断裂现象。

（2）至于可维护性，这是一把双刃剑。可能有人喜欢，也可能有人不喜欢，因为图片每次的改动都得在这张图片上删除或添加内容，显得有些烦琐，而且计算图片的位置（尤其是这种上千像素的图）也是一件颇为不爽的事情。当然，在性能的前提下，这些都是可以克服的。

（3）由于图片的位置需要固定为某个绝对数值，这就失去了诸如center之类的灵活性。

CSS Sprite一般只能用到固定大小的盒子（box）里，这样才能遮挡住不应该看到的部分。这就是说，在一些需要非单向平铺背景和需要网页缩放的情况下，CSS Sprite并不合适。

下面使用雪碧图拼出自己的名字，如例9-30所示。

【例9-30】 拼出自己的名字

```
<!DOCTYPE html>
<html lang = "en">
<head>
    <meta charset = "UTF - 8">
    <title>拼出自己的名字</title>
    <style>
        span {/ * 引入雪碧图 * /
            background: url(images/abcd.jpg) no - repeat;
            float: left;
        }
        span:first - child {
            width: 108px;
            height: 109px;
```

```
                background - position: 0  - 9px;
            }
        span:nth - child(2) {
            width: 110px;
            height: 113px;
            background - position: - 256px - 275px;
        }
        span:nth - child(3) {
            width: 97px;
            height: 108px;
            background - position: - 363px - 7px;
        }
        span:nth - child(4) {
            width: 110px;
            height: 110px;
            background - position: - 366px - 556px;
        }
    </style>
</head>
< body >
    < span ></ span >
    < span ></ span >
    < span ></ span >
    < span ></ span >
</body>
</html>
```

在浏览器中的显示效果如图 9-49 所示。

图 9-49 拼名字效果

9.6.3 滑动门

可用两个独立的背景图像来创造美观的工艺、真正灵活的接口组件,该组件能根据文本自适应大小,一个在左边,一个在右边。把这两幅图像想象成两扇可滑动的门,它们滑到一起并交叠,占据一个较窄的空间;或者相互滑开,占据一个较宽的空间,如图 9-50 所示。

制作网页时,为了美观,常常需要为网页元素设置特殊形状的背景,例如微信导航栏,有凸起和凹下去的感觉,最大的问题是里面的字数不一样多,如图 9-51 所示。

为了使各种特殊形状的背景能够自适应元素中文本内容的多少,出现了 CSS 滑动门技术。它从新的角度构建页面,使各种特殊形状的背景能够自由地拉伸滑动,以适应元素内部的文本内容,可用性更强,最常见于各种导航栏的滑动门。

滑动门的核心技术就是利用 CSS 精灵(主要是背景位置)和盒子 padding 撑开宽度,以

图 9-50　推拉门

图 9-51　微信导航栏

便能适应不同字数的导航栏。

一般的经典布局代码如下：

```
<li>
  <a href = "#">
    <span>导航栏内容</span>
  </a>
</li>
```

布局解释：

（1）a 设置背景左侧，a 标签只指定高度，而不指定宽度。padding 撑开合适宽度。

（2）span 设置背景右侧，padding 撑开合适宽度，剩下由文字继续撑开宽度。

（3）a 标签包含 span 标签是因为整个导航都是可以单击跳转的。

滑动门的工作原理，如例 9-31 所示。

【例 9-31】　滑动门原理

```
<!DOCTYPE html>
<html lang = "en">
<head>
    <meta charset = "UTF-8">
    <title>滑动门原理</title>
    <style>
        * {
            margin: 0;
            padding: 0;
        }
        a {
```

```
            margin: 10px;
            display: inline - block;
            height: 33px;
            /* 不能设置宽度,我们要滑动门,以便自由缩放 */
            background: url(images/ao. png) no - repeat;
            padding - left: 15px;
            color: #fff;
            text - decoration: none;
            line - height: 33px;
        }
        a span {
            display: inline - block;
            height: 33px;
            background: url(images/ao. png) no - repeat right;
        /* span 不能给宽度,利用 padding 挤开,要 span 右边的圆角,所以背景位
            置右对齐 */
            padding - right: 15px;
        }
    </style>
</head>
<body>
    <a href = "#">
        <span>首页</span>
    </a>
    <a href = "#">
        <span>公众号</span>
    </a>
    <a href = "#">
        <span>贝西奇谈</span>
    </a>
</body>
</html>
```

首页　　公众号　　贝西奇谈

图 9-52　滑动门效果

在浏览器中的显示效果如图 9-52 所示。

自己实现微信官网导航栏效果,如例 9-32 所示。

【例 9-32】　微信导航栏

```
<! DOCTYPE html>
<html lang = "en">
<head>
    <meta charset = "UTF - 8">
    <title>微信导航栏</title>
    <style>
        * {
            margin: 0;
            padding: 0;
        }
        ul{
            list - style: none;
```

```
        }
        body{
            background: url("images/wrap.jpg") repeat-x;
        }
        .nav{
            height: 75px;
        }
        .nav li a{
            /* 1. a左边放左圆角,但是文字需要往右移15px */
            display: block;
            background: url("images/to.png") no-repeat;
            padding-left: 15px;
            color: #fff;
            font-size: 14px;
            line-height: 33px;
            text-decoration: none;
        }
        .nav li a span{
            /* 2. span右边放右圆角,但是文字需要往左移15px */
            display: block;
            line-height: 33px;
            background: url("images/to.png") no-repeat right center;
            padding-right: 15px;
        }
        /* 凹下去, 第1个为左边,第2个为右边 */
        .nav li a:hover{
            background-image: url("images/ao.png");
        }
        .nav li a:hover span{
            background-image: url("images/ao.png");
        }
        .nav li{
            float: left;
            margin: 0 10px;
            padding-top: 21px;
        }
    </style>
</head>
<body>
    <div class="nav">
        <ul>
            <li>
                <a href="#">
                    <span>首页</span>
                </a>
            </li><li>
            <a href="#">
                <span>帮助与反馈</span>
            </a>
        </li><li>
            <a href="#">
```

```
                            <span>公众平台</span>
                        </a>
                    </li><li>
                        <a href="#">
                            <span>开放平台</span>
                        </a>
                    </li><li>
                        <a href="#">
                            <span>微信支付</span>
                        </a>
                    </li><li>
                        <a href="#">
                            <span>微信网页版</span>
                        </a>
                    </li><li>
                        <a href="#">
                            <span>表情开发平台</span>
                        </a>
                    </li><li>
                        <a href="#">
                            <span>微信广告</span>
                        </a>
                    </li>
                </ul>
        </div>
    </body>
</html>
```

在浏览器中的显示效果如图 9-53 所示。

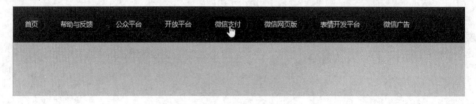

图 9-53　微信导航栏效果

第4阶段　CSS3实战训练营

第 10 章

CSS3 实战技能强化训练

本章训练任务对应第 7~9 章内容。

重点练习内容：

- 掌握 CSS3 中的常用选择器
- 使用 CSS3 设置网页的背景、图像、表单、表格、列表、文本等样式
- 熟练掌握盒模型
- 灵活使用定位、浮动
- 使用 CSS 中的变形、过渡及动画

10.1 CSS 基础功能训练

▶ 15min

1. 制作《水调歌头》

《水调歌头》是宋朝文学家苏轼创作的一阕词。此词作于宋神宗熙宁九年（1076 年）中秋，当时作者在密州（今山东诸城）。词以月起兴，以与其弟苏辙七年未见之情为基础，围绕中秋明月展开想象和思考，把人世间的悲欢离合之情纳入对宇宙人生的哲理性追寻之中，表达了词人对亲人的思念和美好祝愿，也表达了在仕途失意时旷达超脱的胸怀和乐观的景致。编写程序，制作《水调歌头》阕词，页面完成后的效果如图 10-1 所示。

图 10-1　《水调歌头》

需求说明：

（1）标题颜色为红色，字号大小为 18px。

（2）正文第 1 段字号大小为 12px，字号颜色为红色，第 2 段字号颜色为黑色，字号大小为 12px。

【例 10-1】　制作《水调歌头》

```
<!DOCTYPE html >
< html lang = "en">
< head >
```

```
        < meta charset = "UTF - 8">
        < title >《水调歌头》</title >
        < style >
            h1{font - size:18px; color:red;}
            .part1{font - size:12px; color:red;}
            .part2{font - size:12px; color:blank;}
        </style >
    </head >
    < body >
        < h1 >水调歌头</h1 >
        < hr/>
        < p class = "part1">明月几时有,把酒问青天。< br/>
            不知天上宫阙,今夕是何年?< br/>
            我欲乘风归去,又恐琼楼玉宇,< br/>
            高处不胜寒。< br/>
            起舞弄清影,何似在人间!</p>
        < p class = "part2">转朱阁,低绮户,照无眠。< br/>
            不应有恨,何事长向别时圆?< br/>
            人有悲欢离合,月有阴晴圆缺,< br/>
            此事古难全。< br/>
            但愿人长久,千里共婵娟。</p>
    </body >
</html >
```

2．制作《如梦令》

《如梦令》是宋代女词人李清照的早期词作。此词借宿酒醒后询问花事的描写,委婉地表达了作者怜花惜花的心情,充分体现出作者对大自然、对春天的热爱,也流露了内心的苦闷。编写程序,制作《如梦令》诗词,页面显示效果如图 10-2 所示。

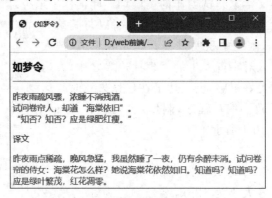

图 10-2　《如梦令》

需求说明:

(1) 使用标签选择器将标题字号大小设置为 20px。

(2) 页面中所有段落的文本字号大小为 16px。

(3) 使用类选择器将正文和译文内容字体颜色设置为绿色。

(4) 使用 ID 选择器将译文标题颜色设置为蓝色。

【例 10-2】 制作《如梦令》

```
<!DOCTYPE html>
<html lang = "en">
<head>
    <meta charset = "UTF - 8">
    <title>《如梦令》</title>
    <style>
        h1{font - size:20px;}
        p{font - size:16px;}
        .poem{color:green;}
        #title{color:blue;}
    </style>
</head>
<body>
    <h1>如梦令</h1>
    <hr/>
    <p class = "poem">昨夜雨疏风骤，浓睡不消残酒。<br/>
        试问卷帘人，却道"海棠依旧"。<br/>
        "知否?知否?应是绿肥红瘦。"</p>
    <p id = "title">译文</p>
    <p class = "poem">昨夜雨点稀疏，晚风急猛，我虽然睡了一夜，仍有余醉未消。试问卷帘的侍
女:海棠花怎样?她说海棠花依然如旧。知道吗?知道吗?应是绿叶繁茂，红花凋零。</p>
</body>
</html>
```

3. 制作开心餐厅页面

开心餐厅，让你可以开心地烹饪美味佳肴，从一个简洁的小餐厅起步，逐步打造自己的
餐饮大食代。利用 CSS 完成开心餐厅页面的制作，效果如图 10-3 所示。

需求说明:

(1) 图片放在段落标签中，标题放在<h2>标签中。

(2) 段落标签中的文本大小为 12px，标题大小为 18px，颜色为红色。

(3) CSS 样式体现出复合选择器的应用。

(4) 分别使用行内样式、内部样式和外部样式的形式制作页面。

【例 10-3】 制作开心餐厅页面

(1) 新建一个 HTML 文件，使用相应标签实现页面布局，代码如下:

```
<!DOCTYPE html>
<html lang = "en">
<head>
    <meta charset = "UTF - 8">
    <title>开心餐厅</title>
    <!-- 引入外部样式 -->
    <link href = "css/restaurant.css" rel = "stylesheet"/>
</head>
<body>
    <p><img src = "images/game01.jpg" width = "887" height = "439" alt = "主题图片" /></p>
```

```
<p><img src = "images/game02.jpg" width = "195" height = "51" alt = "游戏简介"/></p>
<p class = "green">开心餐厅,让你可以开心地烹饪美味佳肴,从一个简洁的小餐厅起步,逐步
打造自己的餐饮大食代。<br/>
烹饪美食,雇佣好友帮忙,装修个性餐厅,获得顾客美誉。<br/>
步步精心经营,细心打理,我们都能成为餐饮大亨哦。</p>
<p><img src = "images/game03.jpg" width = "192" height = "53" alt = "游戏特色" /></p>
<p><h2 id = "first">如何做菜?</h2>

1.单击餐厅中的炉灶,打开菜谱,选择自己要做的食物后,进行烹饪。不断单击炉灶,直到食物
进入自动烹饪阶段;<br/>
2.每道菜所需要制作的步骤和烹饪的时间不一样,可以根据自己的时间和偏好进行选择,还会
有各地特色食物供应哦;<br/>
3.烹饪完毕的食物要及时端到餐台上,否则过一段时间会腐坏;<br/>
4.食物放在餐台上后,服务员会自动端给顾客,顾客吃完后会付钱给你。

<h2>如何经营餐厅?</h2>

1.自己做老板,当大厨,雇佣好友来做服务员为你打工。心情越好的员工效率越高。员工兼职
的份数越少,工作的时间越短心情越好;好友间亲密度越高,可雇用的时间越长;<br/>
2.随着等级的升高,可雇佣的员工、可购买的炉灶、餐台、经营面积都会随之增加;<br/>
3.餐桌椅的摆放位置也很有讲究,它会影响顾客和服务员行走路程。

<h2>如何吸引顾客?</h2>

1.美誉度决定了餐厅的客流量,美誉度高时来餐厅的顾客多,美誉度低时来餐厅的顾客少;
<br/>
2.如果不需要等待,就能及时享用到食物,顾客就会满意地增加餐厅美誉度;与之相反,如果没
有吃到食物就离开的顾客会降低美誉度;<br/>
3.总而言之,储备充足的食物及时的服务、足够的餐桌椅是必不可少的!

<h2>如何和好友互动?</h2>

1.不忍眼睁睁看好友餐厅的食物腐坏,那就帮忙端到餐台吧! 自己还可以获得经验值奖励;
<br/>
2.仓库里的东西可以赠送给好友,直接拖曳到礼物即可赠送;拖曳到收银即可出售。注意哦,每
个级别能收到礼物的总价值是有上限的;<br/>
3.系统的额外食物奖励可和好友分享,把分享消息发布到开心网动态上,让朋友们一起感受快
乐!每天最多可以从5位好友的餐厅领取免费食物,食物将被放入仓库的冷藏室里,可出售给系统,
也可以拖曳到餐台上卖给顾客;<br/>
4.在好友需要帮助时,给予帮忙,当然啦,你也可以给好友捣捣乱、使使坏。作为奖励,你也会获
得经验值和现金。
</p>
<p><img src = "images/game04.jpg" width = "195" height = "50" alt = "游戏口碑" /></p>
<p class = "blue">开心餐厅,让你可以开心地烹饪美味佳肴,从一个简洁的小餐厅起步,逐步打
造自己的餐饮大食代。<br/>
烹饪美食,雇佣好友帮忙,装修个性餐厅,获得顾客美誉。<br/>
步步精心经营,细心打理,我们都能成为餐饮大亨哦。</p>
</body>
</html>
```

 游戏简介

开心餐厅，让你可以开心地烹饪美味佳肴，从一个简洁的小餐厅起步，逐步打造自己的餐饮大食代。
烹饪美食，雇佣好友来帮忙，装饰个性餐厅，获得顾客美誉。
步步精心经营，细心打理，我们都能成为餐饮大亨哦。

 游戏特色

如何做菜？

1. 单击餐厅中的炉灶，打开菜谱，选择自己要做的食物后，进行烹饪。不断点击炉灶，直到食物进入自动烹饪阶段；
2. 每道菜所需要制作的步骤和烹饪的时间不一样，你可以根据自己的时间和喜好来进行选择，还会有各地特色食物供应哦；
3. 烹饪完毕的食物要及时端到餐台上，否则过一段时间会腐坏；
4. 食物放在餐台上后，服务员会自动端给顾客，顾客吃完后会付钱给你。

如何经营餐厅？

1. 自己做老板，当大厨，雇佣好友来做服务员为你打工。心情越好的员工效率越高。员工兼职的份数越少，工作的时间越短 心情越好，好友间亲密度越高，可雇佣的时间越长；
2. 随着等级的升高，可雇佣的员工、可购买的炉灶、餐台、经营面积都会随之增加；
3. 餐桌椅的摆放位置也很有讲究，它会影响顾客和服务员行走路程。

如何吸引顾客？

1. 美誉度决定了餐厅的客流量，美誉度高的时候来餐厅的顾客多，美誉度低的时候来餐厅的顾客少；
2. 如果不需要等待，就能及时享用到食物，顾客就会满意地增加餐厅美誉度；与之相反，如果没有吃到食物就离开的顾客会 降低美誉度；
3. 总而言之，储备充足的食物、及时的服务、足够的餐桌椅是必不可少的！

如何和好友互动？

1. 不忍眼睁睁看到好友餐厅的食物腐坏，那就帮忙端到餐台上吧！自己还可以获得经验值奖励；
2. 仓库里的东西可以赠送给好友，直接拖曳到礼物即可赠送；拖曳到收银即可出售。注意哦，每个级别能收到礼物的总价值 是有上限的；
3. 系统的额外食物奖励可以和友分享，把分享消息发布到开心网动态上，让朋友们一起感受快乐！每天最多可以从6位好友 的餐厅领取免费食物，食物将被放入仓库的六箱宝里，可出售给系统，也可以拖曳到餐台上卖给顾客；
4. 在好友需要帮助的时候，给予帮忙，当然啦，你也可以给好友捣乱、使使坏。作为奖励，你也会获得经验值和现金。

 游戏口碑

开心餐厅，让你可以开心地烹饪美味佳肴，从一个简洁的小餐厅起步，逐步打造自己的餐饮大食代。
烹饪美食，雇佣好友来帮忙，装饰个性餐厅，获得顾客美誉。
步步精心经营，细心打理，我们都能成为餐饮大亨哦。

图 10-3　开心餐厅页面

（2）为了使页面美观，可添加 CSS 样式，新建一个 CSS 文件（css/restaurant.css），代码如下：

```
p{font-size:12px;}
h2{font-size:18px; color:red;}
p.green{color:green;}
p.blue{color:blue;}
#first{font-size:24px; color:green;}
```

10.2　CSS 美化页面元素训练

17min

1. 凹凸文字

利用结构伪类选择器和文本阴影,实现文字的凹凸效果,让页面更加丰富多彩,效果如图 10-4 所示。

图 10-4　凹凸文字

【例 10-4】　凹凸文字

```
<!DOCTYPE html>
<html lang = "en">
<head>
    <meta charset = "UTF - 8">
    <title>凹凸文字</title>
    <style>
        body {
            background - color: #ccc;
        }
        div {
            color: #ccc;
            font: 700 80px "微软雅黑";
        }
        div:first - child {
            /* text - shadow: 水平位置 垂直位置 模糊距离 阴影颜色; */
            text - shadow: 1px 1px 1px #000, - 1px - 1px 1px #fff;
        }
        div:last - child {
            /* text - shadow: 水平位置 垂直位置 模糊距离 阴影颜色; */
            text - shadow: - 1px - 1px 1px #000, 1px 1px 1px #fff;
        }
    </style>
</head>
<body>
    <div>我是凸起的文字</div>
    <div>我是凹下的文字</div>
</body>
</html>
```

2.《王者荣耀》导航栏

利用 CSS 常用样式和动态伪类选择器,实现《王者荣耀》导航栏,当鼠标经过菜单时添加背景图片,效果如图 10-5 所示。

图 10-5　添加背景图片效果

【例 10-5】　《王者荣耀》导航栏

```html
<!DOCTYPE html >
< html lang = "en">
< head >
    < meta charset = "UTF - 8">
    < title >《王者荣耀》导航栏</title>
    < style >
        body {
            background - color: ♯000;
        }
        a {
            width: 200px;
            height: 50px;
            display: inline - block;    /* 把 a 行内元素转换为行内块元素 */
            text - align: center;       /* 文字水平居中 */
            line - height: 50px;        /* 设定行高等于盒子的高度,就可以使文字垂直居中 */
            color: ♯fff;
            font - size: 22px;
            text - decoration: none;    /* 取消下画线,文本装饰 */
        }
        a:hover {                       /* 鼠标经过时给我们的链接添加背景图片 */
            background: url(images/h.png) no - repeat;
        }
    </style >
</head >
< body >
    < a href = "♯">专区说明</a>
    < a href = "♯">申请资格</a>
    < a href = "♯">兑换奖励</a>
    < a href = "♯">下载游戏</a>
</body >
</html >
```

3. 百度热搜

百度热搜以数亿用户海量的真实数据为基础,通过专业的数据挖掘方法,计算关键词的热搜指数,旨在建立权威、全面、热门、时效的各类关键词排行榜,引领热词阅读时代。利用伪元素选择器,实现百度热搜新闻排版,效果如图 10-6 所示。

15min

【例 10-6】　百度热搜

```html
<!DOCTYPE html >
< html lang = "en">
< head >
```

```
< meta charset = "UTF - 8">
< title>百度热搜</title>
< style>
    h1{color: ♯1479d7;}
    p:nth - child(2n + 1){
        font - weight: 900;
    }
    . icon::after{
        content: url(images/icon.png);
    }
    .video::after{          /ﾠ声音播报新闻ﾠ/
        content: url(images/video.png);
    }
</style>
</head>
< body>
    < h1>百度热榜</h1>
    < p class = "icon">携手共建中国-中亚命运共同体</p>
    < p class = "icon">收到 110 元现金外卖小哥果断报警</p>
    < p>基辅遭"种类繁多密度惊人"空袭</p>
    < p>丝路之光耀古今</p>
    < p class = "video">胧月公主扮演者回应近照曝光</p>
</body>
</html>
```

百度热搜

携手共建中国-中亚命运共同体🔥

收到110元现金外卖小哥果断报警🔥

基辅遭"种类繁多密度惊人"空袭

丝路之光耀古今

胧月公主扮演者回应近照曝光◁))

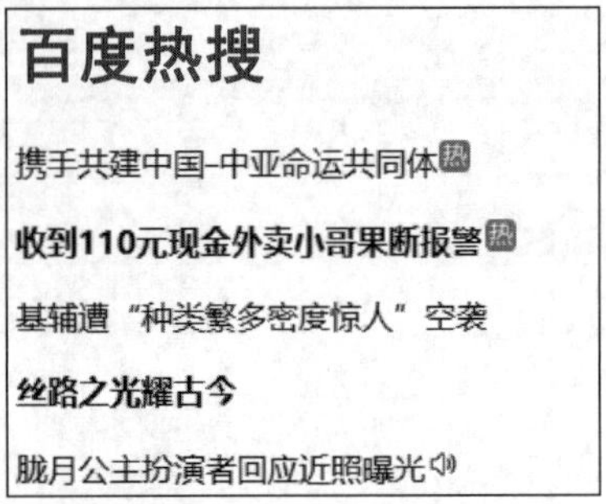

图 10-6　百度热搜

4．制作开心庄园页面

开心庄园是一款社交互动类手机游戏,旨在为玩家打造一个属于自己的乐园,享受放松愉悦的游戏体验。编写程序,制作开心庄园页面,效果如图 10-7 所示。

需求说明:

(1) 标题行距 40px,加粗显示,字号大小 18px、颜色为♯9c2f06。

(2) 正文大小 12px,行距 20px,图片与文本居中对齐。

(3) 使用外部样式表创建页面样式。

图 10-7 开心庄园

【例 10-7】 制作开心庄园页面

（1）新建一个 HTML 文件，构建开心庄园页面结构，代码如下：

```
<!DOCTYPE html>
< html lang = "en">
< head >
    < meta charset = "UTF - 8">
    < title >制作开心庄园页面</title>
    < link href = "css/manor.css" rel = "stylesheet" type = "text/css" />
</head>
< body >
    < p >< img src = "images/manor - 1.jpg" width = "886" height = "488" alt = "开心庄园" /></p>
    < h1 >如何犁地、播种和收获?</h1>
        < p >1.单击耙子< img src = "images/manor - 2.jpg"/>,即可在庄园中开垦田地;
```

```
        < br/>
        2.一开始,可以开垦数十块的田地;扩充庄园后,可开垦的数量更多;< br />
        3.在商店< img src = "images/manor - 3.jpg"/>购买种子后,单击庄园中的田地< img src =
"images/manor - 4.jpg"/>,即可播种;< br />
        4.别忘了收获自己的劳动所得哦,枯萎后就颗粒无收了!< br />
        5.使用铲子删除庄园里的田地和植物;< br />
        6.到达一定级别,可利用拖拉机、播种机、收割机,方便快捷地劳作。</p>
    < h1 >如何种果树?</h1 >
        < p >1.商店中购买果树后,单击庄园空地 < img src = "images/manor - 5.jpg"/>,即可种植;
< br />
        2.果树结满果实时,一定要记得及时收获哦;< br />
        3.幸运的是,果树不会枯萎,收获后的果树,过一段时间后,还会继续结果。</p>
    < h1 >如何养动物?</h1 >
        < p >1.单击商店,选择想要饲养的动物后,单击庄园空地,即可饲养动物;< br />
        2.动物成熟之后一定要记得收获< img src = "images/manor - 6.jpg"/>哦～< br >
        3.将动物放入相应的居所后,可以更方便地收获;幸运,说不定会有意外的惊喜收获呢!
< br />
        4.除了商店购买外,还有各种神秘途径可获得动物哦!</p>
    < h1 >如何装扮自己的庄园?</h1 >
        < p >1.单击左上角的庄园名称,为自己的庄园起个响当当的名字;< br />
        2.在商店里购买各种喜欢的建筑和装饰,随心所欲地进行装饰;< br />
        3.向好友们许愿或发布需求< img src = "images/manor - 7.jpg"/>,让好友们赠送自己心仪
的东西。</p>
</body>
</html>
```

(2) 根据需求说明,建立 CSS 文件(css/manor.css)完成页面的美化工作,代码如下:

```
h1{font - size:18px; line - height:40px;color:#9c2f06;}
p{line - height:25px; font - size:12px;color:#9c2f06;}
p img{vertical - align:middle;}
```

▶ 13min

家用电器

电视

教育电视 平板电视 全屏
OLED电视 智慧屏 超清电视
55寸电视 65寸电视 影院

空调

新风空调 以旧换新 挂机
挂机1.5匹 挂机3匹 变频

冰箱

多门 对开门 三门
双门 冷柜 冰吧

五金配件

淋浴/水槽 电动工具 手动
仪器仪表 浴霸/排气 灯具

图 10-8 家用电器商品分类页面

5. 家用电器商品分类页面

京东家电打造品质生活,好家电任你挑选,品类齐全,轻松购物品类全,折扣狠,送货快,省事又省心,享受购物就在京东。模拟京东家用电器分离,编写程序制作家用电器商品分类页面,效果如图 10-8 所示。

需求说明:

(1) 电器分类无下画线,鼠标悬浮超链接时显示下画线。

(2) 分类内容超链接无下画线,鼠标悬浮至超链接时字体颜色为棕红色(#560),显示下画线。

(3) 一级分类(家用电器)设置:字号大小 18px、加粗、行距 35px、背景色#0f7cbf,缩进 1 字符。

(4) 二级标题设置:字号大小 14px、加粗、行距 30px、

背景色♯e4f1fa、字体颜色♯0f7cbf。

（5）正文设置：字号大小 12px、行距 20px，字体颜色♯666。

【例 10-8】　家用电器商品分类页面

（1）新建一个 HTML 文件，添加段落、超链接等标签，并添加内容，代码如下：

```
<! DOCTYPE html >
< html lang = "en">
< head >
    < meta charset = "UTF - 8">
    < title >制作家用电器商品分类页面</title>
    < link href = "css/goods.css" rel = "stylesheet" type = "text/css" />
</head>
< body >
< div id = "type">
    < div id = "title">家用电器</div>
    < div class = "secondTitle">< a href = "♯">电视</a></div>
    <p>< a href = "♯">教育电视</a>    < a href = "♯">平板电视</a>    < a
href = "♯">全屏</a>< br/>
        < span >    </span>< a href = "♯"> OLED 电视</a>    
        < a href = "♯">智慧屏</a>    < a href = "♯">超清电视</a>< br/>
        < span >    </span>< a href = "♯"> 55 寸电视</a>    < a href = "♯">
65 寸电视</a>    < a href = "♯">影院</a></p>
    < div class = "secondTitle">< a href = "♯">空调</a></div>
    <p>< a href = "♯">新风空调</a>    < a href = "♯">以旧换新</a>    < a
href = "♯">挂机</a>< br/>
        < span >    </span>< a href = "♯">挂机 1.5 匹</a>    < a href =
"♯">挂机 3 匹</a>    < a href = "♯">变频</a></p>
    < div class = "secondTitle">< a href = "♯">冰箱</a></div>
    <p>< a href = "♯">多门</a>    < a href = "♯">对开门</a>    < a href =
"♯">三门</a>< br/>
        < span >    </span>< a href = "♯">双门</a>    < a href = "♯">冷柜
</a>    < a href = "♯">冰吧</a></p>
    < div class = "secondTitle">< a href = "♯">五金配件</a></div>
    <p>< a href = "♯">淋浴/水槽</a>    < a href = "♯">电动工具</a>    
< a href = "♯">手动</a>< br/>
        < span >    </span>< a href = "♯">仪器仪表</a>    < a href = "♯">
浴霸/排气</a>    < a href = "♯">灯具</a></p>
</div>
</body>
</html>
```

（2）根据需求说明，新建 CSS(css/goods.css)文件完成页面的美化工作，代码如下：

```
♯type {
    width:220px;
}
♯title {
    font - size:18px;
    text - indent:1em;
```

```
        background - color:#0f7cbf;
        line - height:35px;
        color:#FFF;
        font - weight:bold;
    }
    .secondTitle {
        background - color:#e4f1fa;
        text - indent:2em;
        font - size:14px;
        line - height:30px;
        font - weight:bold;
    }
    .secondTitle a {
        color:#0f7cbf;
        text - decoration:none;
    }
    .secondTitle a:hover {
        text - decoration:underline;
    }
    p {
        line - height:20px;
        text - indent:1em;
    }
    p a {
        color:#666666;
        text - decoration:none;

    }
    p a:hover {
        color:#F60;
        text - decoration:underline;
    }
```

6. 畅销书排行榜

中国畅销书排行榜前十名是每个阅读爱好者关注的热门话题。在这个信息泛滥的年代,书籍依然是我们获取知识、发掘人性、放松心灵的重要途径,也是我们选择读物时不可或缺的参考。接下来,让我们一起来了解一下畅销书排行榜前十名的书籍吧!

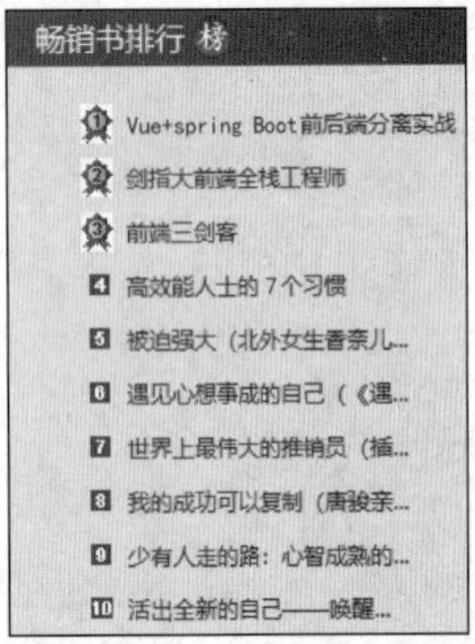

使用 CSS3 中的相关列表属性添加列表项的项目图标及美化页面,实现畅销书排行榜,效果如图 10-9 所示。

实现思路:

(1) 使用无序列表制作畅销书排行榜页面。

(2) 使用 list-style-type 属性设置列表无标记符号。

(3) 使用背景属性设置列表的图标样式,列表内容向内缩进两个字符。

需求说明:

图 10-9 畅销书排行榜

(1) 超链接无下画线,但当鼠标悬浮至超链接时显示下画线。

(2) 标题设置:16px、缩进 1 字符,行距 30px,绿色背景♯518700。

(3) 正文设置:浅绿色背景♯f3f4df、12px,行距 28px,文本颜色♯1a66b3。

【例 10-9】 畅销书排行榜

(1) 新建一个 HTML 文件,在文件中添加无序列表及内容,代码如下:

```
<!DOCTYPE html>
<html lang = "en">
<head>
    <meta charset = "UTF - 8">
    <title>畅销书排行榜</title>
    <link href = "css/book.css" rel = "stylesheet" type = "text/css" />
</head>
<body>
    <div class = "book">
        <div class = "title">畅销书排行</div>
        <ul>
            <li class = "num01"><a href = "♯" target = _blank > Vue + Spring Boot 前后端分离实
战</a></li>
            <li class = "num02"><a href = "♯" target = _blank >剑指大前端全栈工程师</a>
</li>
            <li class = "num03"><a href = "♯" target = _blank >前端三剑客</a></li>
            <li class = "num04"><a href = "♯" target = _blank >高效能人士的 7 个习惯</a>
</li>
            <li class = "num05"><a href = "♯" target = _blank >被迫强大(北外女生香奈儿…</a>
</li>
            <li class = "num06"><a href = "♯" target = _blank >遇见心想事成的自己(《遇…</a>
</li>
            <li class = "num07"><a href = "♯" target = _blank >世界上最伟大的推销员(插…</a>
</li>
            <li class = "num08"><a href = "♯" target = _blank >我的成功可以复制(唐骏亲…</a>
</li>
            <li class = "num09"><a href = "♯" target = _blank >少有人走的路:心智成熟的…</a>
</li>
            <li class = "num10"><a href = "♯" target = _blank >活出全新的自己——唤醒…</a>
</li>
        </ul>
    </div>
</body>
</html>
```

(2) 根据需求说明,新建 CSS(css/book.css)文件,设置页面整体大小、布局及列表图标,代码如下:

```
.book {
    width:250px;
    background - color: ♯f3f4df;
}
.title {
```

```
    font - size:16px;
    color:♯FFF;
    line - height:30px;
    text - indent:1em;
    background:♯518700 url(../images/bang.gif) 100px 2px no - repeat;
}
ul li {
    list - style - type:none;
    line - height:28px;
    font - size:12px;
    text - indent:2em;
}
ul .num01{background:url(../images/book_no01.gif) 0px 4px no - repeat;}
ul .num02{background:url(../images/book_no02.gif) 0px 4px no - repeat;}
ul .num03{background:url(../images/book_no03.gif) 0px 4px no - repeat;}
ul .num04{background:url(../images/book_no04.gif) 4px 8px no - repeat;}
ul .num05{background:url(../images/book_no05.gif) 4px 8px no - repeat;}
ul .num06{background:url(../images/book_no06.gif) 4px 8px no - repeat;}
ul .num07{background:url(../images/book_no07.gif) 4px 8px no - repeat;}
ul .num08{background:url(../images/book_no08.gif) 4px 8px no   repeat;}
ul .num09{background:url(../images/book_no09.gif) 4px 8px no - repeat;}
ul .num10{background:url(../images/book_no10.gif) 4px 8px no - repeat;}
ul li a {
    color:♯1a66b3;
    text - decoration:none;
}
ul li a:hover {
    text - decoration:underline;
}
```

7. 制作 51 购商城登录界面

编写程序,制作 51 购商城的登录界面,效果如图 10-10 所示。

图 10-10　51 购商城的登录界面

【例 10-10】　51 购商城的登录界面

（1）新建一个 HTML 文件，添加文本输入框和密码输入框，代码如下：

```
<!DOCTYPE html>
<html lang = "en">
<head>
    <meta charset = "UTF-8">
    <title>登录界面</title>
    <link href = "css/logo.css" rel = "stylesheet" />
</head>
<body>
<div class = "mr-cont">
  <div class = "cont">
  <img src = "images/logo.png" alt = "">
   <div class = "login">
    <p class = "user">用户名:</p><p class = "txt"></p>
    <p class = "pass">密  码:  </p><p class = "txt"></p>
    <p class = "ok">登录</p>
    <p class = "ok">重新输入</p>
   </div></div>
</div>
</body>
</html>
```

（2）新建 CSS(css/logo.css)文件，设置 form 表单的背景等样式，代码如下：

```
/* 页面整体内容 */
.mr-cont{
    height: 500px;                          /* 设置大小 */
    width: 1300px;
    margin: 0 auto;
    position: relative;                     /* 将定位方式设置为相对定位 */
    background: url(../images/bg.jpg);      /* 页面背景图片 */
}
/* 登录界面的样式 */
.cont{
    width:300px;                            /* 设置大小 */
    height:350px;
    position: absolute;                     /* 设置定位方式 */
    left: 500px;
    top:30px;
    border:1px solid #f00;                  /* 设置边框 */
    background:url(../images/bg1.png) top right; /* 页面背景图片 */
    }
/* 图片 logo 样式 */
img{
    margin: 20px;
    height: 50px;
}
p{
```

```
    height: 30px;
    line - height: 30px;
    float: left;
    margin - left: 30px;
}
.txt{
    width: 150px;
    border: 1px rgba(140,134,134,1.00) solid;
}
.ok{
    width: 200px;
    margin - left: 50px;
    text - align: center;
    background: rgba(241,131,133,1.00)
}
```

8. 会员登录页面

表单的主要功能是收集信息,具体来说是收集浏览者的信息。登录页面很常见,编写程序设计一个包含第三方登录接口的登录页面,效果如图 10-11 所示。

图 10-11　包含第三方登录接口的登录页面

【例 10-11】　会员登录页面

(1) 新建一个 HTML 文件,在表单< form >标签中设置表单的基本属性,代码如下:

```
<!DOCTYPE html >
< html lang = "en">
< head >
    < meta charset = "UTF - 8">
    < title >会员登录页面</title>
    < link href = "css/logo2.css" type = "text/css" rel = "stylesheet">
```

```
</head>
< body >

< div class = "cont">
    <!-- 页眉 -->
    < div class = "title">
        < span class = "font" style = "font: bold 35px/40px '';">会员登录</span >
        < span class = "color">立即注册</span >
        < span class = "">还没有账号</span >
    </div >
    <!-- 表单 -->
    < form class = "form">
        < div >手机号/账号登录</div >
        < div class = "user input">
            < input type = "text" placeholder = "用户名/邮箱/手机号">
        </div >
        < div class = "pass input">
            < input type = "password" placeholder = "密码">
        </div >
        < div class = "user">
            < button type - "reset">登录</button >
            < label >< input type = "checkbox">记住密码 </label >
            < a href = "♯">忘记密码</a >
        </div >
    </form >
    < div class = "bottom">
        < div style = "margin - bottom: 10px">使用第三方直接登录</div >
        < div class = "third">
            < button type = "button">< img src = "images/qq.png" alt = ""> QQ 登录</button >
            < button type = "button">< img src = "images/microblog.png" alt = ""> 微博登录
</button >
        </div >
    </div >
</div >
</body >
</html>
```

（2）为了页面美观整齐，新建 CSS（css/logo2.css）文件改变网页中各标签的样式和位置，代码如下：

```
.cont {
    background: rgba(114, 255, 202, 0.65);
    width: 350px;
    margin: 20px auto;
    height: 350px;
    padding: 60px 40px 70px;
}
/* 页眉 */
.title {
    padding - bottom: 10px;
```

```css
            vertical - align: bottom;
            border - bottom: 2px solid #000;
        }
        .font ~ span {
            line - height: 60px;
            float: right;
        }
        /* 设置文字颜色 */
        .color {
            margin - left: 20px;
            color: rgba(255, 127, 80, 0.65);
        }
        /* 设置表单和页脚的顶部外间距 */
        .form, .bottom {
            margin - top: 20px;
        }
        /* 提示性文字的颜色 */
        .form > :first - child, .bottom > :first - child {
            color: #acacac;
        }
        /* 文本框和密码框 */
        .input input {
            width: 340px;
            height: 40px;
            margin: 10px auto;
            outline: none;
            background: #fff;
            border: 1px solid #a7adb3;
        }
        /* 登录一行的样式 */
        .user{
            display: flex;
            justify - content: space - between;
        }
        /* 登录按钮 */
        .user button{
            padding: 10px 20px;
            background: #4daf6c;
            color: #fff;
            border - color: transparent;
        }
        /* 忘记密码 */
        .user a{
            text - decoration: none;
            color: inherit;
        }
        /* 页脚 */
        .bottom {
            padding: 10px 0;
            border - top: 2px solid #fff;
            border - bottom: 2px solid #fff;
```

```
}
/* 第三方登录按钮 */
.third button {
    outline: none;
    padding: 0 24px;
    background: #28d5e7;
    color: #fff;
    border-color: transparent;
}
/* 图标 */
.third button img {
    vertical-align: middle;

}
/* 设置最后一个按钮的背景颜色和对齐方式 */
.third button:last-child {
    float: right;
    background: #e75b61;
}
```

9. 移动端购票页面

编写程序,实现响应式在线预订的移动用户端购票填写订单信息页面,效果如图 10-12 所示。

图 10-12 移动端购票页面

【例 10-12】 移动端购票页面

(1) 新建一个 HTML 文件,使用<div>标签搭建订单信息页面,代码如下:

```
<!DOCTYPE html>
<html lang = "en">
```

```html
< head >
    < meta charset = "UTF - 8">
    < meta name = "viewport" content = "width = device - width, initial - scale = 1.0"/>
    < title >手机端购票页面</title >
    < link href = "css/ticket.css" type = "text/css" rel = "stylesheet">
</head >
< body >
< div class = "cont">
    <!-- 顶部页面标题和返回按钮 -->
    < div class = "header">
        < p >←</p >
        < p >填写订单</p >
        < p ></p >
    </div >
    <!-- 车票信息 -->
    < div class = "info">
        < ul >
            < li > 2023 - 5 - 20 </li >
            < li >周六</li >
            < li > 18:00 发车</li >
        </ul >
        < ul >
            < li >太原</li >
            < li >约 1.5 小时</li >
            < li >北京</li >
        </ul >
    </div >
    <!-- 购票人信息 -->
    < div class = "typeIn">
        < div >
            < p >< span >乘车人</span >< input type = "button" class = "button" value = "添加">
</p >
        </div >
        < div >
            < label >订票人< input type = "text" class = "input"></label >
            < label >手机号< input type = "tel" class = "input"></label >
        </div >
        < div class = "fee">
            < p >< span style = "margin - right: auto">优惠券</span >< span >无可用优惠券
</span >< span > </span ></p >
            < p >< span style = "margin - right: auto">服务费</span >< span >服务费说明</span >
< span > </span ></p >
        </div >
    </div >
    <!-- 购票协议 -->
    < label class = "agree">< input type = "checkbox">已阅读并同意购票协议 </label >
    <!-- 提交订单 -->
    < div class = "order">
        < div >< span >应付金额</span >< span class = "price">¥520 </span ></div >
        < button type = "button" class = "button">提交订单</button >
    </div >
```

```
</div>
</body>
</html>
```

（2）新建 CSS（css/ticket.css）文件，改变 HTML 中各标签的样式和布局，代码如下：

```css
@charset "utf - 8";
/ * css document * /
* {
    padding: 0;
    margin: 0;
}
.cont {
    width: 80 % ;
    margin: 0 10 % ;
    background: #eff0f1;
}


/ * 顶部页面标题和返回按钮 * /
.header {
    background: #2de6ba;
    padding: 10px 10px 50px;
    display: flex;
    justify - content: space - between;
}
/ * 车票信息 * /
.info{
    background: #2de6ba;
}
.info > ul{
    list - style: none;
    width: 80 % ;
    margin: 10px auto 20px;
    display: flex;
    padding: 10px;
    color: #fff;
    justify - content: space - between;
}
.info >:first - child{
    margin - top: - 10px;
    border - radius: 18px;
    background: rgba(0,0,0,0.3);
}
/ * 购票人信息 * /
.typeIn > div{
    margin: 10px auto;
    background: #fff;
    font - size: 20px;
}
.typeIn > div > * , .order{
```

```
        display: flex;
        justify - content: space - between;
        align - items: center;
        padding: 20px 50px;
    }
    .fee > :first - child{
        border - bottom:1px solid #c1cdd4;
    }
    / * 提交订单 * /
    .agree,.order{
        padding: 20px 50px;
        margin: 20px auto;
    }
    .order div{
        background: #fff;
        padding: 5px 15px;
        font - size: 16px;
    }
    .order .price{
        display: inline - block;
        color: #ff5722;
        margin - left: 10px;
        font - weight: bold;
        font - size: 20px;
    }
    .order .price:first - letter{
        font - size: 24px;
    }
    .button{
        padding: 5px 15px;
        border - color: transparent;
        background: #54ffd6;
        font - size: 18px;
    }
    .input{
        outline: none;
        margin - left: 20px;
        flex: auto;
        border - width: 1px;
        border - color: transparent transparent #c1cdd4 transparent;
    }
```

10. 商城商品信息展示

对于电商网站,大家再熟悉不过了,如图 10-13 所示为 51 购商城的首页商品信息,使用表格实现商品信息页面。

【例 10-13】 商城商品信息展示

(1)新建一个 HTML 文件,使用< table >标签创建表格框架,然后利用< tr >和< td >标签输入商品的文字内容,利用< img >标签在单元格中插入具体商品图片,代码如下:

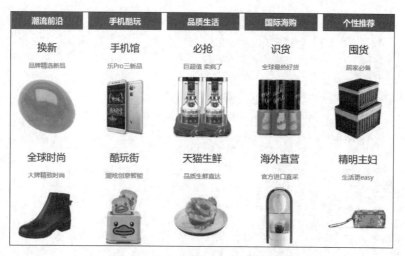

图 10-13　51 购商城首页商品信息

```
<!DOCTYPE html>
< head >
    < meta charset = "utf - 8">
    < title >51 购商城首页商品信息</title>
    < link href = "CSS/shopping.css" rel = "stylesheet" type = "text/css">
</head>
< table class = "mr - shop" cellspacing = "12">
    < tr class = "mr - th1">
        < th >潮流前沿</th>
        < th >手机酷玩</th>
        < th >品质生活</th>
        < th >国际海购</th>
        < th >个性推荐</th>
    </tr>
    < tr class = "mr - th2">
        < td >换新</td>
        < td >手机馆</td>
        < td >必抢</td>
        < td >识货</td>
        < td >囤货</td>
    </tr>
    < tr class = "mr - th3">
        < td >品牌精选新品</td>
        < td >乐 Pro 三新品</td>
        < td >巨超值 卖疯了</td>
        < td >全球最热好货</td>
        < td >居家必备</td>
    </tr>
    < tr >
        < td >< img src = "images/1.png" alt = ""></td>
        < td >< img src = "images/2.jpg" alt = ""></td>
        < td >< img src = "images/3.png" alt = ""></td>
```

```
            <td><img src="images/4.jpg" alt=""></td>
            <td><img src="images/5.jpg" alt=""></td>
        </tr>
        <tr class="mr-th2">
            <td>全球时尚</td>
            <td>酷玩街</td>
            <td>天猫生鲜</td>
            <td>海外直营</td>
            <td>精明主妇</td>
        </tr>
        <tr class="mr-th3">
            <td>大牌精致时尚</td>
            <td>潮炫创意智能</td>
            <td>品质生鲜直达</td>
            <td>官方进口直采</td>
            <td>生活更easy</td>
        </tr>
        <tr>
            <td><img src="images/6.jpg" alt=""></td>
            <td><img src="images/7.jpg" alt=""></td>
            <td><img src="images/8.jpg" alt=""></td>
            <td><img src="images/9.jpg" alt=""></td>
            <td><img src="images/10.jpg" alt=""></td>
        </tr>
    </table>
</html>
```

(2) 新建 CSS(css/shopping.css)文件,设置表格、单元格的样式属性,代码如下:

```
@charset "utf-8";
/* css document */
/* 表格整体样式 */
.mr-shop{
    width:66%;
    height:480px;
    margin:5% auto 0;
    text-align: center;
}
/* 商品类别 */
.mr-shop tr th{
    width:238px;
    height:36px;
    background:#DD2727;
    font:700 18px/24px "微软雅黑";
    color:#fff;
}
/* 商品图片 */
.mr-shop tr td img{
    width:133px;
    height:133px;
```

```
}
.mr - th2 td{
    font:500 22px/24px "微软雅黑";
    padding - top:16px;
}
.mr - th3 td{
    font - size:14px;
    color:＃9688A5;
    padding - top:5px;
}
```

10.3　盒子模型案例

1. 聚美优品美容产品热点

聚美优品是一家拥有雄厚实力的美妆护肤、时尚生活品质好选择平台,如图 10-14 所示是专业人员精心挑选出聚美优品网站上的当季热卖单品,经过严格测试与认真比刈,针对不同人群的肤质特点,给出客观公正的美妆购买建议,提供最专业、详尽的护肤指导。

▶ 19min

训练要点:

(1) 使用无序列表制作热点产品列表。

(2) 使用 border 属性设置边框样式。

(3) 使用 CSS 设置外边距和内边距。

(4) 使用 background 设置页面背景。

(5) 使用后代选择器样式。

需求说明:

图 10-14　聚美优品美容产品热点

(1) 使用无序列表制作美容品列表。

(2) 列表图标使用背景图像实现。

(3) 页面背景颜色直接使用标签选择器 body 设置。

(4) 使用 margin 和 padding 将段落标签、无序列表的外边距、内边距设置为 0px。

(5) 使用 border-bottom 设置列表下边框的虚线边框。

(6) 使用 a:hover 设置鼠标悬停时的文本样式。

【例 10-14】　聚美优品美容产品热点

(1) 新建一个 HTML 文件,使用无序列表制作美容品列表,代码如下:

```
<!DOCTYPE html >
< html lang = "en">
< head >
    < meta charset = "UTF - 8">
    < link href = "css/beauty.css" rel = "stylesheet" type = "text/css" />
```

```
        <title>聚美优品美容产品热点</title>
    </head>
    <body>
        <div id="beauty">
            <p>大家都喜欢买的美容品</p>
            <ul>
                <li><a href="#"><span>1</span>雅诗兰黛即时修护眼部精华霜 15mL</a></li>
                <li><a href="#"><span>2</span>伊丽莎白雅顿显效复合活肤霜 75mL</a></li>
                <li><a href="#"><span>3</span>OLAY 玉兰油多效修护霜 50g</a></li>
                <li><a href="#"><span>4</span>巨型一号丝瓜水 320mL</a></li>
                <li><a href="#"><span>5</span>倩碧保湿洁肤水 2 号 200mL</a></li>
                <li><a href="#"><span>6</span>比度克细肤淡印霜 30g</a></li>
                <li><a href="#"><span>7</span>兰芝 (LANEIGE)夜间修护锁水面膜 80mL</a></li>
                <li><a href="#"><span>8</span>SK-II 护肤精华露 215mL</a></li>
                <li><a href="#"><span>9</span>欧莱雅青春密码活颜精华肌底液</a></li>
            </ul>
        </div>
    </body>
</html>
```

(2) 根据需求说明,新建 CSS(css/beauty.css)文件完成列表项、文本等美化工作,代码
如下:

```
p, ul, li {
    margin:0px;
    padding:0px;
}
ul, li {
    list-style-type:none;
}
body {
    background-color:#eee7e1;
    font-size:12px;
}
#beauty {
    width:260px;
    background-color:#FFF;
}
#beauty p {
    font-size:14px;
    font-weight:bold;
    color:#FFF;
    background-color:#e9185a;
    height:35px;
    line-height:35px;
    padding-left:10px;
}
#beauty li {
    border-bottom:1px #a8a5a5 dashed;
    height:30px;
}
```

```
    line－height:30px;
    padding－left:2px;
}
# beauty a {
    color:# 666666;
    text－decoration:none;
}
# beauty a:hover {
    color:# e9185a;
}
# beauty a span {
    color:# FFF;
    background:url(../images/dot_01.gif) 0px 6px no－repeat;
    text－align:center;
    padding:10px;
    font－weight:bold;
}
# beauty a:hover span {
    color:# FFF;
    background:url(../images/dot_02.gif) 0px 5px no－repeat;
}
```

2. 制作商品图片列表

编写程序，使用无序列表实现商品图片列表的排列，效果如图 10-15 所示。

▶ 8min

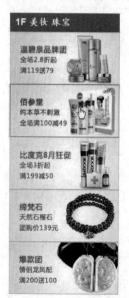

图 10-15　商品图片列表

需求说明：

(1) 使用无序列表实现商品图片列表的排序。

(2) 超链接图片边框为 1px 灰色实线，当鼠标悬停时，图片边框为 1px 橙色实线。

13min

【例 10-15】 商品图片列表

（1）新建一个 HTML 文件，使用无序列表实现商品图片列表，代码如下：

```
<!DOCTYPE html>
<html lang="en">
<head>
    <meta charset="UTF-8">
    <title>制作商品图片列表</title>
    <link href="css/product.css" rel="stylesheet" type="text/css" />
</head>
<body>
<div id="beauty">
  <h1>1F 美妆 珠宝</h1>
  <ul>
    <li><a href="#"><img src="images/photo-1.jpg" alt="温碧泉"/></a></li>
    <li><a href="#"><img src="images/photo-2.jpg" alt="佰参堂"/></a></li>
    <li><a href="#"><img src="images/photo-3.jpg" alt="比度克"/></a></li>
    <li><a href="#"><img src="images/photo-4.jpg" alt="缔梵石"/></a></li>
    <li><a href="#"><img src="images/photo-5.jpg" alt="爆款团"/></a></li>
  </ul>
</div>
</body>
</html>
```

（2）根据需求说明，新建 CSS(css/product.css)文件，设置文字及图片样式，代码如下：

```
/* CSS Document */
h1, ul, li {
    margin:0px;
    padding:0px;
}
ul, li {
    list-style-type:none;
}
img {
    border:0px;
}
#beauty {
    width:211px;
}
#beauty h1 {
    height:35px;
    font-size:18px;
    font-family:Arial, "楷体";
    background-color:#9873f2;
    line-height:35px;
    color:#fff;
    padding-left:10px;
}
a img{border:1px #CDCDCD solid;}
a:hover img{border:1px #E17717 solid;}
```

3．彩妆热卖产品列表

编写程序，实现热销彩妆产品排序，这些品牌都有各自的特色，可以根据自己的需要去选择，效果如图 10-16 所示。

实现思路：

（1）鼠标移至超链接上时显示的产品详细信息内容全放在 <li>标签的< div>中。

（2）使用 display 属性设置 div 的显示和隐藏。

【例 10-16】 彩妆热卖产品列表

（1）新建一个 HTML 文件，使用无序列表构建彩妆热卖产品，代码如下：

图 10-16 彩妆热卖产品列表

```html
<!DOCTYPE html >
< html lang = "en">
< head >
    < meta charset = "UTF - 8">
    < title>彩妆热卖产品列表</title>
    < link href = "coo/coomctics.css" rel = "stylesheet" type = "text/css" />
</head >
< body >
< div id = "cosmetics">
  < p class = "title">大家都喜欢的彩妆</p>
  < ul >
    < li>< a href = " # ">< span > 1 </span> Za 姬芮新能真皙美白隔离霜 35g
      < div >< img src = "images/icon - 1.jpg" alt = "Za 姬芮新能真皙美白隔离霜" />
        < p>￥62.00 最近 69122 人购买</p>
      </div>
      </a></li>
    < li>< a href = " # ">< span > 2 </span>美宝莲精纯矿物奇妙新颜乳霜 BB 霜 30mL
      < div >< img src = "images/icon - 2.jpg" alt = "美宝莲精纯矿物奇妙新颜乳霜 BB 霜" />
        < p>￥89.00 最近 13610 人购买</p>
      </div>
      </a></li>
    < li>< a href = " # ">< span > 3 </span>菲奥娜水漾 CC 霜 40g
      < div >< img src = "images/icon - 3.jpg" alt = "菲奥娜水漾 CC 霜" />
        < p>￥59.90 最近 13403 人购买</p>
      </div>
      </a></li>
    < li>< a href = " # ">< span > 4 </span> DHC 蝶翠诗橄榄卸妆油 200mL
      < div >< img src = "images/icon - 4.jpg" alt = "DHC 蝶翠诗橄榄卸妆油" />
        < p>￥169.00 最近 16757 人购买</p>
      </div>
      </a></li>
  </ul>
</div>
</body>
</html>
```

（2）新建 CSS（css/cosmetics.css）文件，实现页面样式，代码如下：

```css
body, p, ul, li {
    margin:0px;
    padding:0px;
}
ul, li {
    list-style-type:none;
}
body {
    background-color:#eee7e1;
    font-size:12px;
}
img {
    border:0px;
}
#cosmetics {
    width:255px;
    background-color:#FFF;
}
#cosmetics .title {
    font-size:14px;
    font-weight:bold;
    color:#FFF;
    background-color:#e9185a;
    height:35px;
    line-height:35px;
    padding-left:10px;
}
#cosmetics li {
    border-bottom:1px #a8a5a5 dashed;
    line-height:30px;
    padding-left:2px;
}
#cosmetics li div {
    display:none;
    text-align:center;
}
#cosmetics a {
    color:#666666;
    text-decoration:none;
}
#cosmetics a:hover {
    color:#e9185a;
}
#cosmetics a span {
    color:#FFF;
    background:url(../images/dot_01.gif) 0px 5px no-repeat;
    text-align:center;
    padding:10px;
    font-weight:bold;
```

```
}
#cosmetics a:hover span {
    color:#FFF;
    background:url(../images/dot_02.gif) 0px 5px no-repeat;
}
#cosmetics a:hover div {
    display:block;
}
```

10.4　高级应用训练

1. 淘宝轮播图

▶ 16min

淘宝轮播图其实就是展示给买家图片的一种动态形式,方便更多的买家了解店铺里面的商品,这也是一种宣传方式,让买家可以在最短的时间内看到更多的商品图片。编写程序,模拟制作淘宝轮播图,效果如图 10-17 所示。

图 10-17　淘宝轮播图

案例思路分析如图 10-18 所示。

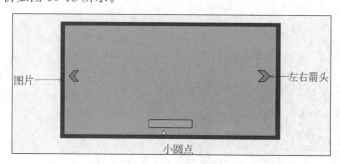

图 10-18　案例分析

需求说明:

(1) 大盒子类命名 slider,淘宝广告在里面放一张图片。

(2) 左右两个按钮用链接就可以,左箭头 prev,右箭头 next。

（3）底侧小圆点用 ul 实现，命名为 circle。

【例 10-17】 淘宝轮播图

```html
<!DOCTYPE html>
<html lang = "en">
<head>
    <meta charset = "UTF-8">
    <title>淘宝轮播图</title>
    <style>
        * {
            margin: 0;
            padding: 0;
        }
        ul {
            list-style: none;
        }
        .slider {
            width: 520px;
            height: 280px;
            background-color: pink;
            margin: 50px auto;
            position: relative;
        }
        .prev,
        .next {
            position: absolute;                    /* 绝对定位 */
            width: 24px;
            height: 36px;
            /* display: block; */                  /* 转换 */
            top: 50%;                              /* 这个 % 是按照父级高度进行计算的 */
            margin-top: -18px;                     /* 上边距是负值,自己高度的一半 */
        }
        .prev {
            left: 0;
        }
        .next {
            right: 0;
        }
        .circle {
            width: 65px;
            height: 13px;
            background: rgba(255, 255, 255, 0.3);  /* 盒子背景半透明 */
            position: absolute;
            bottom: 15px;                          /* 因为是底边对齐 */
            left: 50%;
            margin-left: -32px;
            border-radius: 6px;
        }
        .circle li {                               /* 0011 */
            width: 9px;
```

```
                height: 9px;
                background - color: #B7B7B7;
                float: left;
                margin: 2px;
                border - radius: 50%;          /* 圆角的做法 */
            }
            .circle .current {                  /* 注意权重问题,优先级 0020 */
                background - color: #f40;
            }
        </style>
    </head>
    <body>
        <div class = "slider">
            <img src = "images/taobao.png" width = "520">
            <a href = "#" class = "prev"><img src = "images/left.png"></a>
            <a href = "#" class = "next"><img src = "images/right.png"></a>
            <ul class = "circle"><!-- circle 小圆点 -->
                <li class = "current"></li><!-- current 中文是当前的意思 -->
                <li></li>
                <li></li>
                <li></li>
                <li></li>
            </ul>
        </div>
    </body>
</html>
```

2.三级菜单列表

使用 CSS 代码实现多级菜单,方法简单易理解,效果如图 10-19 所示。

需求说明:

(1) 利用浮动、定位无序及列表实现此效果。

(2) 在默认情况下让所有的二级列表进行隐藏 display:none;鼠标经过一级列表的小 li 后让当前小 li 里面的列表进行显示 display:block。

(3) 如果想让每个模块都是超链接,则只需把 div 标签换成 a 标签。

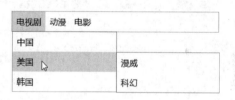

图 10-19　三级菜单

13min

20min

【例 10-18】　三级菜单

```
<!DOCTYPE html>
<html lang = "en">
<head>
    <meta charset = "UTF - 8">
    <title>三级菜单</title>
    <style>
        .dropdown {
            width: 400px;
```

```
            border: 1px solid rgba(0, 0, 0, 0.3);
            display: flex;/* 弹性布局 */
            list-style-type: none;
            margin: 0;
            padding: 0;
        }
        .dropdown li {
            padding: 8px;
            position: relative;
        }
        .dropdown ul {
            border: 1px solid rgba(0, 0, 0, 0.3);
            display: none;
            left: 0;
            position: absolute;
            top: 100%;
            list-style-type: none;
            margin: 0;
            padding: 0;
            width: 200px;
        }
        .dropdown ul ul {
            left: 100%;
            position: absolute;
            top: 0;
        }

        .dropdown li:hover {
            background-color: rgba(0, 0, 0, 0.1);
        }

        .dropdown li:hover > ul {
            display: block;
        }
    </style>
</head>
<body>
    <ul class = "dropdown">
        <li>
            <div>电视剧</div>
            <ul>
                <li>中国</li>
                <li>美国
                    <ul>
                        <li>漫威</li>
                        <li>科幻</li>
                    </ul>
                </li>
                <li>韩国</li>
            </ul>
        </li>
```

```
            <li>动漫</li>
            <li>
                <div>电影</div>
                <ul>
                    <li>《少年的你》</li>
                    <li>《奇迹笨小孩》</li>
                    <li>《长津湖》</li>
                </ul>
            </li>
        </ul>
</body>
</html>
```

3. 经济半小时专题报道

作为中央电视台创办最早、影响最大的名牌经济深度报道栏目,栏目的报道内容在变,主持人的面孔在变,电视艺术风格在变,但《经济半小时》独特的品质不会变。编写程序,模拟制作经济半小时专题报道,效果如图 10-20 所示。

图 10-20　经济半小时专题报道

【例 10-19】　经济半小时专题报道

(1) 新建一个 HTML 文件,使用定义列表制作专题报道,代码如下:

```
<! DOCTYPE html >
< html lang = "en">
< head >
    < meta charset = "UTF - 8">
    < title >经济半小时专题报道</title>
```

```
        < link href = "css/adver. css" rel = "stylesheet" type = "text/css" />
</head >
< body >
< div id = "adverContent">
  < div id = "cctv">
    < dl class = "cctv2">
      < dt >< img src = "images/adver - 02. jpg" alt = "经济半小时" /></dt >
      < dd >
        < p >2009 年春节期间,中央电视台财经频道《经济半小时》栏目重磅推出春节特别节目
"2009 民生报告",通过小人物的真实故事回顾 2009 年热点民生话题。在 2010 年 2 月 20 日播出的
"2009 民生报告(7):安身立业"中,将目光聚焦农村进城务工人员的新生代——"80 后""90 后"农民
工,其中重点讲述了< span >王洪贤、胡梅方</span >的成长经历。</p >
        < a href = "♯">< img src = "images/btn - 01. gif" alt = "按钮" /></a ></dd >
    </dl >
    < div class = "stu01">
      < dl >
        < dt >< img src = "images/adver - 03. jpg" alt = "照片" /></dt >
        < dd >
          < p >< span >王洪贤</span >,来自江西九江。为生计所迫,随父亲到北京打工。接触到互
联网,王洪贤慢慢恢复了对自己前途的信心。现在,王洪贤已经成为北京一家大型技术服务公司的
网络工程师。</p >
        </dd >
      </dl >
    </div >
    < div class = "stu02">
      < dl >
        < dt >< img src = "images/adver - 04. jpg" alt = "照片" /></dt >
        < dd >
          < p >< span >胡梅方</span >,来自湖北襄樊。经过自己的不懈努力和对 IT 的热爱,胡梅
方成为深圳一家信息企业的专业 IT 网络工程师。</p >
        </dd >
      </dl >
    </div >
  </div >
</div >
</body >
</html >
```

(2) 新建 CSS(css/adver. css)文件,设置标签的各样式和布局,代码如下:

```
p,dl,dt,dd{padding:0px; margin:0px;}
img{border:0px;}
♯adverContent {
    width:736px;
    height:559px;
    border:1px ♯c6c6c6 solid;
    margin:0px auto;
    overflow:hidden;
}
♯cctv {
```

```css
    width:736px;
    height:559px;
    overflow:hidden;
    background:url(../images/adver-01.jpg) center 5px no-repeat;
    position:relative;
}
#cctv .cctv2 {
    width:628px;
    margin:0px auto;
    padding-top:80px;
    height:200px;
    overflow:hidden;
}
#cctv .cctv2 dt {
    float:left;
    width:285px;
}
#cctv p {
    font-size:12px;
    line-height:22px;
    text-indent:2em;
    font-family:"微软雅黑";
}
#cctv p span{font-weight:bold; color:#F00;}
#cctv .cctv2 dd img {
    margin-top:10px;
    display:inline;
}
#cctv .stu01 dl, #cctv .stu02 dl {
    height:135px;
    overflow:hidden;
    border:1px #d1d1d1 solid;
    background-color:#FFF;
    padding:5px;
}
#cctv .stu01 {
    padding:0px 0px 0px 50px;
    width:500px;
}
#cctv .stu02 {
    position:absolute;
    right:30px;
    bottom:10px;
    width:440px;
}
#cctv .stu01 dt, #cctv .stu02 dt {
    float:left;
    width:203px;
}
```

10.5　动画与特效训练

▶ 17min

1. 带渐变的倒影

倒影是一种可好可坏的东西,过度使用可能会让 UI 看起来臃肿,但有时它又是改善用户体验的良药。编写程序,制作带渐变的倒影,效果如图 10-21 所示。

图 10-21　渐变的倒影

【例 10-20】　渐变的倒影

```html
<!DOCTYPE html>
<html lang = "en">
<head>
    <meta charset = "UTF-8">
    <title>带渐变的倒影</title>
    <style type = "text/css">
        * {
            margin: 0;
            padding: 0;
        }
        html,body{
            height: 100%;
        }
        body{
            text-align: center;
        }
        body:after{
            content: "";
            display: inline-block;
            height: 100%;
            vertical-align: middle;
        }
        img{
            vertical-align: middle;
            /* -webkit-box-reflect 的作用是让图片出现倒影 */
            -webkit-box-reflect:right 0px linear-gradient(-90deg,rgba(0,0,0,.8),
rgba(0,0,0,0));
        }
```

```
        </style>
    </head>
    <body>
        <img src = "images/zdy.jpg" width = "200" height = "200"/>
    </body>
</html>
```

2. 赛车手

编写程序,利用动画向导制作自行车运动动画,效果如图 10-22 所示。

图 10-22 自行车运动

【例 10-21】 赛车手

(1) 新建一个 HTML 文件,引入图片,代码如下:

```
<!DOCTYPE html>
<html lang = "en">
<head>
    <meta charset = "UTF - 8">
    <title>赛车手</title>
    <link href = "css/demo.css" rel = "stylesheet" />
</head>
<body>
    <div class = "bike bikeAni"></div>
</body>
</html>
```

(2) 新建 CSS(css/demo.css)文件,通过 animation 属性实现自行车运动效果,代码如下:

```
.bike{
    width:130px;
    height:130px;
    background:url(../images/bike.png);
    position:absolute;
    top:180px;
    left:45 % ;
    margin - left:0px
}
.bikeAni{
    - webkit - animation:bikeAni 7s steps(99) infinite;
    animation:bikeAni 7s steps(99) infinite
}
@keyframes bikeAni{
    0 % {background - position:0 12870px}
    99 % {background - position:0 0}
}
```

3. 旋转的西游记

编写程序,制作一个旋转的西游记。当鼠标悬停在图片上时,相册旋转打开;当鼠标移

10min

开时,相册收回,效果如图 10-23 所示。

图 10-23　旋转的西游记

【例 10-22】　旋转的西游记

```html
<! DOCTYPE html >
< html lang = "en">
< head >
    < meta charset = "UTF - 8">
    < title >旋转的西游记</title >
    < style >
        div {
            width: 250px;
            height: 170px;
            border: 1px solid pink;
            margin: 200px auto;
            position: relative;
        }
        div img {
            width: 100 % ;
            height: 100 % ;
            position: absolute;
            top: 0;
            left: 0;
            transition: all 0.6s;
            transform - origin: top right;

        }
        / * 当鼠标经过 div 时第 1 张图片旋转 * /
        div:hover img:nth - child(1){
            transform: rotate(60deg);
```

```
        }
        div:hover img:nth-child(2){
            transform: rotate(120deg);
        }
        div:hover img:nth-child(3){
            transform: rotate(180deg);
        }
        div:hover img:nth-child(4){
            transform: rotate(240deg);
        }
        div:hover img:nth-child(5){
            transform: rotate(300deg);
        }
        div:hover img:nth-child(6){
            transform: rotate(360deg);
        }
    </style>
</head>
<body>
    <div>
        <img src="images/6.jpg" alt=""/>
        <img src="images/5.jpg" alt=""/>
        <img src="images/4.jpg" alt=""/>
        <img src="images/3.jpg" alt=""/>
        <img src="images/2.jpg" alt=""/>
        <img src="images/1.jpg" alt=""/>
    </div>
</body>
</html>
```

4. 动画实现无缝滚动图效果

若要用 CSS3 的属性实现无缝滚动图效果,则非 animation 莫属,因为 transition 需要手动触发,而且不能无限次执行下去,而 animation 恰好能解决这个问题,效果如图 10-24 所示。

▶ 18min

图 10-24 无缝滚动图

实现思路:

(1)首先准备一组长和宽一样的图片,六七张即可,然后创建一个盒子,给这个盒子设置宽和高(宽度尽量和图片一致,避免图片被拉伸,宽度取决于想让这张图片同时出现在视线内)。

（2）在盒子里添加 ul li 标签(记得删除样式)，每个 li 标签里放入一张图片,然后让 li 标签浮起来(float:left)。

（3）给盒子设置宽度,让 li 能排成一排,宽度为所有 li 宽度之和。

【例 10-23】 无缝滚动图

```html
<!DOCTYPE html >
< html lang = "en">
< head >
    < meta charset = "UTF - 8">
    < title>无缝滚动图</title>
    < style >
        * {
            margin: 0;
            padding:0;
        }
        ul {
            list - style: none;
        }
        nav {
            /* 每张图片 300px * 7 = 2100px */
            width: 2100px;
            height: 306px;
            border: 1px solid pink;
            margin: 200px auto;
            overflow: hidden;                      /*父盒子设置溢出隐藏*/
        }
        /* 每个 li 标签里放入一张图片,然后让 li 标签浮起来(float:left) */
        nav li {
            float: left;
        }
        nav ul {
            width: 200 % ;
            animation: moving 15s linear infinite; /*引用动画*/
            /* linear 匀速动画 */
        }
        /*定义动画*/
        @keyframes moving {
            form {
                transform: translateX(0);
            }
            to {
            /* 创造的动画效果添加到 ul 标签上,让这串图片朝左匀速循环运动 */
                transform: translateX( - 2100px);
            }
        }
        nav:hover ul {                             /*当鼠标经过 nav 里面的 ul 时就暂停动画*/
            animation - play - state:paused;       /*当鼠标经过时暂停动画*/
        }
```

```
            </style>
    </head>
    <body>
        <nav>
            <ul>
                <!-- 设置一组长和宽一样的图片 -->
                <li><img src="images/1.jpg" alt=""/></li>
                <li><img src="images/2.jpg" alt=""/></li>
                <li><img src="images/3.jpg" alt=""/></li>
                <li><img src="images/4.jpg" alt=""/></li>
                <li><img src="images/5.jpg" alt=""/></li>
                <li><img src="images/6.jpg" alt=""/></li>
                <li><img src="images/7.jpg" alt=""/></li>
            <!-- 循环滚动中间仍有缝隙。解决方法:只需将图片再复制一遍就可以解决此问题 -->
                <li><img src="images/1.jpg" alt=""/></li>
                <li><img src="images/2.jpg" alt=""/></li>
                <li><img src="images/3.jpg" alt=""/></li>
                <li><img src="images/4.jpg" alt=""/></li>
                <li><img src="images/5.jpg" alt=""/></li>
                <li><img src="images/6.jpg" alt=""/></li>
                <li><img src="images/7.jpg" alt=""/></li>
            </ul>
        </nav>
    </body>
</html>
```

5. 商品平移特效

编写程序,实现电商中当鼠标滑过商品时,商品逐次平移的页面显示效果,效果如图 10-25 所示。

图 10-25　商品平移特效

【例 10-24】　商品平移特效

(1) 新建一个 HTML 文件,搭建商品展示页面,代码如下:

```
<!DOCTYPE html>
<html lang="en">
<head>
    <meta charset="UTF-8">
```

```html
        <title>商品平移特效</title>
        <link href = "css/phone.css" rel = "stylesheet" type = "text/css">
</head>
<body>
    <div class = "wrap">
        <h3>优惠活动</h3>
        <div class = "phone">
            <img src = "images/1.jpg">
            <img src = "images/2.jpg">
            <img src = "images/3.jpg">
            <img src = "images/4.jpg">
        </div>
    </div>
</body>
</html>
```

（2）新建 CSS(css/phone.css)文件,通过 transform 属性实现商品平移效果,代码如下:

```css
@charset "utf - 8";
/ * CSS Document * /
.wrap {
    width: 1030px;
    height: 300px;
    margin: 0 auto;
    background:rgba(237,168,244,0.5)
}
h3{
    padding: 20px 20px 0;
}
/ * 图片大小和外边距 * /
.phone img{
    height: 220px;
    width: auto;
    margin: 10px 15px;                   / * 外边距 * /
}
/ * 鼠标滑过时,图片向左移动 * /
div img:hover {
    transform: translateX( - 20px);
    transition: 1s all ease;
}
```

第5阶段　JavaScript核心技术篇

第 11 章

JavaScript 基础

JavaScript(简称 JS)是当前广为流行且应用广泛的客户端脚本语言,用来在网页中添加一些动态效果与交互功能,在 Web 开发领域有着举足轻重的地位。

JavaScript 是面向 Web 的编程语言。绝大多数现代网站使用了 JavaScript,并且多数现代 Web 浏览器(基于桌面系统、游戏机、平板电脑和智能手机的浏览器)都包含了 JavaScript 解释器,这使 JavaScript 能够称得上史上使用非常广泛的脚本语言。

本章学习重点:

- 了解 JavaScript
- 掌握网页执行 JavaScript 的方法
- 熟悉变量的定义
- 熟悉 JavaScript 的数据类型和运算符
- 掌握条件判断语句、循环语句和函数的使用方法
- 掌握对象的使用方法

11.1 什么是 JavaScript

JavaScript 是由 Netscape 的 LiveScript 发展而来的面向过程的客户端脚本语言,为客户提供更流畅的浏览效果。另外,由于 Windows 操作系统对其拥有较为完善的支持,并提供二次开发的接口访问操作系统中的各个组件,从而可实现相应的管理功能。

JavaScript 与 HTML 和 CSS 共同构成了我们所看到的网页,如表 11-1 所示。

表 11-1　HTML、CSS 和 JavaScript

语　　言	作　　用	说　　明
HTML	结构	决定网页的结构和内容,相当于人的身体
CSS	样式	决定网页呈现给用户的模样,相当于给人穿衣服、化妆
JavaScript	行为	实现业务逻辑和页面控制,相当于人的各种动作

JavaScript 内嵌于 HTML 网页中,通过浏览器内置的 JavaScript 引擎进行解释执行,把一个原本只用来显示的页面转变成支持用户交互的页面程序。

15min

11.1.1 JavaScript 概述

1. JavaScript 的诞生和发展

JavaScript 最初被称为 LiveScript,由 Netscape(Netscape Communications Corporation,网景通信公司)公司的布兰登·艾奇(Brendan Eich)在 1995 年开发,如图 11-1 所示。在 Netscape 与 Sun 公司(一家互联网公司,全称为 Sun Microsystems,现已被甲骨文公司收购)合作之后将其更名为 JavaScript。

图 11-1 布兰登·艾奇,
JavaScript 创始人

之所以将 LiveScript 更名为 JavaScript,是因为 JavaScript 是受 Java 的启发而设计的,因此在语法上它们有很多相似之处,JavaScript 中的许多命名规范借鉴自 Java;还有一个原因就是为了营销,蹭 Java 的热度,但实际上 JavaScript 与 Java 的关系就像"雷锋"与"雷峰塔",它们本质上是两种不同的编程语言。

同一时期,微软和 Nombas(一家名为 Nombas 的公司)也分别开发了 JScript 和 ScriptEase 两种脚本语言,与 JavaScript 形成了三足鼎立之势。它们之间没有统一的标准,不能互用。为了解决这一问题,1997 年,在 ECMA(欧洲计算机制造商协会)的协调下,Netscape、Sun、微软、Borland(一家软件公司)组成了工作组,并以 JavaScript 为基础制定了 ECMA-262 标准(ECMAScript)。

1998 年,ISO/IEC(国际标准化组织及国际电工委员会)也采用了 ECMAScript 作为标准(ISO/IEC-16262)。

在设计之初(1995 年),大部分因特网用户还仅仅通过超低网速(28.8Kb/s)来连接到网络,仅仅为了简单的表单有效性验证,就要与服务器端进行多次往返交互。设想表单填写完后,单击"提交"按钮,需等待 30s 处理后,告诉用户忘记填写一个必要的字段,用户该是多么痛苦。例如,直接在浏览器中进行表单验证,用户只有填写格式正确的内容后才能提交表单,如图 11-2 所示。这样避免了用户因表单填写错误导致的反复提交,节省了时间和网络资源。

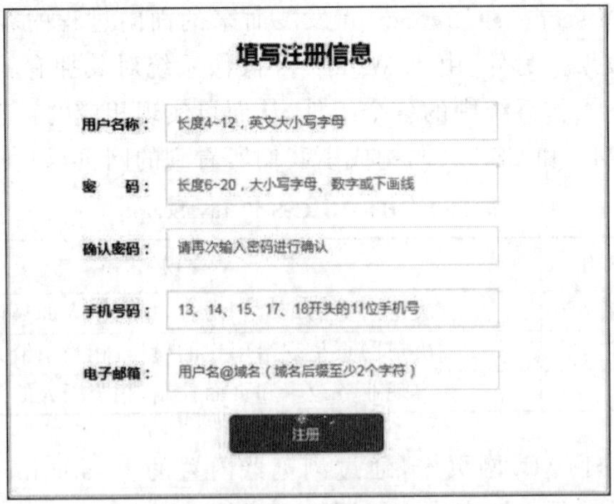

填写注册信息

用户名称:	长度4~12,英文大小写字母
密　码:	长度6~20,大小写字母、数字或下画线
确认密码:	请再次输入密码进行确认
手机号码:	13、14、15、17、18开头的11位手机号
电子邮箱:	用户名@域名(域名后缀至少2个字符)

注册

图 11-2 表单验证

现在,JavaScript 的用途已经不仅局限于浏览器了。Node.js 的出现使开发人员能够在服务器端编写 JavaScript 代码,使 JavaScript 的应用更加广泛,而本书主要针对浏览器端的 JavaScript 基础进行讲解。学习了 JavaScript 基础之后,读者可以深入学习三大主流框架 Vue.js、Angular、React,或者进行前端开发、小程序开发,以及混合 App 的开发。推荐读者在掌握 JavaScript 语言基础后再学习更高级的技术。

2.如何运行 JavaScript

作为一种脚本语言,JavaScript 代码不能独立运行,通常情况下需要借助浏览器来运行 JavaScript 代码。所有 Web 浏览器都支持 JavaScript。

除了可以在浏览器中执行外,也可以在服务器端或者搭载了 JavaScript 引擎的设备中执行 JavaScript 代码。浏览器之所以能够运行 JavaScript 代码就是因为浏览器中都嵌入了 JavaScript 引擎。常见的 JavaScript 引擎如下。

(1) V8:Chrome 和 Opera 中的 JavaScript 引擎。

(2) SpiderMonkey:Firefox 中的 JavaScript 引擎。

(3) Chakra:IE 中的 JavaScript 引擎。

(4) ChakraCore:Microsoft Edge 中的 JavaScript 引擎。

(5) SquirrelFish:Safari 中的 JavaScript 引擎。

3. JavaScript 的特点

JavaScript 具有以下特点。

1) 解释型脚本语言

JavaScript 是一种解释型脚本语言,与 C、C++ 等语言需要先编译再运行不同,使用 JavaScript 编写的代码不需要编译,可以直接运行。

2) 面向对象

JavaScript 是一种面向对象的语言,使用 JavaScript 不仅可以创建对象,也能操作及使用已有的对象。

3) 弱类型

JavaScript 是一种弱类型的编程语言,对使用的数据类型没有严格的要求,例如可以将一个变量初始化为任意类型,也可以随时改变这个变量的类型。

4) 动态性

JavaScript 是一种采用事件驱动的脚本语言,它不需要借助 Web 服务器就可以对用户的输入作出响应。例如,在访问一个网页时,鼠标在网页中单击或滚动窗口时 JavaScript 可以直接对这些事件作出响应。

5) 跨平台

JavaScript 不依赖操作系统,在浏览器中就可以运行,因此一个 JavaScript 脚本在编写完成后可以在任意系统上运行,只需系统上的浏览器支持 JavaScript。

4. JavaScript 的组成

JavaScript 是由 ECMAScript、DOM、BOM 三部分组成的,如图 11-3 所示。

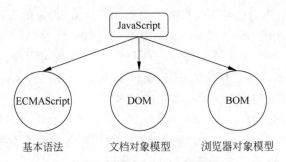

图 11-3　JavaScript 的组成部分

下面对 JavaScript 的组成进行简单介绍。

(1) ECMAScript: JavaScript 的核心。ECMAScript 规定了 JavaScript 的编程语法和基础核心内容,是所有浏览器厂商共同遵守的一套 JavaScript 语法工业标准。

(2) DOM: 文档对象模型,是 W3C 组织推荐的处理可扩展标记语言的标准编程接口,通过 DOM 提供的接口,可以对页面上的各种元素(如大小、位置、颜色等)进行操作。

(3) BOM: 浏览器对象模型,它提供了独立于内容的、可以与浏览器窗口进行互动的对象结构。通过 BOM,可以对浏览器窗口进行操作,如弹出窗口、控制浏览器导航跳转等。

5. JavaScript 和 Java 的区别

JavaScript 和 Java 没有任何关系,只是语法类似。二者的主要区别如下:

(1) JavaScript 运行在浏览器中,代码由浏览器解释后执行,而 Java 运行在 JVM 中。

(2) JavaScript 是基于对象的,而 Java 是面向对象的。

(3) JavaScript 只需解析就可以执行,而 Java 需要先编译成字节码文件,再执行。

(4) JavaScript 是一种弱类型语言,而 Java 是强类型语言。

11.1.2　第 1 个 JavaScript 程序

JavaScript 程序不能独立运行,只能在宿主环境中执行。一般情况下可以把 JavaScript 代码放在网页中,借助浏览器环境来运行。

JavaScript 有两种使用方式:一种是内部嵌入 JavaScript 代码;另一种是外部引入 JavaScript 文件。两种使用方式实现的效果完全相同,可以根据使用率和代码量选择相应的方式。

1. 内部嵌入 JavaScript 代码

在 HTML 页面中嵌入 JavaScript 脚本需要使用 < script > 标签,用户可以在< script >标签中直接编写 JavaScript 代码,如例 11-1 所示。

【例 11-1】　使用 JavaScript 向 HTML 页面输出信息

```
<!DOCTYPE html >
< html lang = "en">
< head >
```

```
    < meta charset = "UTF - 8">
    < title>第 1 个 JavaScript 实例</title>
</head>
    < script >
        document.write("第 1 个 JavaScript 实例");
    </script>
< body >
</body>
</html>
```

在 JavaScript 脚本中,document 表示网页文档对象；document.write()表示调用 Document 对象的 write()方法,在当前网页源代码中写入 HTML 字符串"第 1 个 JavaScript 实例"。

在浏览器中的显示效果如图 11-4 所示。

拓展:JavaScript 代码可以位于 HTML 网页的任何位置,例如,放在< head >或< body >首尾标签中均可。同一个网页也允许在不同位置放入多段 JavaScript 代码。

图 11-4　第 1 个 JavaScript 实例

2. 外部引入 JavaScript 文件

JavaScript 程序不仅可以直接放在 HTML 文档中,也可以放在 JavaScript 脚本文件中。JavaScript 脚本文件是文本文件,扩展名为.js,使用任何文本编辑器都可以编辑,如例 11-2 所示。

【例 11-2】 调用外部 JavaScript 文件的简单应用

新建外部 JavaScript(js/demo.js)文件,代码如下:

```
document.write("来自外部 JavaScript 文件的信息");
```

HTML 页面代码如下:

```
<! DOCTYPE html >
< html lang = "en">
< head >
    < meta charset = "UTF - 8">
    < title>调用外部 JavaScript 的简单应用</title>
    < script src = "js/demo.js"></script> <!-- 引入外部 JavaScript 文件 -->
</head>
< body >
</body>
</html>
```

在浏览器中的显示效果如图 11-5 所示。

图 11-5　外部 JavaScript 简单应用的效果

注意：在外部 JavaScript 文件中直接写 JavaScript 相关代码即可，无须使用<script>标签。

▶ 8min

11.1.3 JavaScript 语法基础

1. 语句

JavaScript 的语法和 Java 语言类似，每个语句以"；"结束，语句块用{…}括起，但是，JavaScript 并不强制要求在每个语句的结尾加上"；"，浏览器中负责执行 JavaScript 代码的引擎会自动在每个语句的结尾补上"；"。

2. 区分大小写

JavaScript 严格区分大小写，所以 Hello 和 hello 是两个不同的标识符。

为了避免输入混乱和语法错误，建议采用小写字符编写代码，在以下特殊情况下可以使用大写形式：

（1）构造函数的首字母建议大写，构造函数不同于普通函数。

下面示例调用预定义的构造函数 Date()，创建一个时间对象，然后把时间对象转换为字符串显示出来。

```
d = new Date();                    //获取当前日期和时间
document.write(d.toString());      //显示日期
```

（2）如果标识符由多个单词组成，则可以考虑使用驼峰命名法——除首个单词外，后面单词的首字母大写，示例代码如下：

```
typeOf();
printEmployeePaychecks();
```

3. 注释

JavaScript 支持以下两种注释形式。

（1）单行注释，以//来表示，代码如下：

```
//这是一行注释
alert('hello'); //这也是注释
```

（2）多行注释，用/*…*/把多行字符包裹起来，代码如下：

```
/* 从这里开始是块注释
仍然是注释
仍然是注释
注释结束 */
```

4. 关键字和保留字

关键字（Keyword）就是 JavaScript 语言内部使用的一组名字（或称为命令）。这些名字具有特定的用途，用户不能自定义同名的标识符，如表 11-2 所示。

表 11-2　JavaScript 关键字

break	delete	if	this	while
case	do	in	throw	with
catch	else	instanceof	try	function
continue	finally	new	typeof	switch
default	for	return	var	void

保留字就是 JavaScript 语言内部预备使用的一组名字(或称为命令)。这些名字目前还没有具体的用途,是为 JavaScript 升级版本预留的,建议用户不要使用,如表 11-3 所示。

表 11-3　JavaScript 保留字

abstract	double	goto	native	static
boolean	enum	implements	package	super
byte	export	import	private	synchronized
char	extends	int	protected	throws
class	final	interface	public	transient
const	float	long	short	volatile

11.1.4　变量

14min

变量是所有编程语言的基础之一,可以用来存储数据,例如字符串、数字、布尔值、数组等,并在需要时设置、更新或者读取变量中的内容。可以将变量看作一个值的符号名称。

1. 标识符的命名规范

JavaScript 中的标识符包括变量名、函数名、参数名、属性名、类名等。

合法的标识符应该注意以下强制规则:

(1) 标识符可以包含数字、字母、下画线、美元符号。

(2) 不能以数字开头,即第 1 个字符不能为数字。

(3) 标识符不能与 JavaScript 关键字、保留字重名。

(4) 可以使用 Unicode 转义序列。例如,字符 a 可以使用\u0061 表示。

在定义变量时,变量名要尽量有意义,见名思义,例如,使用 name 来定义一个存储姓名的变量。

当变量名中包含多个英文单词时,推荐使用驼峰命名法(例如 var userName="beixi")。

2. 变量声明

JavaScript 是一种弱类型的脚本语言,变量的声明统一使用 var 关键字加上变量名进行声明。

基本语法格式如下:

```
var 变量名;
```

可以在声明变量的同时指定初始值,也可以先声明,后赋值,代码如下:

```
var name = "admin";        //用来存储字符串
var age = 18;              //用来存储年龄
var prePage;              //用来存储上一页
```

定义变量时,可以一次定义一个或多个变量,若定义多个变量,则需要在变量名之间使用逗号分隔,代码如下:

```
var a, b, c;              //同时声明多个变量
```

变量定义后,如果没有为变量赋值,则这些变量会被赋予一个初始值——undefined(未定义)。

3. 为变量赋值

变量定义后,可以使用等号=来为变量赋值,等号左边为变量的名称,等号右边为要赋予变量的值,示例代码如下:

```
var num;                 //定义一个变量 num
num = 1;                 //将变量 num 赋值为 1
```

此外,也可以在定义变量的同时为变量赋值,示例代码如下:

```
var num = 1;                //定义一个变量 num 并将其赋值为 1
var a = 2, b = 3, c = 4;     //同时定义 a、b、c 3 个变量并分别赋值为 2、3、4
//var a = 2,                //为了让代码看起来更工整,上一行代码也可以写成这样
//b = 3,
//c = 4;
```

4. let 和 const 关键字

2015 年以前,JavaScript 只能通过 var 关键字声明变量,在 ECMAScript 6(ES6)发布之后,新增了 let 和 const 两个关键字,它们都可以声明变量。

(1) 使用 let 关键字声明的变量只在其所在的代码块中有效(类似于局部变量),并且在这个代码块中,同名的变量不能重复声明。

(2) const 关键字的功能和 let 相同,但使用 const 关键字声明的变量还具备另外一个特点,那就是用 const 关键字定义的变量,一旦定义,就不能修改(使用 const 关键字定义的为常量)。

注意:IE 10 及以下的版本不支持 let 和 const 关键字。

示例代码如下:

```
let name = "小明";          //声明一个变量 name 并赋值为小明
let age = 11;              //声明一个变量 age
```

```
let age = 13;        //报错:变量 age 不能重复定义
const PI = 3.1415    //声明一个常量 PI,并赋值为 3.1415
console.log(PI)      //在控制台打印 PI
```

11.1.5 数据类型

18min

JavaScript 中的数据类型分为两大类,分别是基本数据类型和复杂数据类型(或称为引用数据类型),如图 11-6 所示。

基本数据类型
- String (字符串型)
- Number (数字型)
- Boolean (布尔型)
- Null (空型)
- Undefined (未定义型)
- Symbol

数据类型

复杂数据类型:Object (对象)

图 11-6 数据类型

提示:Symbol 是 ECMAScript 6 中引入的一种新的数据类型,表示独一无二的值。

在开始介绍各种数据类型之前,先来了解一下 typeof 操作符,因为 JavaScript 是弱类型语言,变量的声明统一使用 var 关键字加上变量名进行声明,所以使用 typeof 操作符可以返回变量的数据类型。

typeof 操作符有带括号和不带括号两种用法,代码如下:

```
typeof x;       //获取变量 x 的数据类型
typeof(x);      //获取变量 x 的数据类型
```

1. String 类型

字符串(String)类型是一段以单引号''或双引号""包裹起来的文本,例如 '123'和"abc"。可以在字符串中使用引号,只要不与包围字符串的引号冲突即可,示例代码如下:

```
var answer = "Nice to meet you!";
var answer = "He is called 'Frank'";      //外层是双引号,内层是单引号
var answer = 'He is called "Frank"';
```

2. Number 类型

数字(Number)类型用来定义数值,JavaScript 中不区分整数和小数(浮点数),统一使用 Number 类型表示,示例代码如下:

```
var num1 = 123;       //整数
var num2 = 3.14;      //浮点数
```

对于一些极大或者极小的数,也可以通过科学(指数)记数法来表示,示例代码如下:

```
var y = 123e5;          //123 乘以 10 的 5 次方,即 12300000
var z = 123e - 5;       //123 乘以 10 的 - 5 次方,即 0.00123
```

3. Boolean 类型

布尔(Boolean)类型只有两个值,true(真)或者 false(假),在做条件判断时使用比较多,大家除了可以直接使用 true 或 false 来定义布尔类型的变量外,还可以通过一些表达式来得到布尔类型的值,示例代码如下:

```
var a = true;           //定义一个布尔值 true
var b = false;          //定义一个布尔值 false
var c = 2 > 1;          //true
var d = 2 < 1;          //false
```

4. Null 类型

Null 是一个只有一个值的特殊数据类型,表示一个"空"值。null 和 undefined 的区别是:null 表示一个变量赋予了一个空值,而 undefined 则表示该变量还未被赋值,示例代码如下:

```
var name;
    name = null;        //此时 name 就不再是变量,而是一个对象。类型就是 null 类型,值为空值
document.write(typeof null); //类型为 Object
```

使用 typeof 操作符来查看 Null 的类型,会发现 Null 的类型为 Object,说明 Null 其实使用属于 Object(对象)的一个特殊值,因此通过将变量赋值为 Null 可以创建一个空的对象。

5. Undefined 类型

Undefined 表示未定义类型的变量。当我们声明一个变量但未给变量赋值时,这个变量的默认值就是 Undefined,示例代码如下:

```
var num;
document.write(num);           //输出 undefined
document.write(typeof num);    //输出 undefined
```

6. Symbol 类型(了解)

Symbol 是 ECMAScript 6 中引入的一种新的数据类型,表示独一无二的值,Symbol 类型的值需要使用 Symbol() 函数来生成,示例代码如下:

```
var str = "123";
var sym1 = Symbol(str);
var sym2 = Symbol(str);
console.log(sym1);             //输出 Symbol(123)
```

```
console.log(sym2);          //输出 Symbol(123)
console.log(sym1 == sym2);//输出 false:虽然 sym1 与 sym2 看起来是相同的,但实际上它们并不
                          //一样,根据 Symbol 类型的特点,sym1 和 sym2 都是独一无二的
```

7. 复合数据类型: Object 类型

对象是属性和方法的集合,定义对象类型需要使用花括号{ },示例代码如下:

```
var person = {
        name: "Beixi",
        age: 20,
        tags: ["JS", "Java", "Web"],
        city: "Beijing",
        hasCar: true,
        zipcode: null,
        sayName:function(){      //方法
            console.log("My name is admin");
        }
    };
```

JavaScript 对象的键都是字符串类型,值可以是任意数据类型。上述 person 对象一共定义了 6 个键-值对,其中每个键又称为对象的属性,例如,person 的 name 属性值为"Beixi",zipcode 属性值为 null。

获取对象属性方式,代码如下:

```
person.name;           //"Beixi"
person["name"];        //"Beixi"
```

方法的访问,代码如下:

```
person.sayName();
```

11.1.6 JavaScript 输出

▶ 12min

在某些情况下,可能需要将程序的运行结果输出到浏览器中,下面介绍常用的 3 种输出语句。

1. alert()函数

使用 alert()函数可以在浏览器中弹出一个提示框,在提示框中可以定义要输出的内容。

alert()是 JS 内置的 window 对象下的方法,完整的写法是 window.alert(),但 window对象可以省略,如例 11-3 所示。

【例 11-3】 alert()弹窗

```
<!DOCTYPE html>
< html lang = "en">
```

```
< head >
    < meta charset = "UTF - 8">
    < title >弹窗</title>
</head >
< body >
    < script >
        var a = 10,
            b = 5; //弱变量 var 也可以省略
        alert("a * b = " + a * b);
    </script >
</body >
</html >
```

在浏览器中的显示效果如图 11-7 所示。

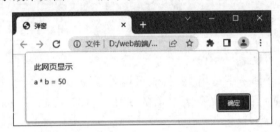

图 11-7 alert()弹窗效果图

2. console.log()

使用 console.log()可以在浏览器的控制台输出信息,通常使用 console.log()调试程序。

要看到 console.log()的输出内容需要先打开浏览器的控制台。以谷歌浏览器为例,要打开控制台只需在浏览器窗口按 F12 快捷键,或者右击,并在弹出的菜单中选择"检查"选项。最后,在打开的控制台中选择 Console 选项,如图 11-8 所示。

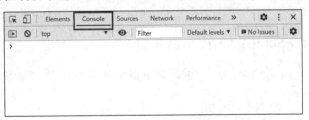

图 11-8 控制台

【例 11-4】 控制台输出

```
<! DOCTYPE html >
< html lang = "en">
< head >
    < meta charset = "UTF - 8">
```

```
        <title>控制台输出</title>
    </head>
    <body>
        <script>
            var str = "这是一段文本";
            console.log(str);
        </script>
    </body>
</html>
```

在浏览器中的显示效果如图 11-9 所示。

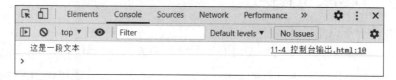

图 11-9　控制台输出效果图

3. document.write()

使用 document.write() 可以向 HTML 文档中写入 HTML 或者 JavaScript 代码,语法格式如下:

```
document.write(exp1, exp2, exp3, ...);
```

其中,exp1、exp2、exp3 为要向文档中写入的内容,document.write() 可以接收多个参数,即可以一次向文档中写入多个内容,内容之间使用逗号分隔,如例 11-5 所示。

【例 11-5】 使用 document.write()输出

```
<!DOCTYPE html>
<html lang = "en">
<head>
    <meta charset = "UTF - 8">
    <title>使用 document.write() 输出</title>
</head>
<body>
    <script>
        document.write("<h1>Hello World!</h1>")
        document.write("Hello World! ","Hello You! ",
        "<p style = 'color:blue;'>Hello World!</p>")
    </script>
</body>
</html>
```

在浏览器中的显示效果如图 11-10 所示。

图 11-10　使用 document.write() 的输出效果图

▶ 14min

11.1.7　数据类型转换

1. 转换为字符串型

在开发中,将数据转换为字符串型时有 3 种常见的方式,示例代码如下:

```javascript
//先准备一个变量
var num = 3.14;
//方式 1:利用" + "拼接字符串(最常用的一种方式)
var str = num + '';
console.log(str, typeof str);            //输出的结果:3.14 string
//方式 2:利用 toString()转换为字符串型
var str = num.toString();
console.log(str, typeof str);            //输出的结果:3.14 string
//方式 3:利用 String()转换为字符串型
var str = String(num);
console.log(str, typeof str);            //输出的结果:3.14 string
```

在上述代码中,console.log() 可以输出多个值,中间用","分隔。方式 1 是这 3 种方式中最常用的,这种方式属于隐式转换,而另外两种属于显式转换。其区别在于,隐式转换是自动发生的,当操作的两个数据类型不同时,JavaScript 会按照既定的规则进行自动转换,针对不同的数据类型有不同的处理方式。显式转换是手动进行的,也称为强制类型转换,它的转换不是被动发生的,而是由开发人员主动进行了转换。

2. 转换为数字型

将数据转换为数字型有 4 种常见的方式,示例代码如下:

```javascript
//方式 1:使用 parseInt()将字符串转换为整型
console.log(parseInt('78'));            //输出的结果:78
//方式 2:使用 parseFloat()将字符串转换为浮点型
console.log(parseFloat('3.94'));        //输出的结果:3.94
//方式 3:使用 Number()将字符串转换为数字型
console.log(Number('3.94'));            //输出的结果:3.94
//方式 4:利用算术运算符( - 、* 、/)隐式转换
console.log('12' - 1);                  //输出的结果:11
```

在将不同类型的数据转换为数字型时,转换结果不同,具体如表 11-4 所示。

表 11-4　转换为数字型

待 转 数 据	Number() ** 和隐式转换 **	parseInt()	parseFloat()
纯数字字符串	转换成对应的数字	转换成对应的数字	转换成对应的数字
空字符串	0	NaN	NaN
数字开头的字符串	NaN	转换成开头的数字	转换成开头的数字
非数字开头字符串	NaN	NaN	NaN
Null	0	NaN	NaN
undefined	NaN	NaN	NaN
False	0	NaN	NaN
True	1	NaN	NaN

在转换纯数字时,会忽略前面的 0,如字符串"0123"会被转换为 123。如果数字的开头有"＋",则会被当成正数,"－"会被当成负数。下面通过示例代码进行演示。

```
console.log(parseInt('03.14'));          //输出的结果:3
console.log(parseInt('03.94'));          //输出的结果:3
console.log(parseInt('120px'));          //输出的结果:120
console.log(parseInt('－120px'));         //输出的结果:－120
console.log(parseInt('a120'));           //输出的结果:NaN
```

接下来通过两个案例来练习数字型转换。

【计算年龄】 案例

要求在页面中弹出一个输入框,提示用户输入出生年份,利用出生年份计算用户的年龄。具体的代码如下:

```
var year = prompt('请输入你的出生年份');
var age = 2023 - parseInt(year);          //由于 year 是字符串,所以需要进行转换
alert('您今年已经' + age + '岁了');
```

【简单加法器】 案例

要求在页面中弹出两个输入框,分别输入两个数字,然后返回两个数字相加的结果。具体的代码如下:

```
var num1 = prompt('请输入第 1 个数:');
var num2 = prompt('请输入第 2 个数:');
var result = parseFloat(num1) + parseFloat(num2);
alert('计算结果是:' + result);
```

3. 转换为布尔型

转换为布尔型使用 Boolean(),在转换时,代表空、否定的值会被转换为 false,如空字符串、0、NaN、null 和 undefined,其余的值会被转换为 true,示例代码如下:

```
console.log(Boolean(''));                //false
console.log(Boolean(0));                 //false
```

```
console.log(Boolean(NaN));              //false
console.log(Boolean(null));             //false
console.log(Boolean(undefined));        //false
console.log(Boolean('读者'));            //true
console.log(Boolean(12));               //true
```

11.2 运算符

15min

11.2.1 算术运算符

算术运算符是比较常用的数学运算,如表 11-5 所示。

表 11-5 算术运算符

运 算 符	描 述	运 算 符	描 述
+	加法运算符	%	取模(取余)运算符
−	减法运算符	++	自增运算符
*	乘法运算符	−−	自减运算符
/	除法运算符		

【例 11-6】 算术运算符的应用

```
<!DOCTYPE html>
<html lang = "en">
<head>
    <meta charset = "UTF-8">
    <title>算术运算符的应用</title>
</head>
<body>
    <script>
        var num1 = 9;
        var num2 = 3;
        /*
         + 运算符表示加法
         + 运算符表示将运算符左右两侧的字符串拼接到一起
        */
        console.log(num1 + num2) ;        //输出:12
        console.log("hello " + "world"); //输出:hello world
        console.log(num1 - num2) ;        //输出:6
        console.log(num1 * num2) ;        //输出:27
        console.log(num1/num2) ;          //输出:3
        console.log(num1 % num2) ;        //输出:0
        /* 类型:++自增 -- 自减
        语法:++num num++ -- num num --
        功能:+1 -1
        总结:
            a.如果运算符在变量的前边,则先自增或自减,再使用
```

```
        b.如果运算符在变量的后边,则先使用,后自增或自减
        */
        var num = 10;
        console.log(num++);          //输出:10,其中 num++相当于 num = num + 1;
        console.log(++num);          //输出:12
        console.log(num -- );        //输出:12
        console.log(num);            //输出:11
    </script>
</body>
</html>
```

11.2.2 赋值运算符

在 JavaScript 中,赋值运算符用来为变量赋值,如表 11-6 所示。

表 11-6 赋值运算符

运 算 符	描 述	示 例
=	最简单的赋值运算符	x－10
+=	先进行加法运算,再将结果赋值给运算符左侧的变量	x+=y 等同于 x=x+y
－=	先进行减法运算,再将结果赋值给运算符左侧的变量	x－=y 等同于 x=x－y
*=	先进行乘法运算,再将结果赋值给运算符左侧的变量	x*=y 等同于 x=x*y
/=	先进行除法运算,再将结果赋值给运算符左侧的变量	x/=y 等同于 x=x/y
%=	先进行取模运算,再将结果赋值给运算符左侧的变量	x%=y 等同于 x=x%y

【例 11-7】 赋值运算符的应用

```
<!DOCTYPE html>
<html lang = "en">
<head>
    <meta charset = "UTF - 8">
    <title>赋值运算符的应用</title>
</head>
<body>
    <script>
        //例子:var num = 5; num += 3;相当于 num = num + 3;
        var x = 5;
        x += 20;
        console.log(x);          //输出:25
        var x = 20,
            y = 10;
        x -= y;
        console.log(x);          //输出:10
        x = 5;
        x *= 3;
        console.log(x);          //输出:15
        x = 9;
        x /= 3;
```

```
        console.log(x);              //输出:3
        x = 10;
        x %= 3;
        console.log(x);              //输出:1
    </script>
</body>
</html>
```

11.2.3 比较运算符

比较运算符用来比较运算符左右两侧的表达式,比较运算符的运算结果是一个布尔值,结果只有两种,要么为 true,要么为 false。JavaScript 中常见的比较运算符如表 11-7 所示。

表 11-7 比较运算符

运　算　符	描　　述	运　算　符	描　　述
==	等于	>	大于
===	全等	>=	大于或等于
!=	不相等	<=	小于或等于
!==	不全等	<	小于

【例 11-8】 比较运算符的应用

```
<!DOCTYPE html>
<html lang = "en">
<head>
    <meta charset = "UTF-8">
    <title>比较运算符的应用</title>
</head>
<body>
    <script>
        var x = 10;
        var y = 15;
        var z = "10";
        /* == 判断的是变量的值是否相等 */
        console.log(x == z);          //输出: true
        /* === 当判断值和类型都一致时返回值为 true */
        console.log(x === z);         //输出: false
        console.log(x != y);          //输出: true
        /* !== 当判断值或者类型不同,则为真 */
        console.log(x !== z);         //输出: true
        console.log(x < y);           //输出: false
        console.log(x > y);           //输出: true
        console.log(x <= y);          //输出: false
        console.log(x >= y);          //输出: true
    </script>
</body>
</html>
```

对于非数值情况的比较：

（1）如果数字和其他内容比较，则先将其他内容转换成数字，然后进行运算。

（2）布尔转换成数字（false 是 0，true 是 1），再和数字进行运算。

（3）布尔和字符串进行比较时都先转换成数字，再进行运算。

（4）如果符号两侧的值都是字符串，则不会将其转换为数字进行比较，而会分别比较字符串中字符的 Unicode 编码。

（5）任何值和 NaN 做任何比较都是 false。

示例代码如下：

```
<script>
        var num1 = "20";
        var num2 = 10;
        var num3 = false;
        console.log(num1 > num2);              //输出:true
        console.log(num1 < num3);              //输出:false
        console.log(num2 > num3)               //输出:true
        //当比较两个字符串时,比较的是字符串的字符编码
        console.log("a" < "h");                //输出:true
        //任何值和 NaN 做任何比较都是 false
        console.log(10 <= "hello");            //输出:false
</script>
```

11.2.4　逻辑运算符

逻辑运算符用于判定变量或值之间的逻辑，运算结果是一个布尔值，只能有两种结果，要么为 true，要么为 false，如表 11-8 所示。

表 11-8　逻辑运算符

运 算 符	描 述	示 例
&&	逻辑与	（表达式 1）&&（表达式 2） 一假即假
||	逻辑或	（表达式 1）||（表达式 2） 一真即真
!	逻辑非	!（表达式）

【例 11-9】　逻辑运算符的应用

```
<!DOCTYPE html>
<html lang = "en">
<head>
    <meta charset = "UTF - 8">
    <title>逻辑运算符的应用</title>
</head>
<body>
    <script>
        console.log(true && true);            //输出: true
        console.log(true && false);           //输出: false
```

```
        console.log(false && true);              //输出:false
        console.log(true || true);               //输出: true
        console.log(false || true);              //输出: true
        console.log(true || false);              //输出: true
        console.log(!true);                      //输出: false
        console.log(!false);                     //输出: true
        var x = 6;
         y = 3;
        console.log(x < 10 && y > 1);            //输出:true
        console.log(x == 5 || y == 5);           //输出:false
        console.log(!(x == y));                  //输出: true
    </script>
</body>
</html>
```

11.2.5 三元运算符

三元运算符(也被称为条件运算符),由一个问号和一个冒号组成,语法格式如下:

条件表达式 ? 表达式 1 : 表达式 2 ;

如果"条件表达式"的结果为真(true),则执行"表达式 1"中的代码,否则就执行"表达式 2"中的代码。

示例代码如下:

```
<script>
        var age = 20;
        var rel = (age < 18) ? "太年轻":"足够成熟";
        console.log(rel);        //输出:足够成熟
</script>
```

11.2.6 运算符的优先级

JavaScript 中的运算符优先级有一套规则。该规则在计算表达式时控制运算符执行的顺序。具有较高优先级的运算符先于较低优先级的运算符执行。优先级的顺序如下:

优先级从高到低:
  1. () 优先级最高
  2. 一元运算符 ++ -- !
  3. 算术运算符 先 * / % 后 + -
  4. 关系运算符 > >= < <=
  5. 相等运算符 == != === !==
  6. 逻辑运算符 先 && 后||
  7. 赋值运算符

11.3 程序控制语句

在所有的编程语言中,程序的基本逻辑结构包括 3 种,分别是顺序结构、分支结构和循环结构。

11.3.1 顺序结构语句

▶ 14min

顺序结构是程序中最基本的结构,程序会按照代码的先后按顺序依次执行,如图 11-11 所示。

图 11-11 顺序结构

11.3.2 分支结构语句

分支结构的程序设计方法的关键在于构造合适的分支条件和分析程序流程,根据不同的程序流程选择适当的分支语句,例如根据年龄来显示不同的内容,根据布尔值 true 或 false 来判断操作是成功还是失败等。

JavaScript 中支持以下几种不同形式的条件判断语句:

(1) if 语句。

(2) if-else 语句。

(3) if-else if-else 语句。

(4) switch-case 语句。

1. if 语句

if 语句是基于条件成立时才执行相应代码的语句。

基本语法格式如下:

```
if(表达式){
        代码段;
    }
```

注意:if 小写,大写字母(IF)会出错!

在上述语法中,条件表达式的值是一个布尔值,当该值为 true 时,执行"{}"中的代码段,否则不进行任何处理。if 语句的执行流程如图 11-12 所示。

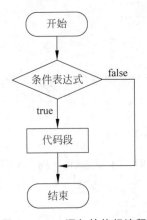

图 11-12 if 语句的执行流程

【例 11-10】 if 语句的应用

```
<! DOCTYPE html >
< html lang = "en">
< head >
    < meta charset = "UTF - 8">
    < title > if 语句的应用</title>
    < script >
        var age = prompt('请输入你的年龄');
        if (age == '' || age == null) {
            alert('用户未输入');
        }
    </script >
</head >
< body >
</body >
</html >
```

注意：当代码段中只有一条语句时，"{}"可以省略。

2. if-else 语句

if-else 语句可以认为是 if 语句的升级版本。用于判断表达式值的真伪，若结果为真，则执行语句 1，否则就执行语句 2。

基本语法格式如下：

```
if(表达式){
    代码段 1;
    }else{
    代码段 2;
    }
```

在上述语法中，当条件表达式值为 true 时，执行代码段 1；当条件表达式值为 false 时，执行代码段 2。if-else 语句的执行流程如图 11-13 所示。

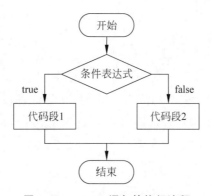

图 11-13 if-else 语句的执行流程

例 11-11 通过一个判断闰年的案例演示 if-else 语句的使用。闰年的判断条件为,一个数字能被 4 整除且不能被 100 整除,或者能够被 400 整除。

【例 11-11】 闰年的判断

```
<!DOCTYPE html>
<html lang = "en">
<head>
    <meta charset = "UTF-8">
    <title>闰年的判断</title>
    <script>
     var year = prompt('请输入年份');
     if (year % 4 == 0 && year % 100 != 0 || year % 400 == 0) {
        alert('您输入的年份是闰年');
     } else {
        alert('您输入的年份是平年');
     }
    </script>
</head>
<body>
</body>
</html>
```

3. if-else if-else 语句

当需要对一个变量判断多次时,就可以使用此结构进行判断。可以认为 if-else if-else 结构是多个 if-else 结构的嵌套。

基本语法格式如下:

```
if(表达式 1){
        代码段 1;
    }else if(表达式 2){
        代码段 2;
    }else if(表达式 3){
        代码段 3;
    }
```

```
...
else{
    代码段 4;
}
```

在上述语法中,当条件表达式 1 的值为 true 时,执行代码段 1,否则继续判断条件表达式 2,若表达式 2 的值为 true,则执行代码段 2,以此类推。if-else if-else 语句的执行流程如图 11-14 所示。

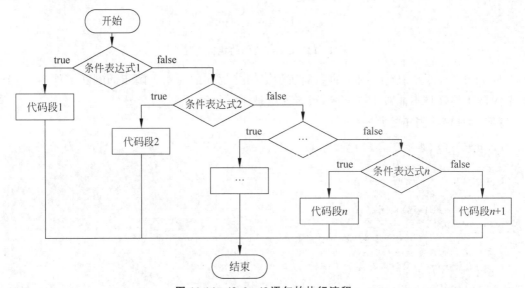

图 11-14   if-else if 语句的执行流程

【例 11-12】 分数转换

```
<!DOCTYPE html>
<html lang = "en">
<head>
    <meta charset = "UTF - 8">
    <title> if-else if-else 语句的应用</title>
</head>
<body>
    <script>
        //分数转换,把百分制转换成 A、B、C、D、E,如<60 为 E; 60~70 为 D
        //70~80 为 C; 80~90 为 B; 90~100 为 A
        var score = prompt('请输入分数');
        if (score >= 90 && score <= 100) {
            console.log('A');
        } else if (score >= 80 && score < 90) {
            console.log('B');
        } else if (score >= 70 && score < 80) {
            console.log('C');
        } else if (score >= 60 && score < 70) {
            console.log('D');
```

```
        } else {
            console.log('E');
        }
    </script>
</body>
</html>
```

4. switch-case 语句

switch-case 语句与 if-else 语句的多分支结构类似,它们都可以根据不同的条件来执行不同的代码,但是与 if-else 多分支结构相比,switch-case 语句更加简洁和紧凑,执行效率更高。

基本语法格式如下:

```
switch(表达式)
    {
    case 值1:
        执行代码段1
        break;
    case 值2:
        执行代码段2
        break;
    ...
    case 值n:
        执行代码段n
        break;
    default:
        执行代码段
    }
```

在上述语法中,首先计算表达式的值,然后将获得的值与 case 中的值依次比较,若相等,则执行 case 后的对应代码段。最后,当遇到 break 语句时,跳出 switch 语句。若没有匹配的值,则执行 default 中的代码段,其中,default 是可选的,表示在默认情况下执行的代码段,可以根据实际需要设置。

switch 语句的执行流程如图 11-15 所示。

假设将例 11-12 中学生的考试成绩改为 10 分满分制,按照每分一个等级将成绩分等级,如例 11-13 所示。

【例 11-13】 switch 语句的应用

```
<!DOCTYPE html>
<html lang = "en">
<head>
    <meta charset = "UTF - 8">
    <title> switch 语句的应用</title>
    <script>
        var score = prompt('请输入 0~100 内的数字');
        score = parseInt(score/10); //parseInt()可解析一个字符串,并获取整数
        switch (score) {
```

```
                case 10:
                case 9:
                    console.log('A');
                    break;
                case 8:
                    console.log('B');
                    break;
                case 7:
                    console.log('C');
                    break;
                case 6:
                    console.log('D');
                    break;
                default:
                    console.log('E');
                    break;
                }
        </script>
</head>
< body >

</body>
</html>
```

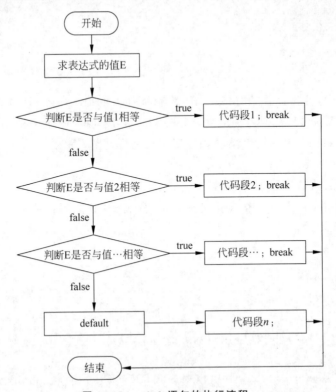

图 11-15 switch 语句的执行流程

11.3.3 循环结构语句

循环就是重复做一件事,在编写代码的过程中,经常会遇到一些需要反复执行的操作,例如遍历一些数据、重复输出某个字符串等,如果一行行地写那就太麻烦了,对于这种重复的操作,我们应该选择使用循环来完成。

循环的目的就是为了反复执行某段代码,使用循环可以减轻编程压力,避免代码冗余,提高开发效率,方便后期维护。只要给定的条件仍可以得到满足,包括在循环条件语句中的代码就会重复执行下去,一旦条件不再满足则终止。

JavaScript 中有 4 种循环语句:while、do-while、for、for-in 等循环。

1. while 循环

while 循环会在指定条件为真时循环执行代码块。

基本语法格式如下:

```
while(条件表达式){
    //要执行的代码
}
```

while 循环在每次循环之前会先对条件表达式进行求值,如果条件表达式的结果为 true,则执行{}中的代码,如果条件表达式的结果为 false,则退出 while 循环,继续执行 while 循环之后的代码。

while 循环的执行流程如图 11-16 所示。

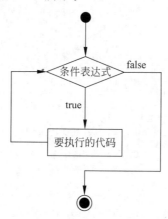

图 11-16 while 循环的执行流程

【例 11-14】 使用 while 循环计算 1～100 所有整数的和

```
<!DOCTYPE html>
<html lang = "en">
<head>
    <meta charset = "UTF - 8">
```

```html
    <title>使用 while 循环计算 1~100 所有整数的和</title>
</head>
<body>
    <script>
        var i = 1;                    //定义变量
        var sum = 0;
        while (i <= 100) {
         sum = sum + i;
         i++;                          //循环变量
        }
        console.log("sum = " + sum);
    </script>
</body>
</html>
```

运行结果为 sum=5050。

【例 11-15】 打印 1~100 的偶数的和

```html
<!DOCTYPE html>
<html lang = "en">
<head>
    <meta charset = "UTF-8">
    <title>打印 1~100 的偶数的和</title>
</head>
<body>
    <script>
        var i = 1;
        var sum = 0;
        while(i <= 100){
            if(i % 2 == 0){
                sum += i; //sum = sum + i;
            }
            i++;
        }
        console.log("sum = " + sum);
    </script>
</body>
</html>
```

运行结果为 sum=2550。

while 循环的总结:

(1) 因为 while 循环是先判断循环条件的,因此 while 循环的最少执行次数为 0。

(2) while 循环之所以能结束,是因为每次循环执行的过程中都会改变循环变量。

(3) 执行 while 循环之前,必须给循环变量设初值。

(4) 和 if 条件语句一样,如果 while 循环体中只有一条语句,则花括号可以不写。当然不推荐不写。

(5) while 循环结构末尾不需要加分号。

注意：在编写循环语句时，一定要确保条件表达式的结果能够为假（布尔值为 false），因为只要表达式的结果为 true，循环就会一直持续下去，不会自动停止，对于这种无法自动停止的循环，我们通常将其称为"无限循环"或"死循环"。

2. do-while 循环

do-while 循环是 while 循环的变体，该循环会在检查条件是否为真之前执行一次代码块（循环体至少被执行一次），然后如果条件为真，就会重复执行。

基本语法格式如下：

```
do {
    //需要执行的代码
} while (条件表达式);
```

do-while 循环的执行流程如图 11-17 所示。

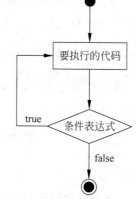

图 11-17　do-while 循环的执行流程

【例 11-16】　求 100 以内所有 3 的倍数的和

```html
<! DOCTYPE html >
< html lang = "en">
< head >
    < meta charset = "UTF - 8">
    < title>求 100 以内所有 3 的倍数的和</title>
</head >
< body >
    < script >
        var i = 1;
        var sum = 0;
        do{
          if( i % 3 === 0){
          sum += i;
          }
          i++;
        }while( i < = 100);
        console. log("sum = " + sum);
    </script >
</body >
</html >
```

运行结果为 sum＝1683。

while 循环和 do-while 的本质区别：while 循环是先判断再执行，而 do-while 循环是先执行再判断，所以 do-while 循环不管条件是否满足都会执行一次，代码如下：

```
var i = 1;
do{
    document. write( i + " ");
    i++;
}while ( i > 5);
```

运行结果为1。

3. for 循环

for 循环是循环中使用得较为广泛的一种循环结构。

基本语法格式如下：

```
for(表达式1;表达式2;表达式3){
    循环体;
}
```

语法解释如下。

（1）表达式1：初始化条件，在循环过程中只会执行一次。

（2）表达式2：这是判断条件，当满足时就继续循环，当不满足时就退出循环。

（3）表达式3：为一个表达式，用来在每次循环结束后更新（递增或递减）计数器的值。

for 循环的执行流程如图 11-18 所示。

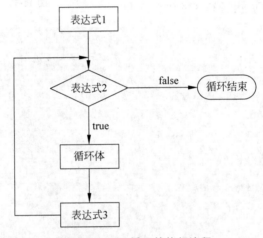

图 11-18　for 循环的执行流程

【例 11-17】 分别求 1~100 所有偶数和奇数的和

```
<!DOCTYPE html >
< html lang = "en">
< head >
    < meta charset = "UTF - 8">
    <title>分别求 1~100 所有偶数和奇数的和</title>
</head >
< body >
    < script >
        var oddSum = 0;          //奇数的和
        var evenSum = 0;         //偶数的和
        for (var i = 1; i < = 100; i++) {
```

```
            //判断 i 是奇数还是偶数
            if (i % 2 === 0) {        //偶数
                evenSum += i;
            } else {                  //奇数
                oddSum += i;
            }
        }
        console.log('奇数的和:' + oddSum);
        console.log('偶数的和:' + evenSum);
    </script>
</body>
</html>
```

在浏览器中的显示效果如图 11-19 所示。

图 11-19　奇偶数的和的运行结果

for 循环中括号中的 3 个表达式是可以省略的,但是用于分隔 3 个表达式的分号却不能省略,代码如下:

```
//省略第 1 个表达式
    var num = 0;
    for(;num < 10; num++){
        console.log(num);
    }
    //省略第 2 个表达式(死循环)
    for (var y = 0; ; y++) {
        console.log(y);
    }
    //省略第 1 个和第 3 个表达式
    var j = 0;
    for (; j < 5;) {
        console.log(j);
        j++;
    }
    //省略所有表达式(死循环)
    for(;;){
        console.log("hello javascript!");
    }
```

4. for-in 循环

for-in 循环是一种特殊类型的循环,也是普通 for 循环的变体,主要用来遍历对象,使用它可以将对象中的属性依次循环出来。

基本语法格式如下:

```
for(var 变量名 in 容器){
    循环体;
    }
```

【例 11-18】 for-in 循环的应用

```html
<!DOCTYPE html>
<html lang = "en">
<head>
    <meta charset = "UTF - 8">
    <title>for-in 循环的应用</title>
</head>
<body>
    <script>
        var arr = ['A', 'B', 'C'];
        for (var i in arr) {
            console.log(i);              //索引: 0, 1, 2
            console.log(arr[i]);         //内容: 'A', 'B', 'C'
        }
    </script>
</body>
</html>
```

5. 循环嵌套

一个循环内又包含另一个完整的循环语句称为循环嵌套。无论是哪种循环都可以嵌套使用。

【例 11-19】 九九乘法表

```html
<!DOCTYPE html>
<html lang = "en">
<head>
    <meta charset = "UTF - 8">
    <title>九九乘法表</title>
</head>
<body>
    <script>
        for (var i = 1; i <= 9; i++) {
          for (var j = 1; j <= i; j++) {
            document.write(j + " x " + i + " = " + (i * j) + " ");
            }
          document.write("<br>");
          }
    </script>
</body>
</html>
```

在浏览器中的显示效果如图 11-20 所示。

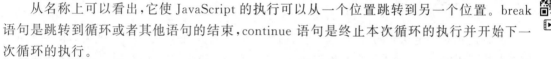

图 11-20　九九乘法表

11.3.4　跳转语句

▶ 19min

从名称上可以看出,它使 JavaScript 的执行可以从一个位置跳转到另一个位置。break 语句是跳转到循环或者其他语句的结束,continue 语句是终止本次循环的执行并开始下一次循环的执行。

break 语句主要有以下两种作用:

(1) 在 switch 语句中,用于终止 case 语句序列,跳出 switch 语句。

(2) 用在循环结构中,用于终止循环语句序列,跳出循环结构。

continue 的作用是仅仅跳过本次循环,而整个循环体继续执行。

【例 11-20】　跳转语句的应用

```html
<!DOCTYPE html>
<html lang = "en">
<head>
    <meta charset = "UTF - 8">
    <title>跳转语句的应用</title>
</head>
<body>
    <script>
        //使用 break 语句
        for (var i = 0; i < 10; i++) {
            if(i == 5) {
                break;
            }
            document.write(" \t" + i );
        }
        document.write("<br>");
        //使用 continue 语句
        for (var i = 0; i < 10; i++) {
            if(i == 5) {
                continue;
            }
            document.write(" \t" + i );
        }
```

```
      </script>
</body>
</html>
```

在浏览器中的显示效果如图 11-21 所示。

图 11-21　跳转语句的应用效果

11.4　函数

函数是具有特定功能的可以重复使用的代码块。函数只需定义一次,便可以多次使用,从而提高代码的复用率,进而提高编程效率。JavaScript 中有内置函数和自定义函数两种。

20min

11.4.1　内置函数

1. eval()函数

eval()函数可计算某个字符串,并执行其中的 JavaScript 代码。

此函数可以接受一个字符串 str 作为参数,并把此 str 当作一段 JavaScript 代码去执行,如果 str 执行的结果是一个值,则返回此值,否则返回 undefined。如果参数不是一个字符串,则直接返回该参数,示例代码如下:

```
eval("var a = 1");          //声明一个变量 a 并赋值 1
eval("2 + 3");              //执行加运算,并返回运算值
eval("mytest()");          //执行 mytest()函数
eval("{b:2}");             //声明一个对象
```

以上代码需特别注意的是,最后一个语句声明了一个对象,如果想返回此对象,则需要在对象外面再嵌套一层小括号,示例代码如下:

```
eval("({b:2})");
```

有时通过 AJAX 从后台获取的是一个 JSON 字符串,如果想要将其转换为 JSON 对象,则可以用到 JavaScript 的 eval()函数,示例代码如下:

```
var data = "{ root:[{name:'1',value:'0'}]}";
var dataobj = eval("(" + data + ")");
```

注意:这里需要注意的是,在 eval()中将 JSON 字符串包裹了一层"(",主要是为了让 eval 将"{}"解析为对象而并非语句。

2. parseInt()与parseFloat()

JavaScript 提供了 parseInt()和 parseFloat()两个转换函数。前者把值转换成整数,后者把值转换成浮点数。只有对 String 类型调用这两个函数,这两个函数才能正确运行;对其他类型返回的都是 NaN(Not a Number),示例代码如下:

```
parseInt("22.5");        //22
parseInt("blue");        //NaN
parseFloat("22.5");      //22.5
```

3. escape()与unescape()

escape()函数可对字符串进行编码,unescape() 函数可对字符串进行解码,示例代码如下:

```
document.write("编码:" + escape("hello beixi!"))              //编码:hello%20beixi%21
document.write("解码:" + unescape("hello%20beixi%21"))        //解码:hello beixi!
```

4. isNaN()函数

isNaN()函数用于检查一个变量是否为数值,如果是,则返回值为 false,如果不是,则返回值为 true,示例代码如下:

```
isNaN(123)        //false
isNaN('123')      //false
isNaN('Hello')    //true
```

5. isFinite() 函数

isFinite()函数用于检查其参数是否是无穷大,也可以理解为是否为一个有限数值(Finite Number),示例代码如下:

```
document.write(isFinite(5 - 2) + "<br>");      //输出:true
document.write(isFinite(0) + "<br>");          //输出:true
document.write(isFinite("Hello") + "<br>");    //输出:false
```

提示:如果参数是 NaN,即正无穷大或者负无穷大,则会返回 false,其他返回 true。

11.4.2 自定义函数

把一段相对独立的具有特定功能的代码块封装起来,形成一个独立实体,就是函数,起个名字(函数名),在后续开发中可以反复调用。

1. 定义函数

JavaScript 函数声明需要以 function 关键字开头,关键字之后为要创建的函数名称。使用 function 来定义函数有两种方式。

▶ 19min

▶ 13min

方式 1：命名函数

```
function 函数名(参数 1,参数 2...){
    //函数体
}
```

方式 2：函数表达式(匿名函数)

```
var  变量 = function(参数 1,参数 2...){
    //函数体
}
```

2. 函数的调用

调用函数非常简单,通常情况下只要函数已经被声明,直接写出函数名和函数参数就可调用函数,如例 11-21 所示。

【例 11-21】 函数调用

```
<!DOCTYPE html >
< html lang = "en">
< head >
    < meta charset = "UTF - 8">
    < title > Document </title >
</head >
< body >
    < script >
        function sayHi() {          //声明函数
            console.log("吃了没?");
        }
        sayHi();                    //调用函数

        //求 1~100 所有数的和
        var getSum = function () {
            var sum = 0;
            for (var i = 0; i <= 100; i++) {
                sum += i;
            }
          console.log(sum);
        }
        getSum();                   //调用函数
    </script >
</body >
</html >
```

提示：JavaScript 对于大小写敏感,所以在定义函数时 function 关键字一定要使用小写,而且在调用函数时必须使用与声明时相同的大小写来调用函数。

3. 函数的参数

函数的参数分为两种：形参和实参。

(1) 形参就是在定义函数时,传递给函数的参数,被称为形参。

（2）实参就是当函数被调用时，传递给函数的参数，被称为实参。

示例代码如下：

```
function fn(a, b) {          //a 和 b 是形参
    console.log(a + b);
  }
fn(5,6);                     //5 和 6 是实参
```

4. 函数返回值

当函数执行完时，并不是都要把结果打印出来。当期望函数给我们一些反馈时（例如将计算的结果返回以便进行后续的运算），可以让函数返回结果，也就是返回值。函数通过return返回一个返回值。

返回值的语法格式如下：

```
//声明一个带返回值的函数
function 函数名(形参1, 形参2, 形参...){
  //函数体
  return 返回值;
}
```

返回值详解：

（1）如果函数没有 return 语句，则函数有默认的返回值，即 undefined。

（2）如果函数使用 return 语句，则跟在 return 后面的值就成了函数的返回值。

（3）如果函数使用 return 语句，但是 return 后面没有任何值，则函数的返回值也是undefined。

（4）函数使用 return 语句后，这个函数会在执行完 return 语句之后停止并立即退出，也就是说 return 后面的所有其他代码都不会被执行。

函数返回值，示例代码如下：

```
function getSum(num1, num2){
        return num1 + num2;
    }
  var sum1 = getSum(7, 12);
  console.log(sum1);         //输出:19
```

5. 作用域

作用域可以分为两种类型：全局作用域和局部作用域。

1) 全局变量

全局变量：不在任何函数内声明的变量（显式定义）或在函数内省略 var 声明的变量（隐式定义）都称为全局变量，它在同一个页面文件中的所有脚本内都可以使用。

示例代码如下：

```
var str = "Hello World!";              //全局变量
function myFun(){                       //无参函数
    document.write(str);                //输出:Hello World!
}
myFun();
document.write(str);                    //输出:Hello World!
```

2) 局部变量

局部变量:在函数体内利用 var 关键字定义的变量称为局部变量。局部变量仅在该函数体内有效,示例代码如下:

```
function myFun(){
    var str = "Hello World!";          //局部变量
    document.write(str);               //输出:Hello World!
}
document.write(str);                   //报错:str is not defined
```

在函数内定义的局部变量只有在函数被调用时才会生成,当函数执行完毕后会被立即销毁。

全局变量和局部变量可以重名,也就是说,在函数外声明了一个变量,在函数内部也可以声明一个同名变量。在函数内部,局部变量的优先级高于全局变量,如例 11-22 所示。

【例 11-22】 作用域

```
<!DOCTYPE html>
<html lang = "en">
<head>
    <meta charset = "UTF - 8">
    <title>作用域</title>
</head>
<body>
    <script>
        var num1 = 100;                //全局变量
        var num2 = 200;
        function show(){
            var num1 = 10;             //局部变量
             var num2 = 20;
            console.log("局部变量 num1:" + num1);
        }
        show();
        console.log("全局变量 num1:" + num1);
        console.log("全局变量 num2:" + num2);
    </script>
</body>
</html>
```

在浏览器中的显示效果如图 11-22 所示。

图 11-22　作用域效果

11.5　自定义对象

19min

JavaScript 是一种面向对象的编程语言,在 JavaScript 中绝大多数东西是对象。JavaScript 对象是拥有属性和方法的数据,例如在现实生活种,一辆汽车是一个对象。对象具有自己的属性,如质量、颜色等,方法有启动、停止等行为。

11.5.1　创建对象

对象是 JavaScript 的核心概念,也是最重要的数据类型。JavaScript 的所有数据都可以被视为对象。

现实生活中:万物皆对象,对象是一个具体的事物,一个具体的事物就会有行为和特征,如一部车和一个手机。

JavaScript 的对象是无序属性的集合,其中属性可以包含基本值、对象或函数。对象就是一组没有顺序的值。JavaScript 中的对象是由键-值对构成的,其中键也被称为属性(property),对象的所有属性都是字符串,所以加不加引号都可以;值可以是数据(任何数据类型)和函数。

对象的行为和特征分别对应方法和属性。

JavaScript 对象的创建方式有以下 3 种方式。

(1) 对象字面量:直接使用花括号创建对象。

示例代码如下:

```
var person = {
    name: "Tom",
    age: 18,
    sex: true,
    sayHi: function () {
        console.log(this.name);
    }
};
```

在上面的示例中创建了一个名为 person 的对象,该对象中包含 3 个属性 name、age、sex 和一种方法 sayHi()。sayHi()方法中的 this.name 表示访问当前对象中的 name 属性,会被 JavaScript 解析为 person.name。

（2）使用 new 关键字生成一个 Object 对象的实例。

示例代码如下：

```
var person = new Object();
    person.name = "lisi";
    person.age = 35;
    person.job = "actor";
    person.sayHi = function(){
     console.log("Hello,everyBody");
    }
```

（3）自定义构造函数。

示例代码如下：

```
function Person(name,age,job){
  this.name = name;
  this.age = age;
  this.job = job;
  this.sayHi = function(){
      console.log('Hello,everyBody');
    }
}
var p1 = new Person('张三', 22, 'actor');
```

一般来讲，第 1 种采用花括号的写法比较简洁，也是最常用的一种创建对象的写法。

11.5.2　对象的使用

1. 访问对象的属性

要访问或获取属性的值，可以使用对象名.属性名或者对象名["属性名"]的形式，示例代码如下：

```
var person = {
    name: "Tom",
    age: 18,
    sex: true,
        sayHi: function () {
            console.log(this.name);
        }
    }
document.write("姓名:" + person.name + "<br>");       //输出:姓名:Tom
document.write("年龄:" + person["age"]);              //输出:年龄:18
```

2. 设置修改对象的属性

使用对象名.属性名或者对象名["属性名"]的形式除了可以获取对象的属性值外，也可以用来设置或修改对象的属性值，示例代码如下：

```
var person = {
    name: "Tom",
    age: 18,
    sex: "Male"
};

person.phone = "15536812237";
person.age = 20;
person["name"] = "Peter";

for (var key in person) {
    document.write(key + ":" + person[key] + "<br>")
}
```

输出的结果如下：

```
name:Peter
age:20
sex:Male
phone:15536812237
```

3. 删除对象的属性

可以使用 delete 语句来删除对象中的属性，示例代码如下：

```
var person = {
        name: "Tom",
        age: 28,
        sex: "Male",
        phone: "15536812237"
    };

    delete person.sex;
    delete person["phone"];

    for (var key in person) {
        document.write(key + ":" + person[key] + "<br>")
    }
```

输出的结果如下：

```
name:Tom
age:28
```

注意：delete 语句是从对象中删除指定属性的唯一方式，而将属性值设置为 undefined 或 null 仅会更改属性的值，并不会将其从对象中删除。

4. 调用对象的方法

可以像访问对象中属性那样来调用对象中的方法，示例代码如下：

```
var person = {
        name: "Tom",
        age: 18,
        sex: true,
        sayHi: function () {
            console.log(this.name);
        }
    };
    person.sayHi();            //输出:Tom
    person["sayHi"]();         //输出:Tom
```

11.6 内置对象

由 ECMAScript 实现并提供的、不依赖于宿主环境的对象,在 ECMAScript 运行之前就已经创建好,这种对象叫作内置对象。常用的内置对象有 Array、Math、Date 和 String。

19min

11.6.1 Array

1. 定义数组

(1) 创建空数组,示例代码如下:

```
var arr = new Array();
```

(2) 定义指定长度的数组,示例代码如下:

```
var arr = new Array(size);
```

(3) 定义带参数的数组,示例代码如下:

```
var arr = new Array("apple", "orange", "mango");
```

(4) 使用字面量创建数组对象,示例代码如下:

```
var arr = [1, 2, 3];
```

可以通过数组的索引访问数组中的各个元素,示例代码如下:

```
var arr = [ "apple", "orange", "mango" ];

document.write(arr [0] + "<br>");       //输出:apple
document.write(arr [1] + "<br>");       //输出:orange
document.write(arr [2] + "<br>");       //输出:mango
```

2. 数组中常用的方法

数组的长度可以用 length 属性获取。Array 对象中常用方法及描述如表 11-9 所示。

表 11-9　Array 对象中常用方法及描述

方　　法	描　　　　述
join()	把数组的所有元素放入一个字符串
pop()	删除数组的最后一个元素并返回删除的元素
push()	向数组的末尾添加一个或多个元素,并返回数组的长度
shift()	删除并返回数组的第 1 个元素
unshift()	向数组的开头添加一个或多个元素,并返回新数组的长度
sort()	对数组的元素进行排序
reverse()	反转数组中元素的顺序
splice()	从数组中添加或删除元素
slice()	截取数组的一部分,并返回这个新的数组
toString()	把数组转换为字符串,并返回结果
concat()	拼接两个或多个数组,并返回结果

【例 11-23】　数组的属性和方法应用

```
<!DOCTYPE html>
<html lang = "en">
<head>
    <meta charset = "UTF - 8">
    <title>数组的属性和方法应用</title>
</head>
<body>
    <script>
        var arr = ["Orange", "Banana", "Apple", "Papaya", "Mango"];
        for(var i = 0;i < arr.length;i++){//数组遍历
            document.write(arr[i] + "   ")
        }
        document.write("<br>")
        document.write(arr.join(" - ") + "<br>");
        //输出:Orange - Banana - Apple - Papaya - Mango
        document.write(arr.pop() + "<br>"); //输出:Mango
        document.write(arr.push("Watermelon") + "<br>"); //输出:5
        document.write(arr.unshift("Lemon","Pineapple") + "<br>");
         //输出:7
        document.write(arr.slice(1, 5) + "<br>");
         //输出:Pineapple,Orange,Banana,Apple
        document.write(arr.sort() + "<br>");
       //输出:Apple,Banana,Lemon,Orange,Papaya,Pineapple,Watermelon
    </script>
</body>
</html>
```

11.6.2　Math

Math 对象是 JavaScript 的内置对象,提供了一系列常量值和数学方法。该对象没有构

19min

造函数,所以不能生成实例对象,但是 Math 对象的所有属性和方法都是静态的,直接用 Math 对象访问即可。

Math 对象中提供的常量值及描述,如表 11-10 所示。

表 11-10　Math 对象的常量值及描述

常　量　值	描　　　述
E	返回算术常量 e,即自然对数的底数(约等于 2.718)
LN2	返回 2 的自然对数(约等于 0.693)
LN10	返回 10 的自然对数(约等于 2.303)
LOG2E	返回以 2 为底的 e 的对数(约等于 1.443)
LOG10E	返回以 10 为底的 e 的对数(约等于 0.434)
PI	返回圆周率 π(约等于 3.14159)
SQRT1_2	返回 2 的平方根的倒数(约等于 0.707)
SQRT2	返回 2 的平方根(约等于 1.414)

Math 对象中提供的常用方法及描述如表 11-11 所示。

表 11-11　Math 对象的常用方法及描述

方　　法	描　　　述
abs(x)	返回 x 的绝对值
ceil(x)	对 x 进行向上取整,即返回大于 x 的最小整数
floor(x)	对 x 进行向下取整,即返回小于 x 的最大整数
max([x, [y, [...]]])	返回多个参数中的最大值
min([x, [y, [...]]])	返回多个参数中的最小值
random()	返回一个 0～1 的随机数
round(x)	返回 x 四舍五入后的整数

Math 对象提供的这些方法用于基本运算,这些基本运算能够满足 Web 应用程序的要求。如例 11-24 所示,编写函数,返回随机字符所组成的指定长度的字符串。

【例 11-24】　随机验证码

```html
<!DOCTYPE html>
<html lang = "en">
<head>
    <meta charset = "UTF-8">
    <title>随机验证码</title>
</head>
<body>
    <script>
      var characterDic = 'ABCDEFGHIJKLMNOPQRSTUVWXYZabcdefghijklmnopqrstuvwxyz0123456789 - _';
        function getString(length) {
            var str = "";
            for (var i = 0; i < length; ++i) {
                var randNum = Math.floor(Math.random() *
```

```
                                characterDic.length);
                str += characterDic.substring(randNum, randNum + 1);
            }
            return str;
        }
        var str = getString(5);
        console.log(str);
    </script>
</body>
</html>
```

11.6.3 Date

13min

Date 对象用来处理日期和时间。在 JavaScript 内部,所有日期和时间都储存为一个整数。这个整数是当前时间距离 1970 年 1 月 1 日 00:00:00 的毫秒数。

JavaScript 中提供了 4 种不同的方法来创建 Date 对象,如下所示。

(1) var time＝new Date()。

(2) var time＝new Date(milliseconds)。

(3) var time＝new Date(datestring)。

(4) var time＝new Date(year, month, date[, hour, minute, second, millisecond])。

参数说明如下。

(1) 不提供参数:若调用 Date() 函数时不提供参数,则创建一个包含当前时间和日期的 Date 对象。

(2) milliseconds(毫秒):若提供一个数值作为参数,则会将这个参数视为一个以毫秒为单位的时间值,并返回自 1970-01-01 00:00:00 起,经过指定毫秒数的时间,例如 new Date(5000) 会返回一个 1970-01-01 00:00:00 经过 5000 毫秒之后的时间。

(3) datestring(日期字符串):若提供一个字符串形式的日期作为参数,则会将其转换为具体的时间,日期的字符串形式有两种,如下所示。

YYYY/MM/dd HH:mm:ss(推荐):若省略时间部分,则返回的 Date 对象的时间为 00:00:00。

YYYY-MM-dd HH:mm:ss:若省略时间部分,则返回的 Date 对象的时间为 08:00:00 (加上本地时区),若不省略,则在 IE 浏览器中会转换失败。

(4) 将具体的年、月、日、时、分、秒转换为 Date 对象。

year:表示年,为了避免错误的产生,推荐使用四位数字来表示年份。

month:表示月,0 代表 1 月,1 代表 2 月,以此类推。

date:表示月份中的某一天,1 代表 1 号,2 代表 2 号,以此类推。

hour:表示时,以 24 小时制表示,取值范围为 0～23。

minute:表示分,取值范围为 0～59。

second:表示秒,取值范围为 0～59。

millisecond：表示毫秒,取值范围为 0～999。

示例代码如下：

```
var time1 = new Date();
var time2 = new Date(1517356800000);
var time3 = new Date("2021/12/25 12:13:14");
var time4 = new Date(2021, 9, 12, 15, 16, 17);
document.write(time1 + "< br>");
//输出: Sat Nov 20 2021 22:40:17 GMT + 0800 (中国标准时间)
document.write(time2 + "< br>");
//输出:Wed Jan 31 2018 08:00:00 GMT + 0800 (中国标准时间)
document.write(time3 + "< br>");
//输出:Sat Dec 25 2021 12:13:14 GMT + 0800 (中国标准时间)
document.write(time4 + "< br>");
//输出:Tue Oct 12 2021 15:16:17 GMT + 0800 (中国标准时间)
```

Date 对象方法及描述如表 11-12 所示。

表 11-12　Date 对象方法及描述

方　　法	描　　述
getFullYear()	从 Date 对象返回四位数字的年份
getMonth()	从 Date 对象返回月份(0～11)
getDate()	从 Date 对象返回一个月中的某一天(1～31)
getHours()	返回 Date 对象的小时(0～23)
getMinutes()	返回 Date 对象的分钟(0～59)
getSeconds()	返回 Date 对象的秒数(0～59)
getTime()	返回 1970 年 1 月 1 日至今的毫秒数

【例 11-25】　计算两个时间之间的间隔(天、时、分、秒)

```
<! DOCTYPE html >
< html lang = "en">
< head >
    < meta charset = "UTF - 8">
    < title>计算两个时间之间的间隔</title>
</head >
< body >
    < script >
        function fun () {
            var startTime = new Date('2021 - 10 - 20');        //开始时间
            var endTime = new Date();                          //结束时间
            var usedTime = endTime - startTime;                //相差的毫秒数
             //计算出天数
            var days = Math.floor(usedTime / (24 * 3600 * 1000));
             //计算天数后剩余的时间
            var leavel = usedTime % (24 * 3600 * 1000);
            //计算剩余的小时数
```

```
            var hours = Math.floor(leavel / (3600 * 1000));
            //计算剩余小时后剩余的毫秒数
            var leavel2 = leavel % (3600 * 1000);
             //计算剩余的分钟数
            var minutes = Math.floor(leavel2 / (60 * 1000));
            return days + '天' + hours + '时' + minutes + '分';
        }
        var result = fun();
        console.log(result)
    </script>
</body>
</html>
```

11.6.4 String

String 对象用于处理字符串,其中提供了大量操作字符串的方法,以及一些属性。可以通过以下方式创建 String 对象,代码如下:

```
var str1 = "Hello World",
var str2 = new String("Hello World");
```

String 对象常用的属性 length 用于返回字符串的长度。String 对象还提供了可以改变字符串显示风格的方法,如表 11-13 所示。

表 11-13 String 对象提供的方法及描述

方　　法	描　　述
charAt()	返回指定位置的字符
concat()	拼接字符串
indexOf()	检索字符串,获取给定字符串在字符串对象中首次出现的位置
lastIndexOf()	获取给定字符串在字符串对象中最后出现的位置
match()	根据正则表达式匹配字符串中的字符
replace()	替换与正则表达式匹配的子字符串
search()	获取与正则表达式相匹配的字符串首次出现的位置
substr()	从指定索引位置截取指定长度的字符串
substring()	截取字符串中两个指定的索引之间的字符
toLowerCase()	把字符串转换为小写
toUpperCase()	把字符串转换为大写
toString()	返回字符串
valueOf()	返回某个字符串对象的原始值

【例 11-26】 统计字符串中出现最多的字符的次数

```
<!DOCTYPE html>
<html lang = "en">
```

```
< head >
    < meta charset = "UTF - 8">
    < title>统计字符串中出现最多的字符的次数</title>
</head >
< body >
    < script >
        var s = 'wbcorfowayozttoii';
        var o = {};
        for (var i = 0; i < s.length; i++) {
        var item = s.charAt(i);
        if (o[item]) {
            o[item] ++;
        }else{
            o[item] = 1;
        }
        }

        var max = 0;
        var char ;
        for(var key in o) {
        if (max < o[key]) {
            max = o[key];
            char = key;
        }
        }
        console.log("字符串中出现 " + max + " 次 " + char + " 字符");
    </script >
</body >
</html >
```

在浏览器中的显示效果如图 11-23 所示。

图 11-23   统计字符出现的次数

第 12 章

JavaScript 深入解析

一个完整的 JavaScript 是由以下 3 个不同部分组成的：核心（ECMAScript）、文档对象模型（Document Object Model，DOM。用于整合 JavaScript、CSS、HTML）、浏览器对象模型（Browser Object Model，BOM。用于整合 JavaScript 和浏览器）。ECMAScript 基本语法在第 11 章已经讲解完成，本章主要讲解 DOM 和 BOM。掌握运用 document 对象访问对象、创建及修改节点；掌握 window 对象的常用属性及方法，了解 navigator、screen、history 等对象。

本章学习重点：

- 掌握 DOM 技术的简单应用
- 掌握 DOM 模型中节点的应用
- 掌握 DOM 与 CSS 的结合应用
- 掌握 JavaScript 常用事件的使用方法
- 掌握 BOM 浏览器各对象与方法的应用

12.1 DOM

12.1.1 DOM 简介

▶ 13min

文档对象模型是 W3C 组织推荐的处理可扩展标记语言的标准编程接口。它是一种与平台和语言无关的应用程序接口（API），它可以动态地访问程序和脚本，更新其内容、结构和 WWW 文档的风格。目前，HTML 和 XML 文档是通过说明部分定义的。文档可以进一步被处理，处理的结果可以加入当前的页面。

DOM 把一个文档表示为一棵家谱树，如图 12-1 所示。

当网页加载时，浏览器就会自动创建当前页面的文档对象模型。DOM 将 HTML 文档表达为树结构，也称为节点树，如图 12-2 所示。文档的所有部分（例如元素、属性、文本等）都会被组织成一个逻辑树结构（类似于家谱树），树中每个分支的终点称为一个节点，每个节点都

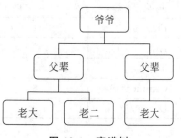

图 12-1　家谱树

是一个对象,其中< html >标签是树的根节点,< head >、< body >是树的两个子节点。

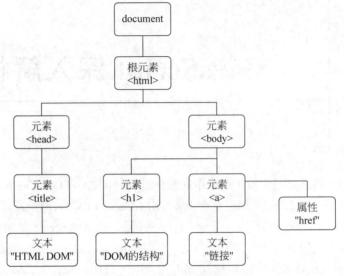

图 12-2　DOM 节点数

节点树的概念从图 12-1 中一目了然,最上面是"树根"。节点之间有父子关系,祖先与子孙关系,以及兄妹关系。这些关系从图中也能很好地看出来,直接连线的就是父子关系,而有一个父亲的就是兄妹关系。

▶ 19min

12.1.2　什么是节点

根据 HTML DOM 规范,HTML 文档中的每个成分都是一个节点,具体内容如下:

(1)整个文档就是一个文档节点。

(2)每个 HMTL 标签都是一个元素节点。

(3)标签中的文字是文本节点。

(4)标签的属性是属性节点。

(5)注释属于注释节点。

常用的节点类型及描述如表 12-1 所示。

表 12-1　常用的节点类型及描述

节 点 类 型	nodeType	nodeName	nodeValue	描　　述
Element	1	标签名	null	元素节点
Attr	2	属性名	属性值	属性节点
Text	3	#text	文本内容	文本节点
Comment	8	#comment	注释内容	注释节点
Document	9	#document	null	文档节点

对于大多数 HTML 文档来讲,元素节点、文本节点及属性节点是必不可少的,如例 12-1 所示。

【例 12-1】 节点特性

```
<!DOCTYPE html>
<html lang = "en">
<head>
    <meta charset = "UTF - 8">
    <title>节点特性</title>
</head>
<body>
    <p>你喜欢哪个城市?</p>
    <ul id = "city">
        <li id = "bj" name = "Beijing">北京</li>
        <li>上海</li>
        <li>广州</li>
    </ul>
    name: <input type = "text" name = "username" id = "name" value = "admin"/>

    <script type = "text/javascript">
        //1. 元素节点
        var bjNode = document.getElementById("bj");        /* 根据 id 获取元素 */
        console.log(bjNode.nodeType);                       //输出: 1
        console.log(bjNode.nodeName);                       //输出: li
        console.log(bjNode.nodeValue);                      //输出: null
        //2. 属性节点
        var nameAttr = document.getElementById("name")
                                .getAttributeNode("name");
        console.log(nameAttr.nodeType);                     //输出: 2
        console.log(nameAttr.nodeName);                     //输出: name
        console.log(nameAttr.nodeValue);                    //输出: username
        //3. 文本节点:
        var textNode = bjNode.firstChild;
        console.log(textNode.nodeType);                     //输出: 3
        console.log(textNode.nodeName);                     //输出: ♯text
        console.log(textNode.nodeValue);                    //输出: 北京
    </script>
</body>
</html>
```

nodeType、nodeName 是只读的,而 nodeValue 是可以被改变的。

描述节点关系之间的属性。

1. 父子关系

父找子,代码如下:

```
childNodes        //所有节点的集合
children          //所有子节点的集合
firstChild        //第 1 个子节点
```

```
firstElementChild                    //第1个子元素
lastChild                            //最后一个子节点
lastElementChild                     //最后一个子元素
```

子找父,代码如下:

```
parentNode                           //获取父节点
```

2. 兄弟关系

代码如下:

```
nextSibling                          //下一个兄弟节点
nextElementSibling                   //下一个兄弟元素
previousSibling                      //上一个兄弟节点
previousElementSibling               //上一个兄弟元素
```

【例 12-2】 节点关系应用

```html
<!DOCTYPE html>
<html lang = "en">
<head>
    <meta charset = "UTF-8">
    <title>节点关系应用</title>
</head>
<body>
    <input type = "text">
    <div id = "divDemo">div 内容</div>
    <span>节点</span>
    <script type = "text/javascript">
        /* 根据 id 获取元素 */
        var divObj = document.getElementById("divDemo");
        //获取父节点
        var parentNode = divObj.parentNode;
        console.log(parentNode);              //输出:body
        //获取所有子节点
        //子节点返回的是一个集合,即数组
        var childNodes = divObj.childNodes;
        console.log(childNodes.length);       //输出:1
        console.log(childNodes[0]);           //输出:div 内容
        //---------- 获取上一个兄弟节点
    /* 当标签之间存在空行时,会出现一个空白的文本节点,在获取节点时,一定要注意。*/
        var preBrotherNode = divObj.previousSibling.previousSibling;
        console.log(preBrotherNode);          //输出:input
        //---------- 获取下一个兄弟节点
        var nextBrotherNode = divObj.nextSibling;
        console.log(nextBrotherNode);         //输出:#text
    </script>
</body>
</html>
```

▶ 16min

12.1.3 节点获取

我们想要操作页面上的某部分(如显示/隐藏、动画),需要先获取该部分对应的元素,才能进行后续操作。

在 JavaScript 中获取 HTML 元素常用的方式有 3 种。

1. 通过 ID 获取(getElementById)

getElementById()可以访问 Document 中的某一特定元素,顾名思义,就是通过 ID 来取得元素,所以只能访问设置了 ID 的元素。如果不存在该元素,则返回 null,语法格式如下:

```
document.getElementById("id名称");
```

2. 通过 name 属性获取(getElementsByName)

获取有相同 name 属性的所有元素,这种方法将返回一个节点集合,这个集合可以当作一个数组来处理。这个集合的 length 属性等于当前文档里有着给定 name 属性的所有元素的总个数,代码如下:

```
< div name = "docname" id = "docid1"></div>
< div name = "docname" id = "docid2"></div>
```

用 document. getElementsByName (" docname ") 获得这两个 DIV,用 document. getElementsByName("docname")[0]访问第 1 个 DIV,用 document. getElementsByName ("docname")[1]访问第 2 个 DIV。

3. 通过标签名获取(getElementsByTagName)

获取有相同标签名的所有元素,这种方法将返回一个节点集合,这个集合可以当作一个数组来处理。这个集合的 length 属性等于当前文档里有着给定标签名的所有元素的总个数,语法格式如下:

```
document.getElementsByTagName("标签名称");
```

分别通过 id 名称、标签名称和 name 名称来查找页面元素对,如例 12-3 所示。

【例 12-3】 节点获取应用

```
<! DOCTYPE html >
< html lang = "en">
< head >
    < meta charset = "UTF - 8">
    < title >节点获取应用</title >
</head >
< body >
    < h2 >获取元素节点</h2 >
    < input type = "text" id = "username" name = "n1" value = "admin" /> < br/>
    < input type = "text" id = "useremail"
```

```
                name = "n1" value = "635498720@qq.com"/> < br/>

        < script type = "text/javascript">
            //1.通过 id 属性获取元素
            var username = document.getElementById('username');
            console.log(username);
            //2.通过 name 属性获取元素
            var inps = document.getElementsByName('n1');
            console.log(inps[0]);
            for(var i = 0;i < inps.length;i++){      //遍历
                console.log(inps[i].value);
            }
            //3.通过标签名称获取元素
            var input = document.getElementsByTagName('input');
            console.log(input);
            console.log(input[0]);
        </script>
</body>
</html>
```

在浏览器中的显示效果如图 12-3 所示。

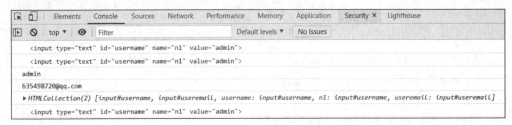

图 12-3　节点获取应用效果

利用节点获取方法实现全选、反选、全不选功能，如例 12-4 所示。

【例 12-4】　全反选功能

```
<! DOCTYPE html >
< html lang = "en">
< head >
    < meta charset = "UTF - 8">
    <title>全反选功能</title>
</head >
< body >
    < input name  =  'check' type = "checkbox" >篮球
    < input name  =  'check' type = "checkbox">足球
    < input name  =  'check' type = "checkbox">羽毛球
    < input name  =  'check' type = "checkbox">排球
    < input id = "checkAll" type = "button" value = "全选">
    < input id = "unCheckAll" type = "button" value = "全不">
    < input id = "reverseCheck" type = "button" value = "反选">
    < script >
```

```
/* 思路分析:
    (1)单击全选:选中所有选择框(将 checked 属性设置为 true)
    (2)单击全不选:不选中所有选择框(将 checked 属性设置为 false)
    (3)单击反选:让每个选择框的 checked 属性与自身相反
*/
//1.获取页面元素
var checkAll = document.getElementById('checkAll');
var unCheckAll = document.getElementById('unCheckAll');
var reverseCheck = document.getElementById('reverseCheck');
var checkList = document.getElementsByName('check');    //选择框列表
//2.注册事件
//2.1 全选
checkAll.onclick = function(){
    //3.事件处理:选中所有选择框(将 checked 属性设置为 true)
    for(var i = 0;i<checkList.length;i++){
        checkList[i].checked = true;
    }
}
//2.2 全不选
unCheckAll.onclick = function(){
    //3.事件处理:不选中所有选择框(将 checked 属性设置为 false)
    for(var i = 0;i<checkList.length;i++){
        checkList[i].checked = false;
    }
}
//2.3 反选
reverseCheck.onclick = function(){
    //3.事件处理:让每个选择框的 checked 属性与自身相反
    for(var i = 0;i<checkList.length;i++){
        checkList[i].checked = !checkList[i].checked;    //逻辑非取反
    }
}
</script>
</body>
</html>
```

在浏览器中的显示效果如图 12-4 所示。

图 12-4　全反选功能效果

12.1.4　节点操作

1. 操作节点方法

Node 类型为所有节点定义了很多方法,以便对节点进行操作,常用方法如表 12-2 所示。

19min

表 12-2　操作节点的方法

方 法 名	描 述
createElement()	创建一个元素节点
createTextNode()	创建一个文本节点
createAttribute()	为指定标签添加一个属性节点
appendChild()	向节点列尾添加子节点
removeChild()	删除一个指定子节点
insertBefore()	在指定的子节点前添加新的子节点
replaceChild()	用新节点替换一个子节点
hasChildNodes()	判断当前节点是否拥有子节点

运用 document 对象在网页中创建节点并设置内容，可以使用 createElement()、createTextNode()及 appendChild()等方法实现，如例 12-5 所示。

【例 12-5】　创建文本节点并设置内容

```html
<! DOCTYPE html >
< html lang = "en" >
< head >
    < meta charset = "UTF - 8" >
    < title >创建文本节点并设置内容</title>
</head >
< body >
    <!-- 在 select 中添加< option value = "gz">高中</option> -->
    < select name = "edu" id = "edu" >
        < option value = "bs">博士</option >
        < option value = "bk">本科</option >
        < option value = "dz">大专</option >
    </select >
    <!-- onclick 单击事件 -->
    < input type = "button" value = "add" onclick = "addFn()"></input >
</body >
< script >
    function addFn(){
        var edu = document.getElementById("edu");          //1.获取 select 节点
        var op = document.createElement("option");         //2.创建 option 元素节点
        var textNode = document.createTextNode("高中");   //3.创建文本节点
        op.setAttribute("value","gz");        //给 option 元素节点设置属性
        op.appendChild(textNode);             //4.将文本节点添加到 option 元素节点中
        edu.appendChild(op);                  //5.将 option 元素节点添加到 select 节点中
    }
</script >
</html >
```

当单击 add 按钮后，下拉列表增加"高中"选项，在浏览器中的显示效果如图 12-5 所示。

2. 处理文本节点

innerHTML、innerText 这两个属性都可以设置或获取文本内容，但使用起来的区别

如下：

（1）innerHTML 用于设置或获取标签所包含的 HTML＋文本信息，从标签起始位置到终止位置的全部内容，包括 HTML 标签。

（2）innerText 用于设置或获取标签所包含的文本信息，从标签起始位置到终止位置的内容，去除 HTML 标签。

图 12-5 创建文本节点并设置内容效果

例如如果将 innerHTML 属性设置为"< b > Hello </b>"，则显示在页上的文本是 Hello；如果将 innerText 属性设置为"< b > hello </b>"，则显示在页上的文本是< b > Hello </b>。

示例代码如下：

```
< span id = "span1"></span>
< span id = "span2"></span>

  < script >
      var span1 = document.getElementById("span1");
      span1.innerHTML = "< b > hello </b>";
      var span2 = document.getElementById("span2");
      span2.innerText = "< b > hello </b>";
  </script>
```

3. 设置属性节点

在 DOM 中，如果需要动态地获取及设置节点属性，则可以使用 getAttribute()和 setAttribute() 方法。

（1）getAttribute()方法返回指定属性名的属性值。

（2）setAttribute()方法添加指定的属性，并为其赋指定的值。

综合运用节点的操作方法制作横向布局的导航栏，如例 12-6 所示。

【例 12-6】 横向布局的导航栏

```
<! DOCTYPE html >
< html lang = "en">
< head >
    < meta charset = "UTF - 8">
    < title >横向布局的导航栏</title>
    < style >
        li:hover{background - color: orange}
        li{background - color: skyblue}
    </style>
</head>
< body >
    <!-- < ul >
        < li >< a href = "♯">首页</a></li>
        < li >< a href = "♯">军事</a></li>
        < li >< a href = "♯">新闻</a></li>
```

```
        <li><a href="#">娱乐</a></li>
    </ul>-->
    <script>
        var arr = ['首页','军事','娱乐','新闻','游戏'];
        var ul = document.createElement('ul');
        var ul_style = document.createAttribute('style');
        ul_style.value = 'list-style: none;padding: 0; margin:0;';
        ul.setAttributeNode(ul_style);        //给 ul 节点设置属性节点
        for(var i = 0;i < arr.length;i++){
            var li = document.createElement('li');
            var li_style = document.createAttribute('style');
            li_style.value = 'display: inline-block; width: 100px;
                height: 30px;line-height: 30px;text-align:center;
                margin-left:5px';
            li.setAttributeNode(li_style);

            var a = document.createElement('a');
            var a_style = document.createAttribute('style');
            a.setAttributeNode(a_style);
            a.innerHTML = arr[i];
            li.appendChild(a);
            ul.appendChild(li);
        }
        document.body.appendChild(ul);
    </script>
</body>
</html>
```

在浏览器中的显示效果如图 12-6 所示。

图 12-6 横向布局的导航栏

12.1.5 DOM CSS

在整体页面布局过程中我们推荐使用 HTML+CSS 的方式来编写页面的结构和样式。在细节及交互模块的编写过程中我们推荐使用 JavaScript 的方式来辅助编写样式。

节点本身还提供了 style 属性,用来操作 CSS 样式。style 属性指向一个对象,用来读写页面元素的行内 CSS 样式。

基本语法结构如下:

```
元素对象.style.属性 = 值;
```

示例代码如下:

```
var divStyle = document.getElementById('div');
        divStyle.style.backgroundColor = 'red';
```

```
        divStyle.style.border = '1px solid black';
        divStyle.style.width = '100px';
        divStyle.style.height = '100px';
```

style 对象中的样式名与 CSS 元素 style 属性中的样式名是一一对应的,但是需要改写规则。

(1)将横杠从 CSS 属性名中去除,然后将横杠后的第 1 个字母改为大写。

(2)style 对象的属性值都是字符串,而且包括单位。

DOM 操纵 CSS 是通过标签对象的 style 属性获取的,如例 12-7 所示。

【例 12-7】 制作四位验证码

```html
<!DOCTYPE html>
<html lang = "en">
<head>
    <meta charset = "UTF-8">
    <title>制作四位验证码</title>
</head>
<body onload = "ready()"><!-- onload = "ready()"页面加载事件 -->
    <span id = "code"></span><a href = "#" onclick = "createCode()">看不清,
        换一个</a>
    <script type = "text/javascript">
    //生成一个四位的验证码
    function createCode(){
        var datas = ['A','B','C','D','贝','西','奇','谈','1','9'];
        var code = "";
        for(var i = 0 ; i<4; i++){
            //随机生成 4 个索引值
            var index = Math.floor(Math.random() * datas.length);
            code += datas[index];
        }

        var spanNode = document.getElementById("code");
        spanNode.innerHTML = code;
        spanNode.style.fontSize = "24px";
        spanNode.style.color = "red";
        spanNode.style.backgroundColor = "gray";
        spanNode.style.textDecoration = "line-through";
    }

    function ready(){
        createCode();
    }
    </script>
</body>
</html>
```

在浏览器中的显示效果如图 12-7 所示。

注意:DOM 操作 CSS,样式值必须是一个字符串。

图 12-7　制作四位验证码

12.2　JavaScript 调试

16min

在 JavaScript 的开发过程中,代码可能存在一些语法或者逻辑上的错误,导致程序不可以得到我们想要的结果,这时就需要找到并修复这些错误,我们将查找和修复错误的过程称为调试或代码调试。

调试是程序在开发过程中必不可少的一个环节,熟练掌握各种调试技巧,能在我们的工作中起到事半功倍的效果。

在前端开发中,想要快速定位错误,可以借助浏览器内置的调试工具(控制台),通常按快捷键 F12 就能启动,借助调试工具我们不仅可以很轻松地找到代码出错的位置,还可以通过设置断点(代码执行到断点处会暂停),来检查代码在执行过程中变量的变化。

1. 控制台

控制台能够显示代码中的语法错误和运行时错误,其中包括错误类型、错误描述及错误出现的位置(错误所在的行),如图 12-8 所示。

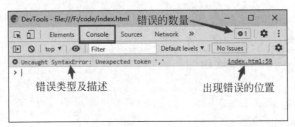

图 12-8　谷歌控制台

借助控制台提供的信息,可以轻松地定位代码中的错误,不过有一点需要注意,就是控制台提供的错误信息不一定百分之百正确,因为某些错误可能是由于另外一个错误直接或间接引起的,所以控制台提示有错误的地方不一定真的有问题。

2. 如何调试 JavaScript 代码

有多种方法可以调试 JavaScript 代码,最简单的方法就是使用 console.log()、document.write()、alert()等方法来打印程序中各个变量、对象、表达式的值,以确保程序每个阶段的运行结果都是正确的,推荐使用 console.log(),如例 12-8 所示。

【例 12-8】 JavaScript 调试

```
<!DOCTYPE html>
```

```
< html lang = "en">
< head >
    < meta charset = "UTF - 8">
    < title > JavaScript 调试</title>
</head >
< body >
    < div id = "box"></div >
    < script >
        var box = document.getElementById('box');
        console.log(box);
        var a = 'Hello', b = 'JavaScript';
        var c = a + ' ' + b;
        console.log(c);
        box.innerHTML = c;
    </script >
</body >
</html>
```

在浏览器中的显示效果如图 12-9 所示。

图 12-9 使用 console.log()来调试程序

使用这种方法调试代码有一个弊端,那就是这些输出语句并不是代码中需要的,虽然它们不会影响代码的运行,但是为了代码更加整洁,在调试完程序后需要手动清理干净。

3. 断点调试

断点是浏览器内置调试工具的重要功能之一,通过设置断点可以让程序在需要的地方中断(暂停),从而方便对该处代码进行分析和逻辑处理。以谷歌浏览器为例,要进行断点调试首先需要打开浏览器内置的开发者工具(按快捷键 F12 或者右击,在弹出的菜单中选择"检查"选项),然后找到并选择 Sources,如图 12-10 所示。

1) 找到要调试的文件

打开调试工具后,需要在工具的左侧找到要调试的文件并单击打开该文件,如图 12-11所示。

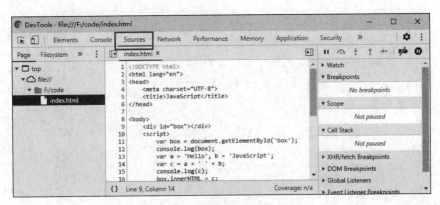

图 12-10　谷歌浏览器调试工具

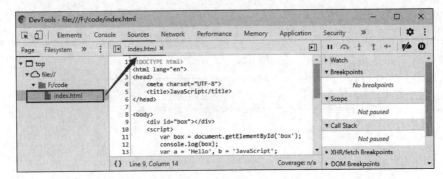

图 12-11　找到要调试的文件

2）打断点

给代码打断点非常简单，只需单击要调试代码前面的行号，若行号被标记为蓝色，则说明已经成功打了断点，如图 12-12 所示，在代码的第 11 行和第 14 行打了断点。

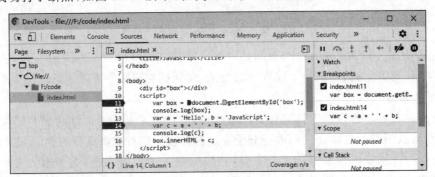

图 12-12　打断点

3）断点调试

打好断点后，刷新页面即可进入调试模式，代码执行到断点的位置会暂停，此时可以单击页面中的箭头或按快捷键 F8 来使代码继续执行到下个断点，如图 12-13 所示。

图 12-13　断点调试

在调试过程中，会在调试工具的最右侧的 Scope 栏显示一些数据。此外，还可以在最右侧的 Watch 栏中录入要调试的变量名，这样在调试过程中就能实时看到代码运行中变量的变化。

4）逐句执行

在调试过程中，还可以选择让代码逐句执行，只需单击图 12-14 所示的按钮，或者按快捷键 F10。

图 12-14　逐句执行

逐句执行配合在 Watch 栏中录入要调试的变量，能够更清晰地看到变量在代码运行过程中的变化，如图 12-15 所示。

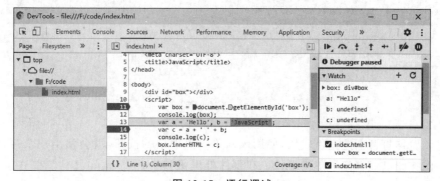

图 12-15　逐行调试

12.3 事件

事件是文档或者浏览器窗口中发生的特定的交互瞬间,是用户或浏览器自身执行的某种动作,如 click、load 和 mouseover 都是事件的名字,可以说事件是 JavaScript 和 DOM 之间交互的桥梁,当事件发生时,调用它的处理函数会执行相应的 JavaScript 代码并给出响应。

▶ 18min

12.3.1 事件概述

在开发中,JavaScript 帮助开发者创建带有交互效果的页面是依靠事件实现的。事件是指可以被 JavaScript 侦测到的行为,是一种"触发-响应"机制。这些行为是指页面的加载、鼠标单击页面、鼠标指针滑过某个区域等具体的动作,它对实现网页的交互效果起着重要的作用。

在学习事件时,需要对一些非常基本又相当重要的概念有一定的了解。事件由事件源、事件类型和事件处理程序这 3 部分组成,又称为事件三要素,具体解释如下。

(1)事件源:触发事件的元素。

(2)事件类型:如 click 单击事件。

(3)事件处理程序:事件触发后要执行的代码(函数形式),也称作事件处理函数。

以上三要素可以简单地理解为"谁触发了事件""触发了什么事件""触发事件以后要做什么"。

在开发中,为了让元素在触发事件时执行特定的代码,需要为元素注册事件,绑定事件处理函数,具体步骤是,首先要获取元素,其次注册事件,最后编写事件处理代码。

下面通过一个简单的案例演示事件的使用——为按钮绑定单击事件,具体示例代码如下:

```
<body>
    <button id = "btn">单击</button>
    <script>
     var btn = document.getElementById('btn');        //第 1 步:获取事件源
     //第 2 步:注册事件 btn.onclick
     btn.onclick = function () {
      //第 3 步:添加事件处理程序(采取函数赋值形式)
       alert('弹出');
     };
    </script>
</body>
```

通过浏览器打开上述案例代码,使用鼠标单击页面中的按钮,就会弹出一个警告框,说明页面中的按钮已经绑定了单击事件。在事件处理函数中,可以编写其他想要在事件触发时执行的代码。另外,事件类型除了 click,还有很多其他的类型。

12.3.2 常用事件

事件是可以被 JavaScript 检测到的行为,实际上是一种交互操作。例如,可以给某按钮添加一个"onClick 单击事件",当用户单击按钮时来触发某个函数。

在 JavaScript 中,有两种常用的绑定事件的方法:

(1) 在 DOM 元素中直接绑定。

这里的 DOM 元素可以理解为 HTML 标签。直接在 HTML 标签上绑定事件,示例代码如下:

```
< button onclick = "sayHello()"> click me!</button >

function sayHello(){
    alert('hello world!')
}
```

(2) 使用 JavaScript 获取 DOM 对象进行事件绑定。

在 JavaScript 代码中绑定事件可以使 JavaScript 代码与 HTML 标签分离,义档结构清晰,便于管理和开发,代码如下:

```
< button id = "btn"> click me!</button >

document.getElementById("btn").onclick = function () {
alert('hello world!')
};
```

注意:事件通常与函数配合使用,当事件发生时函数才会被执行。

JavaScript 中常用的事件有很多,如表 12-3 所示。

表 12-3　常用的事件

事 件 类 型	事　　件	描　　述
鼠标事件	onclick	单击鼠标时触发此事件
	ondblclick	双击鼠标时触发此事件
	onmousedown	按下鼠标时触发此事件
	onmouseup	鼠标按下后又松开时触发此事件
	onmouseover	当鼠标移动到某个元素上方时触发此事件
	onmousemove	移动鼠标时触发此事件
	onmouseout	当鼠标离开某个元素范围时触发此事件
键盘事件	onkeypress	当按下并松开键盘上的某个键时触发此事件
	onkeydown	当按下键盘上的某个按键时触发此事件
	onkeyup	当放开键盘上的某个按键时触发此事件
窗口事件	onload	页面内容加载完成时触发此事件
	onunload	改变当前页面时触发此事件

续表

事件类型	事 件	描 述
表单事件	onblur	当前元素失去焦点时触发此事件
	onfocus	当某个元素获得焦点时触发此事件
	onchange	当前元素失去焦点并且元素的内容发生改变时触发此事件
	onreset	当单击表单中的重置按钮时触发此事件
	onsubmit	当提交表单时触发此事件
编辑事件	oncopy	复制事件
	oncut	剪切事件
	onpaste	粘贴事件
	ondrag	拖动事件

12.3.3 鼠标事件

15min

1. 鼠标单击事件

鼠标单击事件是指鼠标对页面中的控件进行单击或双击操作时触发的事件,也是实际应用最多的事件。

以 onclick 属性为例,可以为指定的 HTML 元素定义鼠标单击事件,如例 12-9 所示。

【例 12-9】 改变字号大小

```
<!DOCTYPE html >
< html lang = "en">
< head >
    < meta charset = "UTF - 8">
    < title >改变字号大小</title>
</head >
< body >
    < div id = "div1">前端</div>
    < input type = "button" value = "变大" onclick = "changBig()"/>
    < script >
    var x = 10;
    function changBig(){
        var div1 = document.getElementById("div1");
        x += 30;          //每次单击时字号大小增加 30px
        div1.style.fontSize = x + "px";
    }
    </script >
</body >
</html >
```

运行结果:每次单击"变大"按钮时字号大小增加 30px。

2. 鼠标移动事件

当将鼠标指针移动到某个元素上时,将触发 mouseover 事件,而当把鼠标指针移出某个元素时,将触发 mouseout 事件,如例 12-10 所示。

【例 12-10】 移动鼠标替换照片

```html
<!DOCTYPE html>
<html lang = "en">
<head>
    <meta charset = "UTF-8">
    <title>移动鼠标替换照片</title>
</head>
<body>
    <img src = "images/1.png" id = "img1" width = "200px" height = "200px"
    onMouseOver = "over()" onMouseout = "out()"></img>
  <script>
    function over(){      /* 鼠标移入 */
        document.getElementById("img1").src = "images/2.png";
    }
    function out(){       /* 鼠标移出 */
        document.getElementById("img1").src = "images/1.png";
    }
  </script>
</body>
</html>
```

在浏览器中的显示效果如图 12-16 所示。

(a) 鼠标移入区域   (b) 鼠标移出区域

图 12-16 移动鼠标替换照片

3. 鼠标定位

当事件发生时,获取鼠标的位置是件很重要的事件,如表 12-4 所示。这些属性都以像素值定义了鼠标指针的坐标,但是它们参照的坐标系不同。

表 12-4 鼠标指针的坐标

属　　性	描　　述
clientX	以浏览器窗口左上顶角为原点,定位 x 轴坐标
clientY	以浏览器窗口左上顶角为原点,定位 y 轴坐标
offsetX	以当前事件的目标对象的左上顶角为原点,定位 x 轴坐标
offsetY	以当前事件的目标对象的左上顶角为原点,定位 y 轴坐标
screenX	以计算机屏幕左上顶角为原点,定位 x 轴坐标
screenY	以计算机屏幕左上顶角为原点,定位 y 轴坐标

在 JavaScript 中,mousemove 事件是一个实时响应的事件,当鼠标指针的位置发生变化时(至少移动一像素),就会触发 mousemove 事件。该事件响应的灵敏度主要参考鼠标指针移动速度的快慢及浏览器跟踪更新的速度,如例 12-11 所示。

【例 12-11】 DIV 块跟着鼠标的移动而移动

```html
<!DOCTYPE html>
<html lang = "en">
<head>
    <meta charset = "UTF-8">
    <title>DIV块跟着鼠标的移动而移动</title>
    <style>
        div{
            width: 100px;
            height: 100px;
            background-color: orange;
            position: absolute;
        }
    </style>
</head>
<body>
    <div id = "div"></div>
    <script>
        var div = document.getElementById('div');
        var flag = false;
        document.onmousemove = function(){        //移动鼠标
            if(flag == true){
                div.style.left = event.clientX - 50 + 'px';
                div.style.top = event.clientY - 50 + 'px';
            }
        }
        document.onmousedown = function(){        //鼠标按下去
            flag = true;
        }
        document.onmouseup = function(){        //鼠标放开
            flag = false;
        }
    </script>
</body>
</html>
```

上述案例,当鼠标按下去后移动时 DIV 块会随着鼠标的移动而移动,当鼠标放开时停止移动。

12.3.4 键盘事件

在 JavaScript 中,当用户操作键盘时,会触发键盘事件,键盘事件主要包括 3 种类型: keydown、keypress 及 keyup。通过 window 对象中的 event.keyCode 可以获得按键对应的建码值,如例 12-12 所示。

【例 12-12】 键盘事件的应用

```
<!DOCTYPE html>
<html lang = "en">
<head>
    <meta charset = "UTF-8">
    <title>键盘事件的应用</title>
    <script>
        function submitform(e){
            if(e.keyCode == 13){
                //document.forms 等价于通过标签获取元素
                document.forms(0).submit();
            }
        }
    </script>
<body>
    <!-- 没有按钮的表单,用 Enter 键提交 -->
    <form action = "http://www.baidu.com">
        <input type = "text" name = "username"
            onkeypress = "submitform(event);"/>
    </form>
</body>
</html>
```

运行结果:当光标聚焦文本框时,按下 Enter 键则直接跳转到百度页面。

12.3.5 窗口事件

7min

窗口事件是指页面加载和页面卸载时触发的事件。页面加载时触发 onload 事件,页面卸载时触发 onunload 事件。

onload 和 onunload 是 window 对象的一个事件,由 window 直接调用即可,也可以省略 window 对象。

示例代码如下:

```
<script>
    onload = function(){alert('欢迎访问页面');}
</script>
```

12.3.6 表单事件

1. 聚焦与失去焦点事件

前端网站中如果存在一些让用户填写内容的表单元素,则可以使用获得焦点事件和失去焦点事件来给用户一些提示的内容。当单击表单控件时,获取焦点;当单击其他区域时,失去焦点,如例 12-13 所示。

【例12-13】 焦点事件的应用

```html
<!DOCTYPE html>
<html lang = "en">
<head>
    <meta charset = "UTF-8">
    <title>焦点事件的应用</title>
</head>
<body>
    <input type = "text" value = "请输入..." id = "inp" onblur = "blur1()"
                onfocus = "focus1()" />
    <button id = "btn">查找</button>
    <script>
        var inp = document.getElementById("inp")
        function focus1() {
            if(inp.value == "请输入..."){              //聚焦
                inp.value = "";                       //清空表单默认值
                inp.style.background = "skyblue";     //改变背景颜色
            }
        }
        function blur1() {                            //失去焦点
            if(inp.value == ""){
                inp.value = "请输入...";              //恢复默认值
                inp.style.background = "#fff";        //恢复背景颜色
            }
        }
    </script>
</body>
</html>
```

在浏览器中的显示效果如图12-17所示。

(a) 获得焦点　　　　(b) 失去焦点

图12-17　焦点事件的应用效果

2. 选择与改变事件

onchange事件会在域的内容改变时触发。支持的标签有< input type = " text">、< textarea >、< select >等。当一个文本输入框或多行文本输入框失去焦点并更改值时或当select下拉选项中的一个选项状态改变后会触发onchange事件，如例12-14所示。

【例12-14】 二级联动

```html
<!DOCTYPE html>
<html lang = "en">
<head>
    <meta charset = "UTF-8">
    <title>二级联动</title>
</head>
<body>
```

```
< select
    id = "province" name = "province" onchange = "change(this.value)">
    < option value = ""> -- 请选择 -- </option>
    < option value = "北京市">北京市</option>
    < option value = "上海市">上海市</option>
    < option value = "河南省">河南省</option>
</select>
< select id = "city" name = "city">
</select>
< script type = "text/javascript">
    var arr = new Array();
    //二维数组
    arr[0] = new Array("北京市","海淀区","朝阳区","西城区");
    arr[1] = new Array("上海市","浦东区","徐汇区","虹口区");
    arr[2] = new Array("河南省","郑州","开封","洛阳");
    function change(val){
        var city = document.getElementById("city");
        city.length = 0;//清除市的长度,否则叠加
      for(var i = 0;i < arr.length;i++){
        if(arr[i][0] == val){
          for(var j = 1;j < arr[i].length;j++){
            //创建 option 元素节点
            var option = document.createElement("option");
            //创建文本节点,文本内容为 arr[i][j]
            var txt = document.createTextNode(arr[i][j]);
            option.appendChild(txt);
            city.appendChild(option);
          }
        }
      }
    }
</script>
</body>
</html>
```

在浏览器中的显示效果如图 12-18 所示。

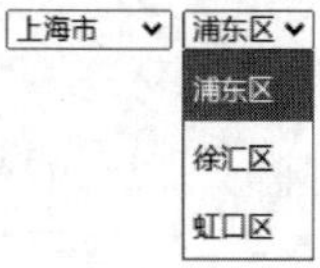

3. 提交与重置事件

表单是 Web 应用(网站)的重要组成部分,通过表单可以收集用户提交的信息,例如姓名、邮箱、电话等。由于用户在填写这些信息时,有可能出现一些错误,例如用户名为空、邮箱的格式不正确等。为了节省带宽,同时避免这些问题对服务器造成不必要的压力,可以使用 JavaScript 在提交数据之前对数据进行检查,确认无误后再发送到服务器。

图 12-18　二级联动效果

使用 JavaScript 来验证提交数据(客户端验证)比将数据提交到服务器再进行验证(服务器端验证)用户体验更好,因为客户端验证发生在用户浏览器中,无须向服务器发送请求,所以速度更快,如例 12-15 所示。

【例 12-15】 表单验证

```html
<!DOCTYPE html>
<html lang = "en">
<head>
    <meta charset = "UTF - 8">
    <title>表单验证</title>
</head>
<body>
    <form action = "http://www.baidu.com" onsubmit = "return checkForm()">
        <div class = "text">
            <input id = "value" onblur = "checkName()" type = "text"
                    Name = "Userame" placeholder = "用户名" />
            <span id = "hint"></span>
        </div>
        <div class = "text">
            <input id = "pass_value" onblur = "checkPass()" type = "password"
                    name = "password" placeholder = "密码" />
            <span id = "pass_hint"></span>
        </div>
        <div class = "text">
            <input id = "passpass_value" onblur = "checkPassPass()"
                    onkeyup = "checkPassPass()" type = "password"
                    name = "password" placeholder = "确认密码" />
            <span id = "passpass_hint"></span>
        </div>
        <div class = "submit">
            <input type = "submit" value = "提交" />
        </div>
    </form>
    <script>
        //校验用户名
        function checkName() {
            var value = document.getElementById("value").value;
            var hint = document.getElementById("hint");
            if (value == "") {
                hint.innerHTML = "用户名不能为空";
                return false;
            }
            if(value.length < 6) {
                hint.innerHTML = "用户名长度必须大于 6 位";
                return false;
            } else {
                hint.innerHTML = "用户名合格";
                return true;
            }
        }
        //校验密码
        function checkPass() {
            var value = document.getElementById("pass_value").value;
            var hint = document.getElementById("pass_hint");
```

```
        if (value == "") {
            hint.innerHTML = "密码不能为空";
            return false;
        }
        if(value.length < 6) {
            hint.innerHTML = "密码长度必须大于 6 位";
            return false;
        } else {
            hint.innerHTML = "密码格式合格";
            return true;
        }
    }
    //确认密码的校验
    function checkPassPass() {
        var papavalue =
          document.getElementById("passpass_value").value;
        var value = document.getElementById("pass_value").value;
        var papahint = document.getElementById("passpass_hint");
        if(papavalue != value) {
            papahint.innerHTML = "两次密码不一致";
            return false;
        } else {
            papahint.innerHTML = "";
            return true;
        }
    }
    function checkForm() {
        return checkName() && checkPass() && checkPassPass();
    }
    </script>
</body>
</html>
```

在浏览器中的显示效果如图 12-19 所示。

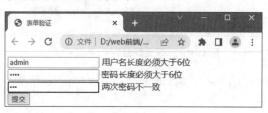

图 12-19　表单验证效果

12.3.7　文本编辑事件

文本编辑事件是在浏览器的内容被修改时所执行的相关事件,主要包括对浏览器中被选择的内容进行复制、剪切、粘贴、拖动时的触发事件。

▶ 14min

1. 复制事件

复制事件是在浏览器中复制被选中的部分或全部内容时触发的事件处理程序,oncopy 事件是在网页中复制内容时触发,如例 12-16 所示。

【例 12-16】 复制事件应用

```
<!DOCTYPE html>
< html lang = "en">
< head >
    < meta charset = "UTF - 8">
    < title >复制事件应用</title>
</head>
< body oncopy = "return no()">
    < marquee behavior = "alternate" >
        中国物联网校企联盟将物联网定义为目前绝大多数技术与计算机、
        互联网技术的结合,实现物体与物体之间:
        环境及状态信息实时的共享及智能化的收集、传递、处理、执行。
    </marquee >
</body >
< script type = "text/javascript">
    function no(){
        alert("该页面不允许复制");
        return false;//不允许复制
    }
</script >
</html >
```

选中网页中的文本进行复制,即可弹出一个信息提示框,提示用户不允许复制内容,如图 12-20 所示。

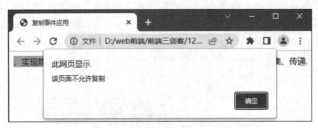

图 12-20 不允许复制信息提示框

删除程序中的语句 return false;后,即可复制网页中的文本内容。

2. 剪切事件

剪切事件是在浏览器中剪切被选中的内容时触发事件处理程序,oncut 事件是当页面中被选择的内容被剪切时触发,如例 12-17 所示。

【例 12-17】 剪切事件应用

```
<!DOCTYPE html>
< html lang = "en">
```

```
< head >
    < meta charset = "UTF - 8">
    < title >剪切事件应用</title >
</head >
< body oncut = "return nocut()">
    < marquee behavior = "alternate">
        中国物联网校企联盟将物联网定义为目前绝大多数技术与计算机、
        互联网技术的结合,实现物体与物体之间:环境及状态信息实时的共
        享及智能化的收集、传递、处理、执行。
    </marquee >
</body >
< script type = "text/javascript">
    function nocut(){
        alert("该页面不允许剪切");
        return false;
    }
</script >
</html >
```

选中网页中的文本进行剪切,即可弹出一个信息提示框,提示用户不允许剪切内容,如图 12-21 所示。

图 12-21　不允许剪切信息提示框

3. 粘贴事件

onpaste 事件在用户向元素中粘贴文本时触发,可以利用该事件避免浏览者在填写信息时对验证信息进行粘贴,如密码文本框和确定密码文本框中的信息,如例 12-18 所示。

【例 12-18】 粘贴事件应用

```
<! DOCTYPE html >
< html lang = "en">
< head >
    < meta charset = "UTF - 8">
    < title >粘贴事件应用</title >
</head >
< body >
    < input type = "text"value = "无法复制" oncopy = "return false">

    密码< input type = "text" />
    确认密码< input type = "text"
```

```
        onpaste = "alert('为了保证你的密码输入正确,请勿粘贴');return false"/>
    </body>
</html>
```

当复制密码框文本内容并粘贴到确认密码框时会显示禁止粘贴信息提示框,如图 12-22
所示。

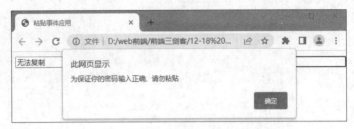

图 12-22　禁止粘贴信息提示框

4. 拖动事件

JavaScript 为用户提供的拖放事件有两类,一类是拖放对象事件;另一类是放置目标事件。

1) 拖放对象事件

拖放对象事件包括 ondragstart 事件、ondrag 事件和 ondragend 事件。

(1) ondragstart:用户开始拖动元素时触发。

(2) ondrag:元素正在拖动时触发。

(3) ondragend:用户完成元素拖动后触发。

【例 12-19】　拖放对象事件应用

```
<html>
    <head>
        <meta charset = "utf - 8">
        <title>拖放对象事件应用</title>
    </head>
    <body>
        < img src = "images/1.png" width = "200px" ondragstart = "dragstart()"
         ondrag = "drag(event)" ondragend = "dragend()" />
        < div id = "start"></div>
        < div id = "dura"></div>
        < div id = "end"></div>
        < script >
            function dragstart(){
                var start = document.getElementById("start");
                start.innerHTML = "Drag Start...";
            }
            function drag(e){
                var dura = document.getElementById("dura");
                dura.innerHTML = e.pageX + ":" + e.pageY;
            }
            function dragend(){
```

```
                var end = document.getElementById("end");
                end.innerHTML = "Drag end...";;
            }
        </script>
    </body>
</html>
```

在浏览器中的显示效果如图 12-23 所示。

(a) 拖放前

Drag Start...
0:0
Drag end...
(b) 拖放后

图 12-23 拖放对象事件应用效果

注意：在对对象进行拖动时，一般要使用 ondragend 事件，用来结束对象的拖动操作。

2）放置目标事件

放置目标事件包含 ondragover、ondragenter、ondragleave 和 ondrop 事件。

（1）ondragover 事件：当被鼠标拖动的对象进入其容器范围内时触发此事件。

（2）ondragenter 事件：当某被拖动的对象在另一对象容器范围内拖动时触发此事件。

（3）ondragleave 事件：当被鼠标拖动的对象离开其容器范围内时触发此事件。

（4）ondrop 事件：在一个拖动过程中，释放鼠标键时触发此事件。

注意：在拖动元素时，每隔 350ms 会触发 ondrag 事件。

拖曳事件是指鼠标按住目标元素，放置到放置元素中。拖曳需要有两个事件完成。

拖动事件：dragstart、drag、dragend。

放置事件：dragenter、dragover、drop。

拖曳事件流：当将元素拖动到目标元素上时，事件的发生是有一定顺序的，这就是拖曳事件流。

dragstart（开始拖动）→drag（正在拖动）→dragenter（进入目标元素）→dragover（在目标元素内活动）→drop（将拖放元素放到目标元素内）→dragend（拖放结束）。

3）事件思路

要完成动态的拖曳效果，只需根据拖曳事件流给对应的元素设置事件，但是如果要完成拖曳元素在对应的元素中插入节点,则需要传输数据。可以通过 DataTransfer 实现数据交互,通过 event.dataTransfer 获取 DataTransfer 实例。相关方法:setData、getData、clearData。

4)事件实现代码

先搭建好页面结构及设置样式:

```html
<style>
  .parent{
    height: 200px;
    border: 2px solid cyan;
  }
  .child{
    width: 100px;
    height: 100px;
    background-color: bisque;
    color: #fff;
    float: left;
    margin: 10px 0 0 10px;
  }
  body{
    height: 400px;
  }
</style>
<body>
<!-- 放置元素; parent;放置事件:dragenter dragover drop -->
<!-- 拖动元素; child ;拖动事件:dragstart drag dragend -->
<div class="parent"></div>
<!-- 设置当前元素可拖曳,draggable 设置当前元素是否可拖曳,默认值为 false -->
<div class="child" draggable="true" id="one"> one </div>
<div class="child" draggable="true" id="two"> two </div>
<div class="child" draggable="true" id="three"> three </div>
<div class="child" draggable="true" id="four"> four </div>
</body>
```

事件执行代码,需要拖曳的元素:

```javascript
//获取 parent 和 child
var parent = document.querySelector('.parent')
var childs = document.querySelectorAll('.child')
//将子节点转换为数组
childs = Array.from(childs)
//给每个子节点绑定事件
childs.forEach(function (item) {
  //拖动事件
  //开始拖动
  item.ondragstart = function (event) {
    console.log('ondragstart 开始拖动了');
    console.log(event, '事件对象');
    //给目标元素传输 id
    console.log(item.id);
```

```
      event.dataTransfer.setData('id', item.id)
    }
    //正在拖动
    item.ondrag = function () {
      console.log('正在拖动');
    }
    //拖动结束
    item.ondragend = function () {
      console.log('ondragend 拖动结束');
    }
})
```

目标元素如下：

```
//进入放置元素 parent
    parent.ondragenter = function () {
      console.log('ondragenter 进入放置元素');
    }
    //在放置元素内移动
    parent.ondragover = function () {
      console.log('ondragover 正在放置元素内移动');
      //阻止放置元素的默认事件(默认不可放置,所以要阻止)
      event.preventDefault()
    }
    //把拖动元素放置到放置元素
    parent.ondrop = function () {
      console.log('ondrop 放置');
      //获取拖动元素传输的数据 getData(key)
      console.log(event, event.dataTransfer.getData('id'), '事件对象');
      var id = event.dataTransfer.getData('id')
      this.appendChild(document.querySelector('#' + id))
      //阻止事件冒泡
      event.stopPropagation()
    }
```

将拖曳元素重新放回 body 中,代码如下：

```
//把拖曳元素放置到 body
    document.body.ondragover = function () {
      console.log('ondragover 正在放置元素内移动');
      //阻止放置元素的默认事件(默认不可放置,所以要阻止)
      event.preventDefault()
    }
    //把拖动元素放置到放置元素
    document.body.ondrop = function () {
      console.log('ondrop 放置');
      //获取拖动元素传输的数据 getData(key)
      console.log(event, event.dataTransfer.getData('id'), '事件对象');
      var id = event.dataTransfer.getData('id')
      this.appendChild(document.querySelector('#' + id))
```

```
            //阻止事件冒泡
            event.stopPropagation()
        }
```

【例 12-20】 图片拖动(完整代码)

```html
<!DOCTYPE html>
<html lang = "en">
<head>
  <meta charset = "UTF - 8">
  <title>图片拖动</title>
  <style>
    .parent {
      height: 200px;
      border: 2px solid cyan;
    }

    .child {
      width: 100px;
      height: 100px;
      background - color: bisque;
      color: #fff;
      float: left;
      margin: 10px 0 0 10px;
    }

    body {
      height: 400px;
    }
  </style>
  <script>
    window.onload = function () {
      //获取 parent 和 child
      var parent = document.querySelector('.parent')
      var childs = document.querySelectorAll('.child')
      //console.log(parent,childs);
      childs = Array.from(childs)
      //给每个子元素绑定事件
      childs.forEach(function (item) {
        //拖动事件
        //开始拖动
        item.ondragstart = function (event) {
          console.log('ondragstart 开始拖动了');
          console.log(event, '事件对象');
          console.log(item.id);
          event.dataTransfer.setData('id', item.id)
        }
        //正在拖动
        item.ondrag = function () {
          console.log('正在拖动');
```

```
        }
        //拖动结束
        item.ondragend = function () {
          console.log('ondragend 拖动结束');
        }
    })
    //进入放置元素 parent
    parent.ondragenter = function () {
      console.log('ondragenter 进入放置元素');
    }
    //在放置元素内移动
    parent.ondragover = function () {
      console.log('ondragover 正在放置元素内移动');
      //阻止放置元素的默认事件(默认不可放置,所以要阻止)
      event.preventDefault()
    }
    //把拖动元素放置到放置元素
    parent.ondrop = function () {
      console.log('ondrop 放置');
      //获取拖动元素传输的数据 getData(key)
      console.log(event, event.dataTransfer.getData('id'), '事件对象');
      var id = event.dataTransfer.getData('id')
      this.appendChild(document.querySelector('#' + id))
      //阻止事件冒泡
      event.stopPropagation()
    }
    //把拖动元素放置到 body
    document.body.ondragover = function () {
      console.log('ondragover 正在放置元素内移动');
      //阻止放置元素的默认事件(默认不可放置,所以要阻止)
      event.preventDefault()
    }
    //把拖动元素放置到放置元素
    document.body.ondrop = function () {
      console.log('ondrop 放置');
      //获取拖动元素传输的数据 getData(key)
      console.log(event, event.dataTransfer.getData('id'), '事件对象');
      var id = event.dataTransfer.getData('id')
      this.appendChild(document.querySelector('#' + id))
      //阻止事件冒泡
      event.stopPropagation()
    }
  }
  </script>
</head>
<body>
  <!-- 放置元素:parent; 放置事件:dragenter dragover drop -->
  <!-- 拖动元素:child; 拖动事件:dragstart drag dragend -->
  <div class = "parent"></div>
  <!-- 设置当前元素可拖曳 draggable,设置当前元素是否可拖曳 -->
  <div class = "child" draggable = "true" id = "one"> one </div>
```

```
< div class = "child" draggable = "true" id = "two"> two </div >
< div class = "child" draggable = "true" id = "three"> three </div >
< div class = "child" draggable = "true" id = "four"> four </div >
</body >
</html >
```

在浏览器中的显示效果如图 12-24 所示。

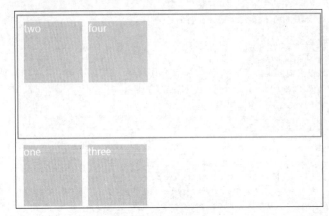

图 12-24　图片拖动效果

12.4　BOM

▶ 10min

　　浏览器对象模型如图 12-25 所示,是 JavaScript 的组成部分之一,主要用于管理浏览器窗口,提供了独立的、可以与浏览器进行交互的能力,这些能力与任何网页内容无关。

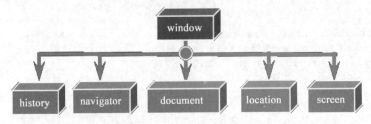

图 12-25　浏览器对象模型

window 对象是 BOM 的顶层对象,其他对象都是该对象的子对象。

12.4.1　window 对象

▶ 8min

▶ 19min

　　因为 window 对象是 JavaScript 中的顶级对象,因此所有定义在全局作用域中的变量、函数都会拥有 window 对象的属性和方法,在调用时可以省略 window。

　　window 对象提供了浏览器中常见的 3 种交互对话框:警告框、提示框和确认框。window 对象还提供了一些定时器方法,这些方法可以使 JavaScript 函数间隔调用或延时执行,

表 12-5 列举了 window 对象常用的方法及描述。

表 12-5　window 对象常用的方法及描述

方　　法	描　　述
alert()	在浏览器窗口中弹出一个提示框
prompt()	显示一个可供用户输入的对话框
confirm()	显示带有一段消息及确认按钮和取消按钮的对话框
setInterval()	创建一个定时器,按照指定的时长(以毫秒计)来不断调用指定的函数或表达式
setTimeout()	创建一个定时器,在经过指定的时长(以毫秒计)后调用指定函数或表达式,只执行一次
clearInterval()	取消由 setInterval() 方法设置的定时器
clearTimeout()	取消由 setTimeout() 方法设置的定时器
open()	打开一个新的浏览器窗口或查找一个已命名的窗口
close()	关闭某个浏览器窗口
blur()	把键盘焦点从顶层窗口移开
focus()	使一个窗口获得焦点

1. 浏览器中常见的 3 种交互对话框

（1）alert()表示警示框,其作用是向用户提示信息,该方法执行后无返回值。在对话框关闭之前程序暂停,直到关闭后才继续执行,常用于断点测试。

（2）prompt()表示提示框,用来收集用户信息。

（3）confirm()表示确认框,显示带有一段消息及确认按钮和取消按钮的对话框,常用于删除前的确认。

【例 12-21】　3 种交互对话框的应用

```
<!DOCTYPE html>
<html lang = "en">
<head>
    <meta charset = "UTF - 8">
    <title>3 种交互对话框</title>
</head>
<body>
    <p>此处显示单击按钮的效果</p>
    <button onclick = "myAlert()">警示框</button>
    <button onclick = "myPrompt()">提示框</button>
    <button onclick = "myConfirm()">确认框</button>
    <script>
        function myAlert(){
            alert("这是一个警示框!");
        }
        function myPrompt(){
            var num1 = prompt("请您输入第 1 个数");
            var num2 = prompt("请您输入第 2 个数");
            var sum = parseInt(num1) + parseInt(num2);
```

```
            alert(sum);
        }
        function myConfirm(){
            if(confirm('你真要离开吗?')){
                console.log("删除成功!");
            }
        }
    </script>
</body>
</html>
```

在浏览器中的显示效果如图 12-26 所示,单击页面中的按钮即可实现相应功能。

图 12-26　3 种交互对话框的应用效果

2. 定时器方法

(1) 间隔调用:间隔调用的全称为间隔调用函数,又名定时器,是一种能够每间隔一定时间自动执行一次的函数,语法格式如下:

$$var\ timer = setInterval(需要执行的函数,执行间隔时间\ ms);$$

示例代码如下:

```
timer = setInterval(function(){
    console.log('hello world');
    },2000);
```

(2) 清除间隔调用,语法格式如下:

$$clearInterval(timer\ );$$

【例 12-22】 动态时钟

```
<! DOCTYPE html >
< html lang = "en">
< head >
    < meta charset = "UTF - 8">
    < title >动态时钟</title >
</head >
< body >
< div id = "show"></div >
< button onclick = "stop()">时间暂停</button >
< script type = "text/javascript">
    var show = document.getElementById("show");
    function getTime() {
```

```
        var date = new Date();
        var t = date.getFullYear() + "-" + (date.getMonth() + 1) + "-" +
            date.getDate() + " " + date.getHours() +
            ":" + date.getMinutes() + ":" + date.getSeconds();
        show.innerHTML = t;
    }
    var timer = setInterval(getTime, 1000);
    function stop(){
        clearInterval(timer);        //清除间隔调用
    }
</script>
</body>
</html>
```

在浏览器中的显示效果如图 12-27 所示。当单击"时间暂停"按钮时,定时器停止计时。

图 12-27 动态时钟效果

(3) 延迟调用：延迟调用又叫延迟调用函数,是一种能够等待一定时间后再执行的函数,语法格式如下：

        var timer＝setTimeout(需要执行的函数,等待的时间);

示例代码如下：

```
var timer = setTimeout(function(){
        console.log('hello world');
    },2000);
```

【例 12-23】 随机漂浮移动

```
<!DOCTYPE html>
<html lang = "en">
<head>
    <meta charset = "UTF-8">
    <title>随机漂浮移动</title>
    <style>
        #pdiv{
            width:100px;
            height:100px;
            background-color: royalblue;
            position:absolute;/* 绝对定位 */
            border:2px solid red;
        }
    </style>
    <script>
```

```
            function move(){
                var d = document.getElementById("pdiv");
                d.style.left = Math.random() * 500 + "px";
                d.style.top = Math.random() * 500 + "px";
                setTimeout("move()",1000);        //延迟调用
            }
        </script>
</head>
<body onload = "move()">
        <h2>随机漂浮移动</h2>
        <div id = "pdiv"></div>
</body>
</html>
```

上述案例运行的结果：div 块的位置是随机生成的。延时 1s 周期性地重复调用。

3. 综合案例

自定义右键菜单案例。

要求如下：

（1）当右击菜单选项一时弹出 alert 提示框，内容自拟。

（2）当右击菜单选项二时提示用户是否离开本页面。

（3）当右击菜单选项三时跳转至百度搜索"页面中选中的内容"。

（4）当右击菜单选项四时弹出提示框，用户"在提示框中输入内容"，然后跳转至百度进行搜索。

【例 12-24】 自定义右键菜单

```
<!DOCTYPE html>
<html lang = "en">
<head>
        <meta charset = "UTF - 8">
        <title>自定义右键菜单</title>
        <style>
            * {margin: 0;padding: 0}
            ul{
                list - style: none;
                background - color: darkgray;
                min - width: 220px;
                display: inline - block;        /* 转换为块级元素 */
                position: absolute;             /* 绝对定位 */
                display: none;
            }
            ul li{
                height: 30px;
                line - height: 30px;
                padding: 5px 20px;
                cursor: pointer;
                transition: 0.3s;
            }
```

```
        ul li:hover{
              background - color: aqua;
              color: #fff;
        }
      </style>
</head>
<body>
      <ul>
          <li>我想了解大前端时代!</li>
          <li>你真的忍心离开本页面吗?</li>
          <li>去百度搜索页面中选中的内容</li>
          <li>输入内容,然后去百度搜索</li>
      </ul>
      <!-- 这里写去百度搜索的内容 -->
      <textarea cols = "50" rows = "20"></textarea>
      <script>
          //获取元素标签
          var ul = document.querySelector('ul');
          //系统右击菜单禁用事件【contextmenu】
          document.oncontextmenu = function (eve) {
              return false;//return false 表示事件禁用
                  };
          document.onmouseup = function(eve){
              //eve.button 能够判断鼠标用的是哪个按钮
              //0: 左键; 1: 滑轮; 2: 右键
               if(eve.button == 2){
                   ul.style.display = 'inline - block';
                   //设置鼠标单击的位置
                   ul.style.left = eve.clientX + 'px';
                   ul.style.top = eve.clientY + 'px';
               }else{
                   //关闭菜单
                   ul.style.display = 'none';
               }
          }
          //单击某个选项时触发的事件(事件委托)
          ul.onmousedown = function(eve){
              if(eve.target.innerHTML == '我想了解大前端时代!'){
                  alert('那就去吧!');
              }else if(eve.target.innerHTML == '你真的忍心离开本页面吗?'){
                  if(confirm('你真的忍心离开本页面吗?')){
                      window.close();
                  }
              }else if(eve.target.innerHTML == '去百度搜索页面中选中的内容'){
                  var result = document.getSelection().toString();
                  window.open('http://www.baidu.com/s?wd = ' + result);
              }else{
                  var result = prompt('输入内容,然后去百度搜索');
                  window.open('http://www.baidu.com/s?wd = ' + result);
              }
          }
```

```
    </script>
</body>
</html>
```

在浏览器中的显示效果如图 12-28 所示。

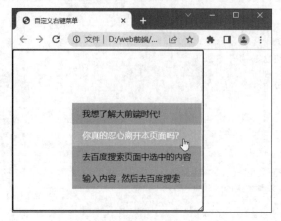

图 12-28　自定义右键菜单效果

注意：如果想要自定义右键菜单，则必须首先禁用系统右击菜单。

12.4.2　history 对象

BOM 中提供的 history 对象可以对用户在浏览器中访问过的 URL 历史记录进行操作。出于安全方面的考虑，history 对象不能直接获取用户浏览过的 URL，但可以控制浏览器实现"后退"和"前进"功能。由于 window 对象是一个全局对象，因此在使用 window.history 时可以省略 window 前缀。history 对象常用的方法及描述如表 12-6 所示。

表 12-6　history 对象常用的方法及描述

方　　法	描　　述
back()	跳转到栈中的上一个页面
forward()	转到栈中的下一个页面
go()	跳转到栈中的指定页面

在实际应用中的示例代码如下：

```
history.back()        //返回历史记录中的上一条记录(返回上一页)
history.go(-1)        //打开指定的历史记录,例如 -1 表示返回上一页,1 表示返回下一页
history.forward()     //前往历史记录中的下一条记录(前进到下一页)
```

12.4.3　location 对象

location 对象中包含了有关当前页面链接(URL)的信息,例如当前页面的完整 URL、

端口号等,可以通过 window 对象中的 location 属性获取 location 对象。location 对象常用的属性及描述如表 12-7 所示。

表 12-7 　location 对象常用的属性及描述

属　　性	描　　　　述
href	返回一个完整的 URL,例如 https://blog.csdn.net/beixishuo
protocol	声明了 URL 的协议部分,包括后缀的冒号,例如 http:
host	声明了当前 URL 中的主机名和端口部分,例如 www.123.cn:80
hostname	声明了当前 URL 中的主机名,例如 www.123.cn
port	声明了当前 URL 的端口部分,例如 80
pathname	声明了当前 URL 的路径部分,例如 news/index.asp
search	声明了当前 URL 的查询部分,包括前导问号,例如? id=123&name=location
hash	声明了当前 URL 中的锚部分,包括前导符(#),例如#top",指定在文档中锚记的名称

location 对象除了上面的属性之外,还有 3 个常用的方法,用于实现浏览器页面的控制,如表 12-8 所示。

表 12-8 　location 对象常用的方法及描述

方　　法	描　　　　述
assign()	加载指定的 URL,即载入指定的文档
reload()	刷新当前页面
replace()	用给定的 URL 来替换当前的资源

location 对象的属性及方法的应用,如例 12-25 所示。

【例 12-25】 location 对象的应用

```html
<!DOCTYPE html>
<html lang = "en">
<head>
    <meta charset = "UTF-8">
    <title>location 对象的应用</title>
</head>
<body>
    <a href = "https://so.csdn.net:8080/so/search?q = vue&t = blog&u = beixishuo"
    id = "url"></a>
    <button onclick = "tiao()">跳转百度</button><br>
    <script>
        var url = document.getElementById('url');
        document.write("<b>hash:</b>" + url.hash + "<br>");
        document.write("<b>host:</b>" + url.host + "<br>");
        document.write("<b>hostname:</b>" + url.hostname + "<br>");
        document.write("<b>href:</b>" + url.href + "<br>");
        document.write("<b>pathname:</b>" + url.pathname + "<br>");
        document.write("<b>port:</b>" + url.port + "<br>");
        document.write("<b>protocol:</b>" + url.protocol + "<br>");
```

```
            document.write("<b>search:</b>" + url.search + "<br>");
            function tiao(){
                location.href = "http://www.baidu.com";
            }
        </script>
    </body>
</html>
```

在浏览器中的显示效果如图 12-29 所示。

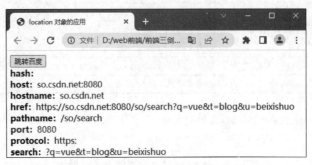

图 12-29　location 对象的应用效果

12.4.4　navigator 对象

navigator 对象中存储了与浏览器相关的信息,例如名称、版本等,可以通过 window 对象的 navigator 属性(window.navigator)来引用 navigator 对象,并通过它获取浏览器的基本信息。navigator 对象常见的属性及描述如表 12-9 所示。

表 12-9　navigator 对象常见的属性及描述

属　　性	描　　述
appCodeName	返回当前浏览器的名称
appName	返回浏览器的官方名称
appVersion	返回浏览器的平台和版本信息
CookieEnabled	返回浏览器是否启用 Cookie,如果启用,则返回 true,如果禁用,则返回 false
onLine	返回浏览器是否联网,如果联网,则返回 true,如果断网,则返回 false
platform	返回浏览器运行的操作系统平台
userAgent	返回浏览器的厂商和版本信息,即浏览器运行的操作系统、浏览器的版本、名称

示例代码如下:

```
<script>
    document.write("navigator.appCodeName:" + navigator.appCodeName + "<br>");
    document.write("navigator.appName:" + navigator.appName + "<br>");
    document.write("navigator.appVersion:" + navigator.appVersion + "<br>");
    document.write("navigator.cookieEnabled:" + navigator.cookieEnabled + "<br>");
```

```
    document.write("navigator.onLine:" + navigator.onLine + "<br>");
    document.write("navigator.platform:" + navigator.platform + "<br>");
    document.write("navigator.userAgent:" + navigator.userAgent + "<br>");
    document.write("navigator.javaEnabled():" + navigator.javaEnabled() + "<br>");
</script>
```

运行结果如下：

```
navigator.appCodeName:Mozilla
navigator.appName:Netscape
navigator.appVersion:5.0 (Windows NT 10.0; Win64; x64) AppleWebKit/537.36 (KHTML, like Gecko)
Chrome/114.0.0.0 Safari/537.36
navigator.cookieEnabled:true
navigator.onLine:true
navigator.platform:Win32
navigator.userAgent:Mozilla/5.0 (Windows NT 10.0; Win64; x64) AppleWebKit/537.36 (KHTML,
like Gecko) Chrome/114.0.0.0 Safari/537.36
navigator.javaEnabled():false
```

12.4.5 screen 对象

screen 对象中包含了有关计算机屏幕的信息，例如分辨率、宽度、高度等，可以通过 window 对象的 screen 属性获取它。由于 window 对象是一个全局对象，因此在使用 window.screen 时可以省略 window 前缀，例如 window.screen.width 可以简写为 screen.width。screen 对象常用的属性及描述如表 12-10 所示。

表 12-10 screen 对象常用的属性及描述

属　　性	描　　述
availHeight	返回屏幕的高度(不包括 Windows 任务栏)
availWidth	返回屏幕的宽度(不包括 Windows 任务栏)
colorDepth	返回目标设备或缓冲器上的调色板的比特深度
height	返回屏幕的总高度
pixelDepth	返回屏幕的颜色分辨率(每个像素的位数)
width	返回屏幕的总宽度

示例代码如下：

```
<script>
    document.write(screen.availHeight + "<br>");
    document.write(screen.availWidth + "<br>");
    document.write(screen.height + "<br>");
    document.write(screen.width + "<br>");
    document.write(screen.colorDepth + "<br>");
    document.write(screen.pixelDepth + "<br>");
</script>
```

第6阶段　JavaScript实战训练营

第 13 章

JavaScript 实战技能强化训练

本章的训练任务对应于第 11 章和第 12 章内容。

重点练习内容：

- 流程控制语句的使用
- 常用事件的应用
- window 对象的使用
- 对 DOM 节点的操作

13.1　JavaScript 基础训练

1. 显示当前时间

在 JavaScript 中，可以使用 Date 对象中的 Date()方法获取当前时间，效果如图 13-1 所示。

> 您好！欢迎您！今天是2023年6月12日22点29分24秒星期一

图 13-1　获取系统当前时间

【例 13-1】　显示当前时间

```html
<html>
<head>
  <title>显示当前时间</title>
  <meta charset = "UTF - 8">
</head>
<body>
    <script>
        var d = new Date();
        var weekday = new Array(7);
        weekday[0] = "星期日"
        weekday[1] = "星期一"
        weekday[2] = "星期二"
        weekday[3] = "星期三"
        weekday[4] = "星期四"
        weekday[5] = "星期五"
```

```
        weekday[6] = "星期六"
        document.write("您好!欢迎您!今天是" + d.getYear() + "年" + (d.getMonth() + 1) + "月" +
    d.getDate() + "日" + d.getHours() + "点" + d.getMinutes() + "分" + d.getSeconds() + "秒" +
    weekday[d.getDay()]);
    </script>
</body>
</html>
```

2. 简易计算器

利用 JavaScript 制作简易计算器,实现单击输入数字和运算符,最后输出结果,效果如图 13-2 所示。

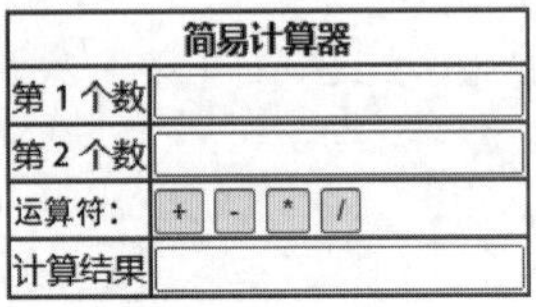

简易计算器	
第 1 个数	
第 2 个数	
运算符:	+ - * /
计算结果	

图 13-2　简易计算器效果

【例 13-2】　简易计算器

```
<!DOCTYPE html>
<html lang = "en">
<head>
    <meta charset = "UTF - 8">
    <title>简易计算器</title>
</head>
<body>
    <table border = "1" cellspacing = "0">
        <tr><th colspan = "2">简易计算器</th></tr>
        <tr>
          <td>第 1 个数</td>
            <td><input type = "text" id = "inputId1" /></td>
        </tr>
        <tr>
          <td>第 2 个数</td>
            <td><input type = "text" id = "inputId2" /></td>
        </tr>
        <tr>
          <td>运算符:</td>
          <td><button type = "button" onclick = "cal('+')">+</button>
          <button type = "button" onclick = "cal('-')">-</button>
          <button type = "button" onclick = "cal('*')">*</button>
          <button type = "button" onclick = "cal('/')">/</button></td>
        </tr>
        <tr>
          <td>计算结果</td>
          <td><input type = "text" id = "resultId"/></td>
        </tr>
```

```
        </table>
        <script>
            function cal(type){
             var num1 = parseInt(document.getElementById('inputId1').value);
             var num2 = parseInt(document.getElementById('inputId2').value);
             var result;
              switch(type){
               case '+':
                   result = num1 + num2;
                   break;
               case '-':
                   result = num1 - num2;
                   break;
               case '*':
                   result = num1 * num2;
                   break;
               case '/':
                   result = num1 / num2;
                   break;
              }
            var resultObj = document.getElementById('resultId');
            resultObj.value = result;          //将结果赋值给文本框
            }
        </script>
</body>
</html>
```

3.《乾坤大挪移》心法口诀

使用< pre >标签和转义字符输出《乾坤大挪移》的心法口诀,实现效果如图 13-3 所示。

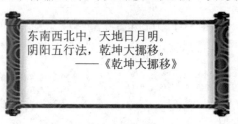

图 13-3　《乾坤大挪移》心法口诀

【例 13-3】　《乾坤大挪移》心法口诀

```
<! DOCTYPE html >
< html lang = "en">
< head >
    < meta charset = "UTF-8">
    < title >《乾坤大挪移》心法口诀</title>
    < style type = "text/css">
        * {
            padding-left:13px;
```

```
                padding - top:1px;
                font - size:23px;
                background - repeat: no - repeat;/ * 背景图片不重复 * /
            }
        </style>
    </head>
    < body background = "images/bg. png">
    < script type = "text/javascript">
        document.write("< pre >");
        document.write("东南西北中,天地日月明。\n");
        document.write("阴阳五行法,乾坤大挪移。\n");
        document.write("\t\t——《乾坤大挪移》");
        document.write("</pre >");
    </script >
    </body >
    </html >
```

4. 制作自动柜员机客户凭条

制作自动柜员机客户凭条信息,实现效果如图 13-4 所示。将客户凭条中的交易日期及时间、受理银行行号、ATM 编号等分别定义在变量中,并在表格中呈现出来。

图 13-4　自动柜员机客户凭条信息

【例 13-4】 制作自动柜员机客户凭条

```
<! DOCTYPE html >
< html lang = "en">
< head >
    < meta charset = "UTF - 8">
    < title>制作自动柜员机客户凭条</title>
    < style >
        table{
            width:280px;
            font - size:9px;
            margin - top:3px;
            border - color: # FF3333
        }
    </style >
</head >
< body >
< script >
```

```
        var date = "2023 - 6 - 13 12:21:36";
        var bankcode = "0313";
        var ATMnum = 19060236;
        var trannum = "002696";
        var cardnum = "621483266569369 **** ";
        var money = 200;
        var fee = "0.00";
        document.write("自动柜员机客户凭条\n");
        document.write("< table cellpadding = 8 border = 1 >< tr >");
        document.write("< td >交易日期及时间< br >" + date + "</td >");
        document.write("< td >受理银行行号 " + bankcode + "</td ></tr >");
        document.write("< tr >< td > ATM 编号 " + ATMnum + "</td >");
        document.write("< td >交易序号 " + trannum + "</td ></tr >");
        document.write("< tr >< td colspan = 2 >卡号 " + cardnum + "</td ></tr >");
        document.write("< tr >< td >金额 " + money + ".00 </td >");
        document.write("< td >手续费 " + fee + "</td ></tr >");
        document.write("< tr >< td colspan = 2 >转入卡号/账号</td ></tr >");
        document.write("</table >");
    </script >
</body >
</html >
```

5. 制作 ATM 取款机操作界面

使用 JavaScript 制作一个简易版的 ATM 取款机操作界面,实现效果如图 13-5 所示。需求:用户可以选择存钱、取钱、显示余额和退出功能。

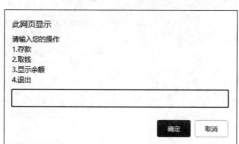

图 13-5 简易版的 ATM 取款机操作界面

思路分析:

(1)预先存储一个数值。

(2)循环时,需要反复提示输入框,所以需要将提示框写到循环里面。

(3)取钱是减法操作,存钱则是加法操作,显示余额则是直接显示所剩金额。

(4)输入不同的值,可以使用 switch 语句来执行不同的操作。

(5)退出的条件是用户输入数字 4,如果是数字 4,则结束循环,不再弹窗。

【例 13-5】 制作 ATM 取款机操作界面

```
< head >
    < meta charset = "UTF - 8">
```

```
  <title>制作 ATM 取款机操作界面</title>
</head>
<body>
  <script>
    var money = 100;              //预先存储一定的数值
    var flag = true;
    while (flag) {
        var a = prompt('请输入你的操作\n1.存款\n2.取钱\n3.显示余额\n4.退出')
        switch (a) {
            case '1':
            b = prompt('请您输入存入的钱数');
            money += parseFloat(b);
            alert('您现在的余额是' + money);
                break;
            case '2':
                c = prompt('请您输入取走的钱数')
                if (c > money)
                    alert('你的余额不够');
                else
                    money -= parseFloat(c);
                alert('您现在的余额是' + money);
                break;
            case '3':
                alert('您现在的余额是:' + money);
                break;
            case '4':
                alert('退出成功');
                flag = false;
                break;
        }
    }
  </script>
</body>
</html>
```

6. 动态三角形

编写程序,封装直角三角形函数,当输入三角形的行数时,对应地输出由"＊"组成的直角三角形图案,效果如图 13-6 所示。

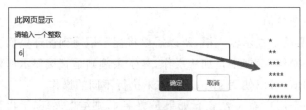

图 13-6　动态三角形

【例 13-6】　动态三角形

```
<!DOCTYPE html>
```

```
< html lang = "en">
< head >
    < meta charset = "UTF - 8">
    < title >动态三角形</title >
</head >
< body >
    < script >
        function left(n){           //left 为函数名,n 为形式参数,用于接收实体参数
            for(var i = 1; i <= n; i++){            //将 i 声明为打印行数
                for(var j = 1; j <= i; j++){        //将 j 声明为一行打印多少个 *
                    document.write(" * ");
                }
                document.write("< br >");          //每打印一行就执行一次换行操作
            }
        }
        var num = prompt("请输入一个整数","");
        left(num);                                 //调用函数,实体参数
    </script >
</body >
</html >
```

7. 计算从出生到现在度过的时间

计算从出生到现在度过了多长时间,在 3 个文本框中分别输入出生年份、出生月份和出生日期,单击"计算"按钮,在下方文本框中显示用户到目前为止已度过的时间。实现效果如图 13-7 所示。

图 13-7　计算从出生到现在度过的时间

【**例 13-7**】　计算从出生到现在度过的时间

```
<! DOCTYPE html >
< html lang = "en">
< head >
    < meta charset = "UTF - 8">
    < title >计算从出生到现在度过的时间</title >
    < style >
        body{font - size:14px;}
        .input{
            width:300px;
            margin:10px 50px;
        }
        .box{
```

```
                    margin-top:10px;
                    width:400px;
                    height:70px;
                    padding:10px;
                    border:4px solid #CCFF00;
                    background:URL(images/temp.jpg);
                    text-align:center
                }
        </style>
</head>
<body>
<script>
    function cal(){
        var biryear = form1.y.value;
        var birmonth = form1.m.value;
        var birday = form1.d.value;
        var result = "";
        var now = new Date;
            var bir = new Date(biryear,birmonth-1,birday);
            var cha = now - bir;
            var day = cha / 86400000;//1 天 = 24 * 60 * 60 * 1000 = 86400000ms
        var days = parseInt(day);
            var hour = (cha % 86400000) / 3600000;
        var hours = parseInt(hour);
            var minute = (cha % 86400000 % 3600000) / 60000;
        var minutes = parseInt(minute);
            var second = (cha % 86400000 % 3600000 % 60000)/ 1000;
        var seconds = parseInt(second);
            form2.lifetime.value = days + "天 >>>" + hours + "小时 >>>" + minutes +
"分 >>>" + seconds + "秒";
        }
</script>
<form name="form1">
    <label>请输入出生年月日:</label>
    <input type="text" name="y" size="3"> 年
    <input type="text" name="m" size="3"> 月
    <input type="text" name="d" size="3"> 日
    <input type="button" value="计算" onClick="cal()">
</form>
<div class="box">
    <form name="form2">
        <span style="font-size:23px; color:#9966CC; font-family:宋体">从你出生到目前
为止,你已度过了</span>
        <p>
        <input size="46" value="计算出你的精彩人生!" name="lifetime">
    </form>
</div>
</body>
</html>
```

13.2 DOM 训练

1. JavaScript 实现轮播图

原生 JavaScript 实现轮播图自动切换功能,单击下方数字按钮后切换到对应图片,实现效果如图 13-8 所示。

▶ 20min

▶ 14min

图 13-8 轮播图

实现功能:

(1) 当鼠标移出图片区域时图片可以自动切换(自动轮播)。

(2) 当鼠标移动到数字按钮时切换到对应的图片中。

【例 13-8】 原生 JavaScript 实现轮播图

HTML 和 CSS 搭建页面显示效果,代码如下:

```
<!DOCTYPE html>
<html>
  <head>
    <title>原生 JavaScript 实现轮播图</title>
    <!-- 引入外部 JavaScript -->
    <script type = "text/javascript" src = "js/domImgShow.js"></script>
    <style type = "text/css">
      #img{
        width:370px;
        height:200px;
        margin-top:100px;
        margin-left:100px;
      }
      #img img{
        display:none;
      }
      ul{
        margin-top: -10px;
        margin-left:290px;
        list-style: none;
      }
      ul li{
```

```
            float: left;
            height:21px;
            width:30px;
            border:1px solid red;
            background: ♯a22;
            }
         ul li a{
            position:relative;
            text - align: center;
            margin - left:10px;
            text - decoration: none;
            color: ♯fff;
            }

         ul li a:hover{
            color: ♯345;
            text - decoration: underline;
            }
      </style >
   </head >
   < body >
      < div id = "content">
         < div id = "img">
            < img id = "img1" alt = "" src = "images/banner1. jpg">
            < img id = "img2" alt = "" src = "images/banner2. jpg">
            < img id = "img3" alt = "" src = "images/banner3. jpg">
            < img id = "img4" alt = "" src = "images/banner4. jpg">
         </div >
         < ul >
            < li >< a href = "♯">1 </a ></li >
            < li >< a href = "♯">2 </a ></li >
            < li >< a href = "♯">3 </a ></li >
            < li >< a href = "♯">4 </a ></li >
         </ul >
      </div >
   </body >
</html >
```

新建 JavaScript(js/domImgShow. js)文件,实现图片的切换,代码如下:

```
window. onload = init;
var t;
var n = 1;
function init(){
    t = window. setInterval("showImgTest()",1000);
    var hrefs = document. getElementsByTagName("a");
    for(var i = 0;i < hrefs. length;i++){
        hrefs[i]. onmouseover = setTimeTest;
        hrefs[i]. onmouseout = clearTimeTest;
    }
```

```
}
function clearTimeTest(){
    t = window.setInterval("showImgTest()",1000);
}
function setTimeTest(){
    window.clearInterval(t)
    var num = this.innerHTML;
    showImgTest('" + n + "');
}
function showImgTest(num){
    if(parseInt(num)){
        n = parseInt(num);
    }
    for(var k = 1;k < 5;k++){
        if(k == n){
            document.getElementById("img" + k).style.display = "block";
        }
        else{
            document.getElementById("img" + k).style.display = "none"
        }
    }
    n++;
    if(n == 5){
        n = 1;
    }
}
```

2. 购物车商品总价计算

JavaScript 实现根据数量与单价计算总价功能。实现效果如图 13-9 所示。

商品名称	价格	数量	合计
手机	1200	10	12000

图 13-9 购物车商品总价计算

【例 13-9】 购物车商品总价计算

```
<!DOCTYPE html>
<html>
  <head>
    <title>购物车商品总价计算</title>
    <style type = "text/css">
      table{
        width:600px;
        height:100px;
        border - top:1px solid #eee;
        border - left:1px solid #eee;
      }
      table tr td{
```

```
            width:170px;
            border-right:1px solid #eee;
            border-bottom:1px solid #eee;
        }
    </style>
</head>
<body>
    <table id="tId">
        <tr id="theadId">
            <td>商品名称</td><td>价格</td><td>数量</td><td>合计</td>
        </tr>
        <tr id="row1">
            <td>手机</td><td id="price">1200</td>
            <td><input type="text" value="1" id="count" onBlur="countFn()"/></td>
            <td><input id="sum" type="text" value="1200" disabled="disabled" id=/></td>
        </tr>
    </table>
    <script>
function countFn(){
    var n = document.getElementById("count").value;
    var p = document.getElementById("price").innerHTML;
    var sum = document.getElementById("sum");
    if(parseInt(n)){
        sum.value = parseInt(n) * parseInt(p);
    }else{
        alert("填写的格式不正确,数量只能为整数");
    }
}
    </script>
</body>
</html>
```

3. 表白代码

程序员也懂浪漫,表白代码你值得拥有,实现效果如图 13-10 所示。

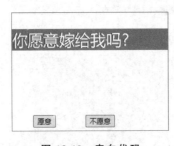

图 13-10　表白代码

【例 13-10】　表白代码

```
<!DOCTYPE html>
<html lang="en">
```

```
< head >
    < meta charset = "UTF - 8">
    < title >表白代码</title>
    < style type = "text/css">
        div{
            border:1px solid ♯999;
            width:300px;
            height:220px;
        }
        ♯bg{background - color:green;font - size: 30px; color:red;}
        ♯yes{position:absolute;top:200px;left:50px}
        ♯no{position:absolute;top:200px;left:150px}
    </style>
</head>
< body >
< div >
    < p id = "bg">你愿意嫁给我吗?</p>
    < input id = "yes" type = "button" value = "愿意" onclick = "javascript:alert('好的,不准反
悔!')"></input>
    < input id = "no" type = "button" value = "不愿意" onMouseMove = "move()"></input>
</div>
< script >
function move(){
  var id = document.getElementById('no');
    //DOM 操作 CSS,样式值必须是一个字符串
  id.style.left = Math.random() * 100 + "px";
  id.style.top = Math.random() * 100 + "px";
}
</script>
</body>
</html>
```

4. 横向导航菜单

在页面中输出一个横向导航菜单,当鼠标移动到主菜单时,显示其对应隐藏子菜单,效果如图 13-11 所示。

图 13-11　横向导航菜单

【例 13-11】　横向导航菜单

```
<! DOCTYPE html >
< html >
  < head >
    < title >横向导航菜单</title>
```

```css
<style type = "text/css">
    * {
        margin:0px;
        padding:0px;
        font - size:12px;
    }
    #menuBar{
        position: absolute;
        width:1000px;
        left:50%;
        margin - left: - 500px;
    }
    .menu{
        float:left;
    }
    .menu dt,.menu dd{
        width:120px;
        height:30px;
        background: #22c;
        color: #fff;
        text - align:center;
        border - right:1px solid #777;
    }
    .menu dt span{
        position:relative;
        top:7px;
    }
    .menu dd{
        background: #922;
        border - bottom:1px solid #fff;
        display: none;
    }
    .menu dd a{
        position:relative;
        top:7px;
    }
    a.menu_href:link,a.menu_href:visited{
        text - decoration:none;
        color: #fff;
    }
    dl.menu dd:hover{
        background: #292;
        cursor: pointer;
    }
</style>
<script type = "text/javascript">
    //当鼠标移到上面时显示子菜单
    window.onload = init;
    function init(){
        var
        dls = document.getElementById("menuBar").getElementsByTagName("dl");
```

```
            for(var i = 0;i < dls.length;i++){
                dls[i].onmouseover = show;
                dls[i].onmouseout = hidden;
            }
        }
        function show(){
            var d = document.getElementById("content");
            //d.innerHTML += "B";
            var dds = this.getElementsByTagName("dd");
            for(var i = 0;i < dds.length;i++){
                dds[i].style.display = "block";
            }
        }
        function hidden(){
            var d = document.getElementById("content");
            //d.innerHTML += "A";//产生事件冒泡
            var dds = this.getElementsByTagName("dd");
            for(var i = 0;i < dds.length;i++){
                dds[i].style.display = "none";
            }
        }
</script>
</head>

<body>
    <div id = "content"></div>
    <div id = "menuBar">
        <dl class = "menu">
            <dt><span>文件</span></dt>
            <dd><a href = "#" class = "menu_href">新建</a></dd>
            <dd><a href = "#" class = "menu_href">保存文件</a></dd>
            <dd><a href = "#" class = "menu_href">另存为</a></dd>
            <dd><a href = "#" class = "menu_href">关闭</a></dd>
        </dl>
        <dl class = "menu">
            <dt><span>编辑</span></dt>
            <dd><a href = "#" class = "menu_href">粘贴</a></dd>
            <dd><a href = "#" class = "menu_href">剪切</a></dd>
            <dd><a href = "#" class = "menu_href">复制</a></dd>
            <dd><a href = "#" class = "menu_href">查找</a></dd>
        </dl>
        <dl class = "menu">
            <dt><span>格式</span></dt>
            <dd><a href = "#" class = "menu_href">自动换行</a></dd>
            <dd><a href = "#" class = "menu_href">字体</a></dd>
        </dl>
        <dl class = "menu">
            <dt><span>查看</span></dt>
            <dd><a href = "#" class = "menu_href">文件夹</a></dd>
            <dd><a href = "#" class = "menu_href">属性</a></dd>
```

```
        </dl>
      </div>
   </body>
</html>
```

5. 验证码

在进行注册与登录时,常常会使用验证码,本例用 JavaScript 实现验证码功能,效果如图 13-12 所示。

图 13-12　验证码

【例 13-12】　验证码

```
<!DOCTYPE html>
<html lang = "en">
<head>
    <meta charset = "UTF - 8">
    <title>验证码</title>
    <style>
        .d1{
            border:0;
            font - size:20;
            text - align:center;
            font - style:italic;
            letter - spacing:12px;
            width:100px;
        }
        .d2{
            border:0;
            background - color:'#ffffff';
            color:red;
            font - size:12;
        }
    </style>
</head>
<body onload = "getCode()">
    <form id = 'qq' action = ''>
        <input id = 'text1' value = ''>
        <input type = "button" id = 'text2' class = 'd1' value = ''>
        <input type = 'button' id = 'text3' class = 'd2' value = '刷新' onclick = 'getCode()'/><br/>
        <input type = 'submit' onclick = 'check()' value = '验证'/>
    </form>
    <script>
        obj1 = document.getElementById("text1");
        obj2 = document.getElementById("text2");
        obj3 = document.getElementById("qq");
        function check(){
        a = obj1.value;
        b = obj2.value;
        if(a == b){
          alert("验证成功")
        }else if(a == ''){
```

```
                alert('请输入验证码');
            }else{
                alert('验证码错误,请重新输入');
            }
        }
    function getCode(){
        var ww = "";
        v = ['a','b','d','e','f','g','h','i','j','k','l','m','n','o','p','q','r','s','t','u','v','w',
'x','y','z',1,2,3,4,5,6,7,8,9,0,'A','B','C','D','E','F','G','H','I','J','K','L','M','N','O','P','Q',
'R','S','T','U','V','W','X','Y','Z'];
        for (var i = 0;i < 4 ;i++){
            ww += v[ Math.floor(Math.random() * v.length)];
        }
        var a = document.getElementById("text2");
        a.value = ww;
    }
    </script>
</body>
</html>
```

6. 表格行变色效果

使用鼠标事件实现光标经过当前行时,该行背景颜色变色,效果如图 13-13 所示。

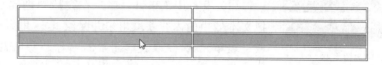

图 13-13 表格行变色效果

【例 13-13】 表格行变色效果

```
<!DOCTYPE html>
<html lang = "en">
<head>
    <meta charset = "UTF-8">
    <title>表格行变色效果</title>
    <style>
        .bg {
            background-color: pink;
        }
    </style>
</head>
<body>
    <table width = "50%" align = "center" height = "100px" border = "1px">
        <tr><td></td><td></td></tr>
        <tr><td></td><td></td></tr>
        <tr><td></td><td></td></tr>
        <tr><td></td><td></td></tr>
    </table>
    <script>
```

```
            //1. 获取元素,获取的是 tbody 里面所有的行
            var trs = document.querySelector('tbody').querySelectorAll('tr');
            //2. 利用循环绑定注册事件
            for (var i = 0; i < trs.length; i++) {
                //3. 鼠标经过事件 onmouseover
                trs[i].onmouseover = function() {
                        this.className = 'bg';
                }
                //4. 鼠标离开事件 onmouseout
                trs[i].onmouseout = function() {
                    this.className = '';
                }
            }
        </script>
</body>
</html>
```

7. 留言板功能

图 13-14　留言板

JavaScript 实现简易留言板功能,可以发布留言,也可以删除留言,效果如图 13-14 所示。

思路分析如下。

(1) 发布按钮事件:首先在文档中创建 li 节点,然后把文本域中的内容获取出来并赋给 li,这里需要注意,文本域是表单元素,获取表单元素的内容是使用表单的特有属性 value,要与普通元素获取内容的 innerHTML 进行区分;再把删除链接添加到 li 中,利用字符串拼接的方式实现。最后把 li 节点添加到 ul 中,添加的方式有两种,既可以直接添加到 ul 列表项的末尾,也可以添加到指定位置。这里选中插入 ul 列表的最前面。

(2) 删除按钮事件:单击"删除"按钮的事件是在把创建的 li 添加到 ul 中之后定义的。删除操作主要需要弄清楚是父节点元素删除子节点元素。单击删除链接删除的是当前被单击的按钮所在的 li。li 是删除连接的父节点元素。

【例 13-14】　留言板功能

```
<!DOCTYPE html>
<html lang = "en">
<head>
  <meta charset = "UTF-8">
  <title>留言板</title>
  <style>
    textarea {
      margin-left: 50px;
    }
    ul {
      margin-top: 50px;
```

```
          }
      li {
          list - style: none;
          background - color: steelblue;
          margin: 10px 0;
          width: 300px;
          color: #fff;
          font - size: 14px;
      }
      ul a {
          float: right;
          margin - right: 5px;
      }
   </style>
</head>
<body>
   <textarea name = "" id = ""></textarea>
   <button>发布</button>
   <ul>
   </ul>
   <script>
      //获取元素
      var text = document.querySelector('textarea');
      var btn = document.querySelector('button');
      var ul = document.querySelector('ul');
      //监听事件
      btn.onclick = function() {
         if(text.value === '') {
            alert('您没有输入内容');
            return false;
         }else {
            //创建元素
            var li = document.createElement('li');
            //为 li 赋值
            li.innerHTML = text.value + '<a href = "javascript:;">删除</a>';
            //添加元素,在 ul 头部插入 li
            ul.insertBefore(li, ul.children[0]);
            //删除元素
            var as = document.querySelectorAll('a');
            for(var i = 0;i < as.length;i++) {
               as[i].onclick = function() {
                  //删除的是当前 a 所在的 li
                  ul.removeChild(this.parentNode);
               }
            }
         }
      }
   </script>
</body>
</html>
```

8. 获取手机验证码倒计时

在有些应用中,用户注册需要填写个人的电话号码,并通过短信验证码来完成注册。编写程序,模拟用户注册时获取短信验证码倒计时功能,实现效果如图 13-15 所示。

图 13-15　获取手机验证码中

【例 13-15】　获取手机验证码

```html
<!DOCTYPE html >
< html lang = "en">
< head >
    < meta charset = "UTF - 8">
    <title>获取手机验证码</title>
    < style >
    * {
        margin:0;
        padding:0;
        overflow:hidden;
    }
    body{font - family:微软雅黑;}
    .container{
        width:400px;
        margin:10px auto;
    }
    .container .one{
      margin:10px;
    }
    label{
        width:100px;
        height:30px;
        line - height:30px;
        text - align:right;
        padding - right:10px;
        float:left;
    }
    input{
        float:left;
        width:100px;
        height:30px;line - height:30px;
     }
    # btn{
        float:left;
        margin:2px auto auto 10px;
        width:140px;
        height:30px;
```

```css
            line - height:30px;
            text - align:center;
            font - size:18px;
            border - radius:3px;
            background:green;
            color: #FFFFFF;
            cursor:pointer
        }
        .one button{
            width:100px;
            height:30px;
            font - size:18px;
            margin - left:110px;
        }
    </style>
</head>
<body>
<div class = "container">
<form name = "form">
    <div class = "one">
        <label>电话号码</label>
        <input type = "text" name = "tel" placeholder = "电话号码">
    </div>
    <div class = "one">
        <label>验证码</label>
        <input type = "text" name = "code" placeholder = "短信验证码">
        <div id = "btn">获取验证码</div>
    </div>
    <div class = "one">
        <button type = "button">注册</button>
    </div>
</form>
</div>
<script type = "text/javascript">
var flag = true;
var oBtn = document.getElementById('btn');
oBtn.onclick = function () {
    if(flag == true){
        var i = 60;
        var timer = setInterval(function () {
            oBtn.innerHTML = i + 's后重新获取';
            if (i == 0) {
                clearInterval(timer);
                oBtn.innerHTML = '获取验证码';
                flag = true;
            }
            i--;
        }, 1000)
        flag = false;
    }
}
```

```
</script>
</body>
</html>
```

▶ 6min

13.3 BOM 训练

1. 实现 5 秒后跳转页面

通常有一些网站在注册成功 5 秒后会自动跳转到预设的网页。可以利用定时器和 location 属性添加自动跳转的页面,效果如图 13-16 所示。

注册成功5秒自动跳转到搜狐首页,如果不跳转直接单击这里

图 13-16　实现页面延时跳转

【例 13-16】 页面延时跳转

```
<!DOCTYPE html>
<html lang = "en">
<head>
    <meta charset = "UTF - 8">
    <title>实现 5 秒后跳转页面</title>
</head>
<body>
    注册成功<span id = "s" style = "color:red;"> 5 </span>秒自动跳转到搜狐首页,如果不跳转
直接<a href = "http://sohu.com">单击这里</a>
</body>
<script type = "text/javascript">
    //1 秒修改一次秒数,如果到 1 秒,则自动跳转

    var time = 5;
    var t = document.getElementById("s");
    function changefn(){
        if(time >= 1){
            t.innerHTML = time -- ;
        }else{
            clearInterval(timer);
            window.location.href = "http://sohu.com";
        }
    }
    var timer = setInterval("changefn()",1000);
</script>
</html>
```

2. 滚动抽奖效果

模拟滚动抽奖效果,页面中显示一个抽奖区域,单击下方的"立即抽奖"按钮,抽奖区中的奖品会上下翻滚。停止滚动后,抽奖区显示的奖品即为中奖奖品,效果如图 13-17 所示。

图 13-17 滚动抽奖效果

【例 13-17】 滚动抽奖效果

```
<!DOCTYPE html >
< html >
< head >
    < meta charset = "UTF - 8">
    < title>滚动抽奖效果</title >
</head >
< style type = "text/css">
    body, div{ margin:0; padding:0 }
    body { margin: 0; font: 12px "微软雅黑"; background - color: #2D2D2D; }
    .main{
        background: url("images/main0.gif") no - repeat center;
    background - size:100 % ;
        height: 568px;
        width:800px;
        margin:0 auto;
        position:relative;
    }
    .prize{
        position: absolute;
        top: 146px;
        left:164px;
        width: 465px;
        height: 174px;
        overflow:hidden;
    }
    .prize - show{
        position: relative;
        top: - 522px;
    }
    .prize - img{
        background: url("images/num1.jpg") no - repeat;
```

```
            width: 465px;
            height: 1566px;
        }
        .btn{
            cursor: pointer;
            height: 70px;
            left: 305px;
            position: absolute;
            top: 410px;
            width: 200px;
        }
    </style>
    <body>

    <div class = "main">
        <div class = "prize">
            <div class = "prize - show">
                <div class = "prize - img"></div>
                <div class = "prize - img"></div>
            </div>
        </div>
        <div class = "btn"></div>
    </div>
    <script type = "text/javascript">
        var btn = document.querySelector(".btn");
        btn.onclick = function () {
            if(!flag){
                flag = true;
                res();                          //定义滚动前的初始位置
                letItGo();                      //执行向上滚动
            }
        }
        var flag = false;
        var TextNum;
        var arr = [ - 1566, - 1740, - 1914, - 522, - 696, - 870, - 1044, - 1218, - 1392];
        var num = - 522;
        var prize_show = document.querySelector(".prize - show");
        function letItGo(){
            TextNum = parseInt(Math.random() * 9);  //获取 0~8 的随机数
            num = arr[TextNum];                     //获取滚动结束时的位置
            var top = prize_show.offsetTop;
            var timer = setInterval(function(){
                top -= 2;
                prize_show.style.top = top + "px";
                if(top == - 1566){
                    clearInterval(timer);
                    prize_show.style.top = 0;
                    var top2 = prize_show.offsetTop;
                    var timer2 = setInterval(function(){
                        top2 -= 2;
```

```
                        prize_show.style.top = top2 + "px";
                        if(top2 == num){
                            clearInterval(timer2);
                            flag = false;
                        }
                    },2);
                }
            },2);
        }
        function res(){
            var resetPos = Math.abs(num)>= 1566?(num + 1566):num;
            prize_show.style.top = resetPos + "px";
        }
</script>
</body>
</html>
```

第7阶段 企业级项目篇

第 14 章

企业级项目：小米商城

本章通过仿小米商城项目（官网网址为 https://www.mi.com/）实例的解析与实现，提高开发者对"理论知识、实战应用、设计思维"的充分认知，从设计构图、创意思路、表现手法、效果打造、细节把握等多方面全面掌握电商网站项目的设计技巧和相关规范。

小米商城项目紧跟企业实际技术选型，追求技术的实用性与前瞻性。帮助我们快速理解企业级布局思维。

小米官网网页项目比较偏向目前的卡片式设计，实现常见效果。学习使用目前更流行的 DIV+CSS 进行网页制作，使用 CSS 精灵技术处理网页图像，使用滑动门、CSS3 特效使网页更加丰富、多元化，如图 14-1 所示。

图 14-1　小米官网首页部分

14.1 小米黑色导航条

1. 准备工作

首先打开火狐浏览器,进入小米官网,将网站所需要的所有图片下载到本地,在网页中选择"右击"→"查看页面信息"→"媒体"→"全选"→"另存为"选项,如图 14-2 所示。

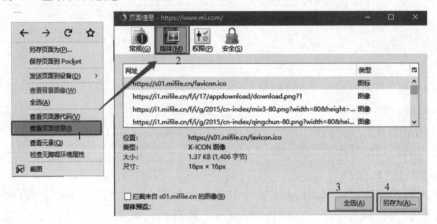

图 14-2　小米官网图片下载步骤

注意:此过程只有火狐浏览器支持,其他浏览器没有此功能。

在开发工具中建立小米商城项目,并将下载好的图片复制到项目中。

接着将网站中需要的字体图标(如放大镜、右箭头、购物车)在阿里巴巴矢量图标库中下载并引入项目中,如图 14-3 所示。

项目结构如图 14-4 所示。

图 14-3　字体图标下载

图 14-4　项目结构

2. 引入头文件信息

在 CSS 文件夹下创建 reset.css 文件（全局初始化样式）。

每个浏览器都有一些自带的或者共有的默认样式，会造成一些布局上的困扰，reset.css 的作用就是重置这些默认样式，使样式表现一致，代码如下：

```css
//reset.css
body, div, dl, dt, dd, ul, ol, li, h1, h2, h3, h4, h5, h6, pre, form, fieldset, legend, input,
textarea, button, p, blockquote, th, td{margin: 0;padding: 0;}

body {padding:0;margin:0;text-align:center;color:#333;font-size:14px;
    font-family:"宋体", arial;}

li{list-style-type:none;}
a{text-decoration: none;}
img, input{border:none;vertical-align:middle;}
```

创建空的自定义样式文件 xiaomiStyle.css，并将其引入 HTML 头文件中。xiaomi.html 头文件中的代码如下：

```html
<!DOCTYPE html>
<html lang="en">
<head>
    <meta charset="UTF-8">
    <title>小米商城 - 小米 MIX 3、红米 Note 7、小米 8、小米电视官方网站</title>
    <!-- 小米字体图标 Logo -->
    <link rel="icon" href="images/favicon.ico"/>
    <!-- 全局初始化样式 -->
    <link rel="stylesheet" href="css/reset.css"/>
    <!-- 自定义样式 -->
    <link rel="stylesheet" href="css/xiaomiStyle.css"/>
    <!-- 字体图标 -->
    <link rel="stylesheet" href="css/iconfont.css"/>
</head>
<body>

</body>
</html>
```

3. 设计黑色导航条

黑色导航条主要是左右两块导航条内容的制作。

• HTML 部分代码（xiaomi.html）

```html
<!-- 黑手导航条开始 -->
    <div class="black_nav">
        <div class="wrap"><!-- 导航条中间部分 -->
            <ul class="left_ul"><!-- 黑色导航条左边部分 -->
                <li><a href="#">小米商城</a><span>|</span></li>
                <li><a href="#">MIUI</a><span>|</span></li>
```

```html
            <li><a href = "#"> IoT </a>< span >|</span></li>
            <li><a href = "#">云服务</a>< span >|</span></li>
            <li><a href = "#">金融</a>< span >|</span></li>
            <li><a href = "#">有品</a>< span >|</span></li>
            <li><a href = "#">小爱开放平台</a>< span >|</span></li>
            <li><a href = "#">政企服务</a>< span >|</span></li>
            <li><a href = "#">资质证照</a>< span >|</span></li>
            <li><a href = "#">协议规则</a>< span >|</span></li>
            <li><a href = "#">下载 App </a>< span >|</span></li>
            <li><a href = "#"> Select Region </a>< span >|</span></li>
        </ul>
        <ul class = "right_ul"><!-- 黑色导航条右边部分 -->
            <li><a href = "#">登录</a>< span >|</span></li>
            <li><a href = "#">注册</a>< span >|</span></li>
            <li><a href = "#">消息通知</a></li>
            <li class = "cart"><!-- 阿里巴巴字体图标 -->
                <a href = "#"><i class = "iconfont">&#xe613;</i>购物车
                   (0)</a>
                <div class = "hidden_cart">购物车中还没有商品,赶紧选购吧!
                   </div>
            </li>
        </ul>
    </div>
</div>
<!-- 黑手导航条结束 -->
```

- CSS 部分代码(xiaomiStyle.css)

```css
/* 黑色导航条开始 */
.black_nav{
    width: 100%;
    height: 40px;
    line - height: 40px;              /* 行高等于高,居中效果 */
    background - color: #333;         /* 背景颜色 */
    color: #424242;                   /* span 继承父类颜色 */
}
.wrap{
    width: 1226px;
    margin: 0 auto;                   /* 居中 */
}
.left_ul,.left_ul > li,.right_ul > li{
    float: left;                      /* 导航条内容左浮动 */
}
.left_ul a,.right_ul a{               /* 字体样式 */
    color: #b0b0b0;
    font - size: 12px;
    margin: 0 5px;
}
.left_ul a:hover,.right_ul a:hover{   /* 伪类选择器 */
    color: #fff;                      /* 当鼠标经过字体时颜色变为白色 */
```

```
}
.right_ul{                                      /* 导航条右部分整体右浮动 */
    float: right;
}
.cart i{                                        /* 购物车中字体图标和字体之间的缝隙 */
    margin-right: 5px;
}
.cart{                                          /* 购物车设置 */
    width: 120px;
    height: 40px;
    background-color: #424242;
    position: relative;                         /* 父元素相对定位 */
}
.cart:hover{                                    /* 当鼠标经过购物车时背景变为白色 */
    background-color: #fff;
}
.cart:hover a{                                  /* 当鼠标经过购物车时字体变为橘黄色 */
    color:orange;
}
.hidden_cart{                                   /* 购物车隐藏提示语设置 */
    width: 320px;
    height: 0;                                  /* 行高为0,意味隐藏 */
    background-color: #fff;
    position: absolute;                         /* 相对父元素的绝对定位 */
    right: 0;
    top:40px;
    overflow: hidden;                           /* 起始隐藏这块 */
    transition: all .5s;                        /* 过渡 */
    z-index: 88;                                /* 层叠,数字越大越在上层显示 */
    /* line-height: 100px; */
}
.cart:hover .hidden_cart{                       /* 当鼠标经过购物车时的提示语 */
    height: 100px;                              /* 设置行高,意味着显示 */
    line-height: 100px;
    box-shadow: 0 2px 10px rgba(0,0,0,.2);      /* 盒子阴影 */
}
/* 黑色导航条结束 */
```

14.2　小米白色导航条

35min

白色导航条主要包括 Logo、商品内容导航和搜索框三部分，如图 14-5 所示。该部分内容使用了众多 CSS 页面美化元素、定位、浮动、盒子及伪类选择器。

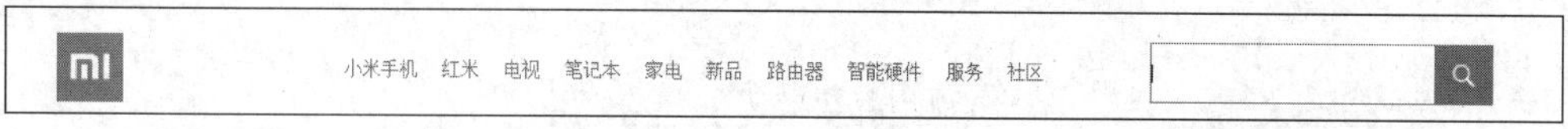

小米手机　红米　电视　笔记本　家电　新品　路由器　智能硬件　服务　社区

图 14-5　白色导航条部分

该部分知识点的应用较为综合,能让大家在实战中对零散知识点的运用有个宏观的感觉。

- HTML 部分代码

```html
<!-- 白色导航栏开始 -->
<div class = "white_nav"><!-- 整个白色导航条 -->
    <div class = "wrap"><!-- 中间内容部分 -->
        <img src = "images/logo-footer.png" alt = "" class = "logo"/>
        <ul class = "mi_nav">
            <li>
                <a href = "#">小米手机</a>
                <div class = "mi_nav_hidden"></div>
            </li>
            <li><a href = "#">红米</a><div
                class = "mi_nav_hidden"></div></li>
            <li><a href = "#">电视</a></li>
            <li><a href = "#">笔记本</a></li>
            <li><a href = "#">家电</a></li>
            <li><a href = "#">新品</a></li>
            <li><a href = "#">路由器</a></li>
            <li><a href = "#">智能硬件</a></li>
            <li><a href = "#">服务</a></li>
            <li><a href = "#">社区</a></li>
            <li class = "search"><!-- 搜索框 -->
                <input type = "text"/>
                            <!-- 放大镜,字体图标 -->
                <button class = "iconfont">&#xe614;</button>
            </li>
        </ul>
    </div>
</div>
<!-- 白色导航栏结束 -->
```

- CSS 部分代码

```css
/* 白色导航栏开始 */
.white_nav{                 /* 整个白色导航条设置 */
    clear: both;            /* 清除之前的浮动 */
    width: 100%;
    height: 100px;
    line-height: 100px;     /* 居中效果 */
    position:relative;
}
.logo,.mi_nav{              /* Logo 和导航左浮动 */
    float: left;
}
.mi_nav>li{                 /* 导航内容左浮动 */
    float: left;
}
.logo{                      /* logo 位置设置 */
```

```css
        margin - top: 21.5px;                    /* 距离上边盒子距离 */
        margin - right: 190px;                   /* 距离右边盒子距离 */
}
.mi_nav > li > a{                                /* 字体设置 */
        color: #757575;
        font - size: 16px;
        margin - right: 20px;
}
.mi_nav > li > a:hover{                          /* 当鼠标经过字体时颜色变化 */
        color: #ff6700;
}
.mi_nav{                                         /* 内容导航条宽度 */
        width: 980px;
}
.mi_nav > .search{                               /* 搜索框居右 */
        float: right;
}
.search > input{                                 /* 文本框设置 */
        width: 243px;
        height: 48px;
        border: 1px solid #e0e0e0;
        float: left;
        border - right: none;                    /* 右边框去掉 */
        outline: none;
        transition: all .3s;
}
.search{
        margin - top: 25px;
}
.search > button{
        width: 50px;
        height: 50px;
        border: 1px solid #e0e0e0;
        float: left;
        background - color: #fff;
        font - weight: bold;
        outline: none;                           /* 去掉线条 */
        font - size: 20px;
        transition: all .3s;                     /* 过渡 */
}
.search > button:hover{                          /* 当鼠标经过字体时图标变化效果 */
        background - color: #ff6700;
        color: #fff;
        border - color: #ff6700;
}
.search > input:focus,.search > input:focus + button{  /* 搜索框聚焦事件 */
        border - color: #ff6700;
}
.mi_nav_hidden{
        width: 100%;
        height: 230px;
```

```
            background - color: red;
            position: absolute;
            left: 0;
            top: 100px;
            display: none;              /* 隐藏 */
}
.mi_nav > li:hover > .mi_nav_hidden{
            display: block;             /* 当鼠标经过时显示 */
}
/* 白色导航栏结束 */
```

14.3 小米轮播图和滑动门

这个区域由两部分组成,分别是左侧的菜单和轮播图,如图 14-6 所示。

图 14-6 左侧菜单和轮播图

大的背景为轮播图,右边扩展菜单页面的布局是使用 z-index 把它隐藏在轮播图的下面,当鼠标经过左侧菜单时,会触发相应的页面,并且会修改 z-index 属性值,让它大于轮播图的 z-index 属性值,于是就会让扩展菜单展现出来。

轮播图能在最短的时间内吸引大家的注意力,达到传播效果。在有限的空间内传播足够量的信息。

- HTML 部分代码

```
<!-- 轮播图和滑动门开始 -->
    < div class = "wrap carousel">
        < div class = "hdm"><!-- 滑动门(左侧菜单) -->
            < ul >
                < li >
                    < a href = "#">手机 电话卡</a>
                    <!-- 字体图标,右箭头 -->
                    < i class = "iconfont">&#xeb1b;</i>
                    < div class = "hdm_hidden"></div><!-- 隐藏扩展菜单 -->
```

```
                    </li>
                    <li>
                        <a href = "#">电视 盒子</a>
                         <i class = "iconfont">&#xeb1b;</i>
                         <div class = "hdm_hidden"></div>
                    </li>
                    <li><a href = "#">笔记本 平板</a>
                        <i class = "iconfont">&#xeb1b;</i></li>
                    <li><a href = "#">家电 插线板</a>
                        <i class = "iconfont">&#xeb1b;</i></li>
                    <li><a href = "#">家电 插线板</a>
                        <i class = "iconfont">&#xeb1b;</i></li>
                    <li><a href = "#">家电 插线板</a>
                        <i class = "iconfont">&#xeb1b;</i></li>
                    <li><a href = "#">家电 插线板</a>
                        <i class = "iconfont">&#xeb1b;</i></li>
                    <li><a href = "#">家电 插线板</a>
                        <i class = "iconfont">&#xeb1b;</i></li>
                    <li><a href = "#">家电 插线板</a>
                        <i class = "iconfont">&#xeb1b;</i></li>
                    <li><a href = "#">家电 插线板</a>
                        <i class = "iconfont">&#xeb1b;</i></li>
                </ul>
            </div><!-- 向前 向后 雪碧图的引入 -->
            <div class = "prev"></div>
            <div class = "next"></div>
        </div>
        <!-- 轮播图和滑动门结束 -->
```

- CSS 部分代码

```
/* 轮播图和滑动门开始 */
.carousel{                                      /* 背景为轮播图 */
    width: 1226px;
    height: 460px;
    background: url("../images/xmad_15481253648514_fHtzd.jpg");
    background - size: cover;                    /* 图片的大小自动适应 div 大小 */
    - webkit - animation:carousel 10s infinite ;  /* 轮播图动画 */
    position: relative;
}
@ - webkit - keyframes carousel {                /* 轮播图动画规则 */
    0 % {
        background - image: url("../images/xmad_15481253648514_fHtzd.jpg");
    } 25 % {
        background - image: url("../images/xmad_15486597522208_HOEjJ.jpg");
    } 50 % {
        background - image:url("../images/xmad_15489036241498_XVwut.jpg");
    } 75 % {
        background - image:url("../images/xmad_15500560064953_Bgumq.jpg");
    }100 % {
```

```
                        background-image:url("../images/xmad_15488151829917_hENZU.jpg");
                }
        }
        .hdm{                                   /* 左侧菜单样式的设置 */
                width: 234px;
                height: 460px;
                background-color: rgba(0,0,0,.5);
                padding: 20px 0;
                box-sizing: border-box;          /* 弹性盒子内容不能高出 div */
                position: relative;
        }
        .hdm li{                                 /* 菜单项的设置 */
                height: 42px;
                line-height: 42px;               /* 居中效果 */
                text-align: left;                /* 文字居左 */
                padding-left: 30px;              /* 左内边距 30px */
        }
        .hdm li a{                               /* 字体颜色 */
                color: #fff;
        }
        .hdm li:hover{                           /* 鼠标经过 */
                background-color: #ff6700;
        }
        .hdm i{                                  /* 右箭头字体图标 */
                float: right;                    /* 右浮动 */
                margin-right: 30px;              /* 距离右边距 30px */
                color: rgba(255,255,255,.5);     /* 图标颜色 */
                font-weight: bold;
                font-size: 20px;
        }
        .hdm_hidden{                             /* 扩展菜单 */
                width: 992px;
                height: 460px;
                background-color: #fff;
                position: absolute;              /* 相对于父元素.hdm 的绝对位置 */
                top: 0;
                left: 234px;
                box-shadow: 5px 5px 10px rgba(0,0,0,.2);   /* 盒子阴影 */
                display: none;                   /* 隐藏 */
                z-index: 66;                     /* 堆叠在上层 */
        }
        .hdm li:hover >.hdm_hidden{              /* 当鼠标经过扩展菜单时显示 */
                display: block;
        }
        .prev,.next{                             /* 向前和向后的雪碧图 */
                width: 41px;
                height: 69px;
                background: url("../images/icon-slides.png");   /* 雪碧图引入 */
                position: absolute;              /* 相对于父元素.carousel 的绝对定位 */
                top:50%;
```

```
        margin - top: - 34.5px;              /* 居中,69px 的一半 */
        cursor: pointer;                     /* 鼠标样式 */
    }
    .prev{
        left: 234px;                         /* 距离左边 234px */
        background - position: - 83px 0;     /* 第 3 个透明雪碧图向左 */
    }
    .next{                                   /* 向右透明箭头 */
        right: 0;
        background - position: - 124px 0;
    }
    .prev:hover{                             /* 当鼠标经过雪碧图时切换为第 1 个 */
        background - position: 0 0;
    }
    .next:hover{                             /* 当鼠标经过雪碧图时切换为第 2 个 */
        background - position: - 42px 0;
    }
    /* 轮播图和滑动门结束 */
```

14.4 小米小广告位

18min

小广告位一般有大图、小图、大图＋小图 3 种形式。这种广告类型形式多样，不仅可以满足不同广告主的具体产品特点，还可以满足不同用户的需求，如图 14-7 所示。

图 14-7 小米小广告位

在小米平台推广产品，可以通过用户的历史消费轨迹，实时洞察用户行为，为小广告位提供强大的大数据支撑能力，这样可以更精准地找到潜在的用户群体，简单来讲就是通过标签化投放，提高产品的转化率。

- HTML 部分代码

```html
<!-- 小米小广告位开始 -->
< div class = "wrap ad">
    < ul > <!-- 字体图标 -->
        < li class = "before"> < i class = "iconfont"> &#xe613; </i>
                            < br/>选购手机</li>
        < li class = "before"> < i class = "iconfont"> &#xe613; </i>
                            < br/>选购手机</li>
        < li class = "before"> < i class = "iconfont"> &#xe613; </i>
                            < br/>选购手机</li>
```

```
        <li><i class = "iconfont">&#xe613;</i><br/>选购手机</li>
        <li><i class = "iconfont">&#xe613;</i><br/>选购手机</li>
        <li><i class = "iconfont">&#xe613;</i><br/>选购手机</li>
    </ul>
    <img src = "images/xmad_15500580021576_iymFx.jpg" alt = ""/>
    <img src = "images/xmad_15410029988871_TdzPQ.jpg" alt = ""/>
    <img src = "images/xmad_1550022313197_PMtDb.jpg" alt = ""/>
</div>
<!-- 小米小广告位结束 -->
```

- CSS 部分代码

```
/* 小米小广告位开始 */
.ad{
    margin-top: 15px;                                /* 距离上边距 15px */
    overflow: hidden;
}
.ad>ul,.ad>img{                                      /* 左浮动 */
    float: left;
}
.ad>img{                                             /* 图片大小设置 */
    width: 316px;
    height: 170px;
}
.ad>ul{                                              /* 左边整体小广告位设置 */
    width: 234px;
    height: 170px;
    background-color: #5f5750;;
}
.ad>ul>li{                                           /* 小广告位内容设置 */
    float: left;
    width: 70px;
    color: rgba(255,255,255,0.7);
    padding: 25px 0;                                 /* 上下内边距 25px */
    font-size: 12px;
    border-right: 3px solid #665e57;                 /* 右边框 */
}
.ad>ul>li:nth-child(3),.ad>ul>li:nth-child(6){
    border-right:0;                                  /* 第 3 个和第 6 个去掉右边框 */
}
.ad .before{                                         /* 前 3 个加下边框 */
    border-bottom:3px solid #665e57;
}
.ad>img{                                             /* 图片之间的缝隙 */
    margin-left: 14.6px;
}
/* 小米小广告位结束 */
```

35min

14.5　小米闪购

　　小米闪购部分是小米商城官网专门为小米商品特卖、限时抢购、限时秒杀设置的,即小米商城官网在某一预定的营销活动时间里,大幅度降低活动商品的价格,买家只要在这段时间里成功拍得此商品,便可以用超低的价格买到原本很昂贵的物品,所以该部分在有抢购活动时才会上线展示,如图 14-8 所示。

图 14-8　小米闪购

* HTML 部分代码

```
<!-- 小米闪购开始 -->
    <div class = "wrap sg">
        <div>
            <h2>小米闪购</h2>
            <div class = "sg_arrow">
                <span>&lt;</span>
                <span>&gt;</span>
            </div>
        </div>
        <div class = "sg_box"><!-- 5 张图片 -->
            <div><img src = "images/sj.png" alt = ""/></div>
            <div class = "sg_item">
                <img src = "images/pms_1538031692.35815325!220x220.jpg"
                    alt = ""/>
                <h4>米家智能家庭家居看护套装</h4>
                <p>智能家庭家居</p>
                <span>259 元<s>296 元</s></span>
            </div>
            <div class = "sg_item"><img
                src = "images/pms_1538031692.35815325!220x220.jpg" alt = ""/>
```

```
            <h4>米家智能家庭家居看护套装</h4>
            <p>智能家庭家居</p>
            <span>259 元<s>296 元</s></span></div>
        <div class="sg_item"><img
          src="images/pms_1538031692.35815325!220x220.jpg" alt=""/>
            <h4>米家智能家庭家居看护套装</h4>
            <p>智能家庭家居</p>
            <span>259 元<s>296 元</s></span></div>
        <div class="sg_item"><img
          src="images/pms_1538031692.35815325!220x220.jpg" alt=""/>
            <h4>米家智能家庭家居看护套装</h4>
            <p>智能家庭家居</p>
            <span>259 元<s>296 元</s></span></div>
    </div><!-- 大图片引入 -->
    <img src="images/xmad_15500232485691_uYPkv.jpg" alt=""
            class="ad_img"/>
</div>
<!-- 小米闪购结束 -->
```

- CSS 部分代码

```
/* 小米闪购开始 */
.sg{                              /* 距离上边距 40px */
    margin-top: 40px;
}
.sg h2{                           /* h2 主题内容的修饰 */
    text-align: left;
    float: left;
    font-weight: normal;
}
.sg_arrow{                        /* 左右箭头整体右浮动 */
    float: right;
}
.sg_arrow>span{                   /* 左右箭头的设置 */
    width: 36px;
    height: 24px;
    border: 1px solid #e0e0e0;
    display: inline-block;        /* 转换为块级元素,为了设置宽和高 */
    line-height: 24px;            /* 箭头居中效果 */
    float: left;
    font-weight: bold;
    color:#e0e0e0;
}
.sg_box{                          /* 整个闪购设置 */
    clear: both;                  /* 清除之前的浮动 */
    padding-top: 20px;            /* 上内边距 20px */
}
.sg_box>div{                      /* 闪购 5 个 div 设置 */
    width: 234px;
    height: 339px;
```

```
        background - color: #fafafa;
        float: left;                       /* 左浮动 */
        margin - right: 14px;              /* 右外边距 14px */
    }
    .sg_box > div:last - child{            /* 将最后一个 div 的右边距去掉 */
        margin - right: 0;
    }
    .sg_box > div:first - child{           /* 第 1 个上边框设置 */
        border - top:1px solid #e53935;
    }
    .sg_box > div:nth - child(2){          /* 第 2 个上边框设置 */
        border - top:1px solid #ffac13;
    }
    .sg_box > div:nth - child(3){          /* 第 3 个上边框设置 */
        border - top:1px solid #83c44e;
    }.sg_box > div:nth - child(4){         /* 第 4 个上边框设置 */
        border - top:1px solid #2196f3;
    }.sg_box > div:nth - child(5){         /* 第 5 个上边框设置 */
        border - top:1px solid #83c44e;
    }
    .sg_item > img,.item_right img{        /* 后 4 张图片设置 */
        width: 160px;
        margin: 30px 0 25px 0;
    }
    .sg_item > h4,.item_right h4{
        font - weight: normal;
        margin - bottom: 10px;
    }
    .sg_item > p,.item_right p{
        font - size: 12px;
        color: #b0b0b0;
        margin - bottom: 20px;
    }
    .sg_item > span,.item_right span{
        color: #ff6700;
    }
    .sg_item > span > s,.item_right s{
        color: #b0b0b0;
        display: inline - block;           /* 将 span 转换为块元素 */
        margin - left: 10px;
    }
    .ad_img{                               /* 大图片设置 */
        width: 100%;
        margin: 40px 0;
    }
    /* 小米闪购结束 */
```

14.6 小米手机部分

手机部分是小米商城的主打区域,这里有最新上市的不同系列、不同型号的手机,供大家挑选,如图 14-9 所示。

图 14-9 手机部分

该区域的实战性很强,既能将所学综合知识应用于实战中,也能帮助我们快速理解企业级布局思维。紧跟企业实际技术选型,追求技术的实用性与前瞻性。

- HTML 部分代码

```html
<!-- 手机开始 -->
    <div class = "phone_container">
        <div class = "wrap"><!-- 中间手机区域 -->
            <div class = "phone_box">
                <h2>手机 <a href = "#">查看全部 <i
                        class = "iconfont">&#xeb1b;</i></a></h2>
            </div>
            <div class = "phone_item"><!-- 手机展示部分 -->
                <!-- 手机左边展示部分 -->
                <div class = "item_left"><img
                src = "images/xmad_1544580545953_UvEXK.jpg" alt = ""/></div>
                <!-- 手机右边 8 个商品展示部分 -->
                <div class = "item_right">
```

```
< div >
    < b >新品</ b >
    < img
  src = "images/pms_1545457703.71734471!220x220.png"/>
    < h4 >米家智能家庭家居看护套装</ h4 >
    < p >智能家庭家居</ p >
    < span > 259 元< s > 296 元</ s ></ span >
</ div >
< div >< b >新品</ b >
    < img
  src = "images/pms_1545457703.71734471!220x220.png"/>
    < h4 >米家智能家庭家居看护套装</ h4 >
    < p >智能家庭家居</ p >
    < span > 259 元< s > 296 元</ s ></ span ></ div >
< div >< b >新品</ b >
    < img
  src = "images/pms_1545457703.71734471!220x220.png"/>
    < h4 >米家智能家庭家居看护套装</ h4 >
    < p >智能家庭家居</ p >
    < span > 259 元< s > 296 元</ s ></ span ></ div >
< div > < b >新品</ b >
    < img
  src = "images/pms_1545457703.71734471!220x220.png"/>
    < h4 >米家智能家庭家居看护套装</ h4 >
    < p >智能家庭家居</ p >
    < span > 259 元< s > 296 元</ s ></ span ></ div >
< div > < b >新品</ b >
    < img
  src = "images/pms_1545457703.71734471!220x220.png"/>
    < h4 >米家智能家庭家居看护套装</ h4 >
    < p >智能家庭家居</ p >
    < span > 259 元< s > 296 元</ s ></ span ></ div >
< div > < b >新品</ b >
    < img
  src = "images/pms_1545457703.71734471!220x220.png"/>
    < h4 >米家智能家庭家居看护套装</ h4 >
    < p >智能家庭家居</ p >
    < span > 259 元< s > 296 元</ s ></ span ></ div >
< div > < b >新品</ b >
    < img
  src = "images/pms_1545457703.71734471!220x220.png"/>
    < h4 >米家智能家庭家居看护套装</ h4 >
    < p >智能家庭家居</ p >
    < span > 259 元< s > 296 元</ s ></ span ></ div >
< div > < b >新品</ b >
    < img
  src = "images/pms_1545457703.71734471!220x220.png"/>
    < h4 >米家智能家庭家居看护套装</ h4 >
    < p >智能家庭家居</ p >
    < span > 259 元< s > 296 元</ s ></ span ></ div >
</ div >
```

```html
            </div>
            < img src = "images/xmad_15486596829568_opVwS.jpg" alt = ""
                class = "ad_img"/>
        </div>
    </div>
    <!-- 手机结束 -->
```

- CSS 部分代码

```css
/*手机开始*/
.phone_container{                      /*大的背景设置*/
    width: 100%;
    background-color: #f5f5f5;
    padding-top: 40px;                 /*上内边距40px*/
    overflow: hidden;
}
.phone_box > h2{                       /*h2标签内容设置*/
    text-align: left;
    font-weight: normal;
}
.phone_box > h2 > a{                   /*查看全部内容,修饰*/
    float: right;
    font-size: 16px;
    color: #333333;
}
.phone_box > h2 > a:hover{             /*当鼠标经过a标签时的变化效果*/
    color: #ff6700;
}
.phone_box > h2 i{                     /*右箭头字体图标*/
    font-size: 20px;
}
.item_left,.item_right{                /*手机展示部分的公共属性*/
    height: 614px;
    float: left;
}
.item_left{                            /*手机左边展示部分*/
    width: 234px;
    transition: all .5s;
}
.item_left > img{                      /*手机左边图片宽度*/
    width: 100%;
}
.phone_item{                           /*手机部分和上边距的距离*/
    margin-top: 20px;
}
.item_right{                           /*手机右边展示部分*/
    width: 992px;
}
.item_right > div{                     /*手机右边展示部分的8个div块*/
    width: 234px;
```

```
        height: 300px;
        background - color: #fff;
        float: left;
        margin - left: 14px;
        margin - bottom: 14px;
        position:relative;
        transition: all .5s;
}
.item_right b{                        /* 新品,样式修饰 */
        width: 64px;
        height: 20px;
        background - color: #83c44e;;
        display: inline - block;       /* 将 b 转换为块级元素 */
        color: #fff;
        font - weight: normal;
        font - size: 12px;
        line - height: 20px;
        position: absolute;            /* 相对于.item_right 的绝对定位 */
        top: 0;
        left: 50%;
        margin - left: - 32px;         /* 本身宽度的一半,向左移达到居中效果 */
}
.item_left:hover,.item_right > div:hover{          /* 鼠标经过手机部分 */
        transform: translate(0, - 5px);
        box - shadow: 0 15px 30px rgba(0,0,0,.2);
}
/* 手机结束 */
```

14.7 小米视频部分

33min

小米视频部分主要用于呈现新品上市前的发布会或宣传大片等内容,如图 14-10 所示。

图 14-10 视频部分

• HTML 部分代码

```
<!-- 视频开始 -->
< div class = "phone_container">
```

```html
< div class = "wrap">
    < div class = "font_box">
        < h2 >视频 < a href = "♯">查看全部
        < i class = "iconfont"> &♯ xeb1b;</i ></a ></h2 >
    </div >
    < div class = "video - box"><!-- 视频包含 4 个相同的 div --> 
        < div >
            < div class = "video - img">
             < img src = "images/101b19aca4bb489bcef0f503e44ec866.webp">
                < div class = "btn"><!-- 三角形播放按钮 -->
                    < div class = "sanjiao"></div >
                </div >
            </div >
            < p class = "name"> Redmi 10X 系列发布会</p >
            < p class = "desc"> Redmi 10X 系列发布会</p >
        </div >
        < div >
            < div class = "video - img">
            < img src = "images/101b19aca4bb489bcef0f503e44ec866.webp">
                < div class = "btn">
                    < div class = "sanjiao"></div >
                </div >
            </div >
            < p class = "name"> Redmi 10X 系列发布会</p >
            < p class = "desc"> Redmi 10X 系列发布会</p >
        </div >
        < div >
            < div class = "video - img">
             < img src = "images/101b19aca4bb489bcef0f503e44ec866.webp">
                < div class = "btn">
                    < div class = "sanjiao"></div >
                </div >
            </div >
            < p class = "name"> Redmi 10X 系列发布会</p >
            < p class = "desc"> Redmi 10X 系列发布会</p >
        </div >
        < div >
            < div class = "video - img">
                < img src = "images/101b19aca4bb489bcef0f503e44ec866.webp">
                < div class = "btn">
                    < div class = "sanjiao"></div >
                </div >
            </div >
            < p class = "name"> Redmi 10X 系列发布会</p >
            < p class = "desc"> Redmi 10X 系列发布会</p >
        </div >
    </div >
</div >
<!-- 视频结束 -->
```

- CSS 部分代码

```
/* 视频开始 */
.font_box > h2{                          /* h2 标签内容设置 */
    text - align: left;
    font - size: 22px;
    font - weight: 200;
    color: #333;
    padding - bottom: 20px;
}
.font_box > h2 > a{                      /* 查看全部内容,修饰 */
    float: right;
    font - size: 16px;
    color: #333333;
}
.font_box > h2 > a:hover{                /* 当鼠标经过 a 标签时的变化效果 */
    color: #ff6700;
}
.font_box > h2 i{                        /* 右箭头字体图标 */
    font - size: 20px;
    background - color:rgba(0,0,0,.5);
    border - radius: 20px;
    color: #fff;
}
.font_box > h2 i:hover{
    background - color: #ff6700;
}
.video - box{                            /* 视频区域设置 */
    width: 100%;
    height: 299px;
}
.video - box > div{                      /* 视频部分的 4 个 div 区域 */
    width: 296px;
    height: 285px;
    background - color: #fff;
    float: left;                         /* 左浮动 */
    margin - right: 14px;
    margin - bottom: 14px;
    transition: all .2s linear;
}
.video - box > div:last - child{         /* 去掉第 4 个 div 的右边距 */
    margin - right: 0;
}
.video - img{
    width: 100%;
    height: 180px;
    margin - bottom: 28px;
    position: relative;
}
.video - img > img{
    width: 100%;
```

```
    }
    .name{                              /* 文本设置 */
        font - size: 14px;
        color: #333;
        width: 268px;
        height: 20px;
        margin: 0 14px 6px;
        text - align: center;
        color: #333;
        white - space: nowrap;
        text - overflow: ellipsis;      /* 当单行文本溢出时,显示... */
        overflow: hidden;
    }
    .desc{
        height: 18px;
        margin: 0 14px;
        font - size: 12px;
        color: #b0b0b0;
        white - space: nowrap;
        text - overflow: ellipsis;
        overflow: hidden;
    }
    .video - box > div:hover{            /* 鼠标经过 4 个 div 移动、阴影效果 */
        transform: translateY( - 2px);
        box - shadow: 0 15px 30px rgba(0,0,0,.1);
    }
    .btn{                               /* 播放按钮设置 */
        width: 30px;
        height: 30px;
        border: 2px solid #fff;
        border - radius: 12px;
        position: absolute;             /* 相对于父元素.video - img 的绝对位置 */
        left: 20px;
        bottom: 10px;
        transition: all .2s;            /* 过渡 */
    }
    .sanjiao{                           /* 三角形绘制 */
        border - left: 8px solid #fff;
        border - top: 8px solid transparent;
        border - bottom: 8px solid transparent;
        width: 0;
        height: 0;
        margin: 5px auto;
    }
    .video - img:hover .btn{             /* 经过按钮的父元素时的变换效果 */
        background - color: #ff6700;
        border - color: #ff6700;
    }
    /* 视频结束 */
```

39min

14.8 页脚

小米商城中的页脚部分是当我们使用小米系列产品遇到问题时，它在这里给我们提供的解决方案，包括申请售后、售后政策、咨询客服等，如图 14-11 所示。

图 14-11 页脚

• HTML 部分代码

```html
<!-- 页脚开始 -->
    <div class = "footer">
        <div class = "wrap">
            <div class = "footer - service"><!-- 服务中心 -->
                <ul><!-- 5 个类似 li -->
                    <li>
                        <a href = "#"><!-- 字体图标 -->
                            <i class = "iconfont">&#xe613;</i>
                            <span>预约维修服务</span>
                        </a>
                    </li>
                    <li>
                        <a href = "#">
                            <i class = "iconfont">&#xe613;</i>
                            <span>预约维修服务</span>
                        </a>
                    </li>
                    <li>
                        <a href = "#">
                            <i class = "iconfont">&#xe613;</i>
                            <span>预约维修服务</span>
                        </a>
                    </li>
                    <li>
                        <a href = "#">
```

```html
                    <i class = "iconfont">&#xe613;</i>
                    <span>预约维修服务</span>
                </a>
            </li>
            <li>
                <a href = "#">
                    <i class = "iconfont">&#xe613;</i>
                    <span>预约维修服务</span>
                </a>
            </li>
        </ul>
</div>
<div class = "footer-link"><!-- 链接模块 -->
    <ul>
        <li>帮助中心</li>
        <li><a href = "#">账户管理</a></li>
        <li><a href = "#">账户管理</a></li>
        <li><a href = "#">账户管理</a></li>
    </ul>
    <ul>
        <li>帮助中心</li>
        <li><a href = "#">账户管理</a></li>
        <li><a href = "#">账户管理</a></li>
        <li><a href = "#">账户管理</a></li>
    </ul>
    <ul>
        <li>帮助中心</li>
        <li><a href = "#">账户管理</a></li>
        <li><a href = "#">账户管理</a></li>
        <li><a href = "#">账户管理</a></li>
    </ul>
    <ul>
        <li>帮助中心</li>
        <li><a href = "#">账户管理</a></li>
        <li><a href = "#">账户管理</a></li>
        <li><a href = "#">账户管理</a></li>
    </ul>
    <ul>
        <li>帮助中心</li>
        <li><a href = "#">账户管理</a></li>
        <li><a href = "#">账户管理</a></li>
        <li><a href = "#">账户管理</a></li>
    </ul>
    <ul>
        <li>帮助中心</li>
        <li><a href = "#">账户管理</a></li>
        <li><a href = "#">账户管理</a></li>
        <li><a href = "#">账户管理</a></li>
    </ul>
    <div class = "footer-aside">
```

```
                    <p class = "tel">400 - 100 - 5678</p>
                    <p class = "time">8:00 - 18:00(仅收市话费)</p>
                    <a href = "#" class = "kefu">人工客服</a>
                    <div class = "follow">
                        关注小米：
                        <img src = "images/wb.png" alt = "">
                        <img src = "images/wx.png" alt = "">
                    </div>
                </div>
            </div>
        </div>
    </div>
    <!-- 页脚结束 -->
```

- CSS 部分代码

```
/ * 页脚开始 * /
.footer - service{                          / * 服务中心 * /
    width: 100 % ;
    height: 25px;
    line - height: 25px;
    padding: 27px 0;
    border - bottom: 1px solid #e0e0e0;    / * 下边框 * /
}
.footer - service li{                       / * 5 个服务选项设置 * /
    float: left;
    width: 19.8 % ;
    border - right: 1px solid #e0e0e0;
}
.footer - service li:last - child{          / * 将最后一个服务项去除右边框 * /
    border - right:none;
}
.footer - service a{                        / * 字体内容设置 * /
    color: #616161;
    transition: all .2s;
}
.footer - service a:hover{                  / * 当鼠标经过时的效果 * /
    color: #ff6700;
}
.footer - service i{                        / * 字体图标设置 * /
    font - size: 24px;
    margin - right: 6px;
    position: relative;
    top: 3px;
}
.footer - link{                             / * 链接模块 * /
    width: 100 % ;
    height: 171px;
    padding: 40px 0;
}
```

```css
.footer - link > ul{
    float: left;
    width: 160px;
    text - align: left;
    color: #424242;
    font - size: 14px;
    line - height: 1.25;
}
.footer - link a{
    font - size: 12px;
    color: #757575;
}
.footer - link a:hover{
    color: #ff6700;
}
.footer - link li:first - child{
    margin: - 1px 0 26px;
}
.footer - link li{
    margin - top: 10px;
}
.footer - aside{
    width: 251px;
    height: 111px;
    border - left: 1px solid #e0e0e0;
    color: #616161;
    float: right;
}
.tel{
    color: #ff6700;
    font - size: 22px;
    line - height: 1;
    margin - bottom: 5px;
}
.time{
    font - size: 12px;
    margin - bottom: 5px;
}
.footer - aside .kefu{/ * 人工客服 * /
    display: block;
    width: 118px;
    height: 28px;
    line - height: 28px;
    border: 1px solid #ff6700;
    background: #fff;
    color: #ff6700;
    margin: 0 auto;
    transition: all .4s;;
}
.footer - aside .kefu:hover{
    color: #fff;
```

```
        background - color: #f25807;
        border - color: #f25807;
}
.follow{
        font - size: 12px;
        margin - top: 10px;
}
.follow > img{
        width: 24px;
        height: 24px;
        margin - left: 6px;
}
/* 页脚结束 */
```

图 书 推 荐

书　名	作　者
深度探索 Vue.js——原理剖析与实战应用	张云鹏
剑指大前端全栈工程师	贾志杰、史广、赵东彦
Flink 原理深入与编程实战——Scala＋Java(微课视频版)	辛立伟
Spark 原理深入与编程实战(微课视频版)	辛立伟、张帆、张会娟
PySpark 原理深入与编程实战(微课视频版)	辛立伟、辛雨桐
HarmonyOS 应用开发实战(JavaScript 版)	徐礼文
HarmonyOS 原子化服务卡片原理与实战	李洋
鸿蒙操作系统开发入门经典	徐礼文
鸿蒙应用程序开发	董昱
鸿蒙操作系统应用开发实践	陈美汝、郑森文、武延军、吴敬征
HarmonyOS 移动应用开发	刘安战、余雨萍、李勇军 等
HarmonyOS App 开发从 0 到 1	张诏添、李凯杰
HarmonyOS 从入门到精通 40 例	戈帅
JavaScript 基础语法详解	张旭乾
华为方舟编译器之美——基于开源代码的架构分析与实现	史宁宁
Android Runtime 源码解析	史宁宁
鲲鹏架构入门与实战	张磊
鲲鹏开发套件应用快速入门	张磊
华为 HCIA 路由与交换技术实战	江礼教
华为 HCIP 路由与交换技术实战	江礼教
openEuler 操作系统管理入门	陈争艳、刘安战、贾玉祥 等
恶意代码逆向分析基础详解	刘晓阳
深度探索 Go 语言——对象模型与 runtime 的原理、特性及应用	封幼林
深入理解 Go 语言	刘丹冰
深度探索 Flutter——企业应用开发实战	赵龙
Flutter 组件精讲与实战	赵龙
Flutter 组件详解与实战	［加］王浩然(Bradley Wang)
Flutter 跨平台移动开发实战	董运成
Dart 语言实战——基于 Flutter 框架的程序开发(第 2 版)	亢少军
Dart 语言实战——基于 Angular 框架的 Web 开发	刘仕文
IntelliJ IDEA 软件开发与应用	乔国辉
Vue＋Spring Boot 前后端分离开发实战	贾志杰
Vue.js 快速入门与深入实战	杨世文
Vue.js 企业开发实战	千锋教育高教产品研发部
Python 从入门到全栈开发	钱超
Python 全栈开发——基础入门	夏正东
Python 全栈开发——高阶编程	夏正东
Python 全栈开发——数据分析	夏正东
Python 游戏编程项目开发实战	李志远
量子人工智能	金贤敏、胡俊杰
Python 人工智能——原理、实践及应用	杨博雄 主编，于营、肖衡、潘玉霞、高华玲、梁志勇 副主编
Python 深度学习	王志立
Python 预测分析与机器学习	王沁晨
Python 异步编程实战——基于 AIO 的全栈开发技术	陈少佳

书　名	作　者
Python 数据分析实战——从 Excel 轻松入门 Pandas	曾贤志
Python 概率统计	李爽
Python 数据分析从 0 到 1	邓立文、俞心宇、牛瑶
FFmpeg 入门详解——音视频原理及应用	梅会东
FFmpeg 入门详解——SDK 二次开发与直播美颜原理及应用	梅会东
FFmpeg 入门详解——流媒体直播原理及应用	梅会东
FFmpeg 入门详解——命令行与音视频特效原理及应用	梅会东
Python Web 数据分析可视化——基于 Django 框架的开发实战	韩伟、赵盼
Python 玩转数学问题——轻松学习 NumPy、SciPy 和 Matplotlib	张骞
Pandas 通关实战	黄福星
深入浅出 Power Query M 语言	黄福星
深入浅出 DAX——Excel Power Pivot 和 Power BI 高效数据分析	黄福星
云原生开发实践	高尚衡
云计算管理配置与实战	杨昌家
虚拟化 KVM 极速入门	陈涛
虚拟化 KVM 进阶实践	陈涛
边缘计算	方娟、陆帅冰
物联网——嵌入式开发实战	连志安
动手学推荐系统——基于 PyTorch 的算法实现（微课视频版）	於方仁
人工智能算法——原理、技巧及应用	韩龙、张娜、汝洪芳
跟我一起学机器学习	王成、黄晓辉
深度强化学习理论与实践	龙强、章胜
自然语言处理——原理、方法与应用	王志立、雷鹏斌、吴宇凡
TensorFlow 计算机视觉原理与实战	欧阳鹏程、任浩然
计算机视觉——基于 OpenCV 与 TensorFlow 的深度学习方法	余海林、翟中华
深度学习——理论、方法与 PyTorch 实践	翟中华、孟翔宇
HuggingFace 自然语言处理详解——基于 BERT 中文模型的任务实战	李福林
Java＋OpenCV 高效入门	姚利民
AR Foundation 增强现实开发实战（ARKit 版）	汪祥春
AR Foundation 增强现实开发实战（ARCore 版）	汪祥春
ARKit 原生开发入门精粹——RealityKit＋Swift＋SwiftUI	汪祥春
HoloLens 2 开发入门精要——基于 Unity 和 MRTK	汪祥春
巧学易用单片机——从零基础入门到项目实战	王良升
Altium Designer 20 PCB 设计实战（视频微课版）	白军杰
Cadence 高速 PCB 设计——基于手机高阶板的案例分析与实现	李卫国、张彬、林超文
Octave 程序设计	于红博
ANSYS 19.0 实例详解	李大勇、周宝
ANSYS Workbench 结构有限元分析详解	汤晖
AutoCAD 2022 快速入门、进阶与精通	邵为龙
SolidWorks 2021 快速入门与深入实战	邵为龙
UG NX 1926 快速入门与深入实战	邵为龙
Autodesk Inventor 2022 快速入门与深入实战（微课视频版）	邵为龙
全栈 UI 自动化测试实战	胡胜强、单镜石、李睿
pytest 框架与自动化测试应用	房荔枝、梁丽丽